工业和信息化人才培养规划教材

PHP+MySQL 网站开发项目式教程

传智播客 编著

人 民 邮 电 出 版 社
北 京

图书在版编目（CIP）数据

PHP+MySQL网站开发项目式教程 / 传智播客编著. -- 北京 : 人民邮电出版社, 2016.8（2024.1重印）
工业和信息化人才培养规划教材
ISBN 978-7-115-42729-8

Ⅰ. ①P… Ⅱ. ①传… Ⅲ. ①PHP语言－程序设计－教材②关系数据库系统－教材 Ⅳ. ①TP312②TP311.138

中国版本图书馆CIP数据核字(2016)第169232号

内 容 提 要

本书采用项目式的编写体例，共分为初级、中级和高级 3 个项目，在每个项目中，都设置开发背景、需求分析、系统分析、扩展提高和课后练习等模块。通过这种形式，将读者代入一个接近真实的项目开发环境中，将学习的基础知识在项目中实践，以达到学习巩固及融会贯通的目的，提高编程者的项目经验。

在设置课程内容时，本书以 Web 开发方向为目标，不局限于 PHP 与 MySQL 的基础知识，还将服务器搭建、Web 原理、Web 安全、功能设计、网站建设、效率优化、用户体验、JavaScript 交互、移动端等多个方面融入其中，使读者站在 Web 开发的整体层面思考问题，具备对整个网站的设计和开发能力。

本书是一本 PHP＋MySQL 的入门书籍，适合作为高等院校本、专科计算机相关专业的教材使用，也可作为 PHP 爱好者的参考书自学使用。

◆ 编　　著　传智播客
责任编辑　范博涛
责任印制　焦志炜

◆ 人民邮电出版社出版发行　　北京市丰台区成寿寺路 11 号
邮编　100164　　电子邮件　315@ptpress.com.cn
网址　https://www.ptpress.com.cn
固安县铭成印刷有限公司印刷

◆ 开本：787×1092　1/16
印张：20　　　　2016 年 8 月第 1 版
字数：483 千字　　　　2024 年 1 月河北第 16 次印刷

定价：45.00 元

读者服务热线：(010)81055256　印装质量热线：(010)81055316
反盗版热线：(010)81055315
广告经营许可证：京东市监广登字20170147号

FOREWORD

序言

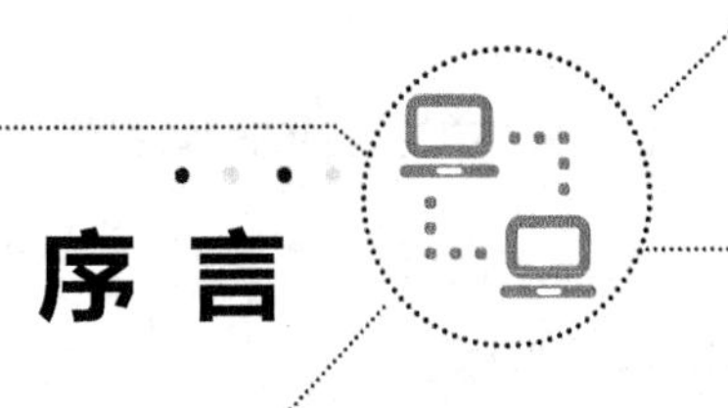

本书的创作公司——江苏传智播客教育科技股份有限公司（简称“传智教育”）作为我国第一个实现 A 股 IPO 上市的教育企业，是一家培养高精尖数字化专业人才的公司，主要培养人工智能、大数据、智能制造、软件开发、区块链、数据分析、网络营销、新媒体等领域的人才。传智教育自成立以来贯彻国家科技发展战略，讲授的内容涵盖了各种前沿技术，已向我国高科技企业输送数十万名技术人员，为企业数字化转型、升级提供了强有力的人才支撑。

传智教育的教师团队由一批来自互联网企业或研究机构，且拥有 10 年以上开发经验的 IT 从业人员组成，他们负责研究、开发教学模式和课程内容。传智教育具有完善的课程研发体系，一直走在整个行业的前列，在行业内树立了良好的口碑。传智教育在教育领域有 2 个子品牌：黑马程序员和院校邦。

一、黑马程序员——高端 IT 教育品牌

黑马程序员的学员多为大学毕业后想从事 IT 行业，但各方面的条件还达不到岗位要求的年轻人。黑马程序员的学员筛选制度非常严格，包括了严格的技术测试、自学能力测试、性格测试、压力测试、品德测试等。严格的筛选制度确保了学员质量，可在一定程度上降低企业的用人风险。

自黑马程序员成立以来，教学研发团队一直致力于打造精品课程资源，不断在产、学、研 3 个层面创新自己的执教理念与教学方针，并集中黑马程序员的优势力量，有针对性地出版了计算机系列教材百余种，制作教学视频数百套，发表各类技术文章数千篇。

二、院校邦——院校服务品牌

院校邦以“协万千院校育人、助天下英才圆梦”为核心理念，立足于中国职业教育改革，为高校提供健全的校企合作解决方案，通过原创教材、高校教辅平台、师资培训、院校公开课、实习实训、协同育人、专业共建、“传智杯”大赛等，形成了系统的高校合作模式。院校邦旨在帮助高校深化教学改革，实现高校人才培养与企业发展的合作共赢。

（一）为学生提供的配套服务

1. 请同学们登录“传智高校学习平台”，免费获取海量学习资源。该平台可以帮助同学们解决各类学习问题。

2. 针对学习过程中存在的压力过大等问题，院校邦为同学们量身打造了 IT 学习小助手——邦小苑，可为同学们提供教材配套学习资源。同学们快来关注“邦小苑”微信公众号。

（二）为教师提供的配套服务

1. 院校邦为其所有教材精心设计了“教案+授课资源+考试系统+题库+教学辅助案例”的系列教学资源。教师可登录“传智高校教辅平台”免费使用。

2. 针对教学过程中存在的授课压力过大等问题，教师可添加“码大牛” QQ（2770814393），或者添加“码大牛”微信（18910502673），获取最新的教学辅助资源。

前 言

PHP 是一种运行于服务器端并完全跨平台的嵌入式脚本编程语言，具有开源免费、易学易用、开发效率高等特点，是目前 Web 应用开发的主流语言之一。

PHP 广泛应用于动态网站开发，在互联网中常见的网站类型，如门户、微博、论坛、电子商务、SNS（社交）等都可以用 PHP 实现。目前，从各大招聘网站的信息来看，PHP 的人才需求量还远远没有被满足。PHP 程序员还可以通过混合式开发 App 的方式，将业务领域扩展到移动端的开发（兼容 Android 和 iOS），未来发展前景广阔。

为什么要学习本书

对于网站开发者而言，在浏览器端使用 HTML、CSS、JavaScript，在服务器端使用 PHP、MySQL 数据库，就能够完整开发一个网站。本书讲解了 PHP 和 MySQL 从入门到实践的各个知识点，并配合 HTML、CSS、JavaScript 完成了初级、中级、高级 3 个项目的开发。

本书采用“项目式”的编写体例，以项目为主线，将每个项目分成多个教学模块，每个模块再由多个具体的学习任务组成。通过这种方式，可以帮助读者构建完善的知识体系，培养实际动手操作的能力。

如何使用本书

本书面向具有 HTML+CSS 网页制作、JavaScript 编程基础的读者，还不熟悉相关内容的读者可以配合同系列教材《HTML+CSS+JavaScript 网页制作案例教程》进行学习。

接下来对教材中所有涉及的项目和模块进行简单介绍，具体如下。

【初级篇】在线考试系统

● 模块一主要介绍项目开发前的准备工作，包括需求分析、系统分析，以及如何搭建开发环境（包括如何安装 Apache、PHP）及如何配置服务器。

● 模块二讲解了 PHP 程序设计，包括 PHP 语法基础、运算符与表达式、流程控制语句、函数与数组、Web 交互等知识。

● 模块三主要讲解项目的代码实现，通过前面所学知识，即可完成项目开发。

● 扩展提高介绍了 PHP 的错误处理机制，帮助读者认识 PHP 中的常见错误，从而更好地解决项目调试中的问题。

【中级篇】内容管理系统

● 模块一主要讲解需求分析、系统分析和数据库方面的知识，包括数据库建模、数据库范式等内容。在搭建开发环境时，讲解 MySQL 的安装和基本使用。

● 模块二讲解了 MySQL 数据库设计，包括数据库和数据表的操作、数据的管理、单表和多表查询。同时，还完成了项目的数据库和数据表的设计和创建。

● 模块三讲解了 PHP 操作数据库，通过 MySQLi 扩展实现连接数据库、执行 SQL 语句、处理结果集和预处理语句等操作。

● 模块四讲解了 PHP 的进阶技术，主要包括 HTTP、会话技术、文件操作、图像处理和函数进阶。通过这些技术来加强网站的功能。

● 模块五、模块六讲解了项目的代码实现，将前面所学的知识应用到实际开发中，提高读者的动手操作能力，积累项目开发经验。

- 扩展提高介绍了密码的安全存储，帮助读者提高 Web 开发中的安全意识。

【高级篇】博学谷云课堂

- 模块一主要介绍了项目的需求分析、系统分析、数据库设计，并讲解了 Web 开发中常见的安全问题（如 XSS 攻击、SQL 注入），在开发中避免出现这些漏洞。
- 模块二讲解了面向对象编程，包括类与对象、面向对象三大特征、类常量与静态成员、抽象类与接口、魔术方法、自动加载、异常处理等内容。学习这部分内容可以提高代码编写质量，并为后面的 PDO 和 MVC 框架的学习打下基础。
- 模块三讲解了 MySQL 数据库进阶技术，包括索引、外键约束、事务处理，从而使读者在项目开发中能够严谨、高效地运用数据库中的功能。
- 模块四讲解了 PDO 数据库抽象层，通过 PDO 可以让项目支持多种数据库。
- 模块五讲解了 MVC 开发模式，以及通过 MVC 框架来提高项目开发效率的方法。
- 模块六、模块七讲解了项目的代码实现，利用面向对象、PDO 和 MVC 框架完成项目的开发，具有开发速度快，可扩展性、可维护性强，安全性高等优点。
- 扩展提高介绍了 Ajax 技术，并在项目中应用 Ajax 实现了无刷新评论。

在上面所提到的 3 个项目中，初级篇主要讲解了环境搭建和 PHP 程序设计，重点介绍了 PHP 的语法基础、函数和数组、Web 交互等，这些都是进行 PHP 网站开发的基础知识；中级篇讲解的是 MySQL 数据库基础和 PHP 进阶技术，重点讲解了数据库的设计、常用 SQL 语句及 PHP 的数据库操作，这些是开发一个 PHP + MySQL 的完整项目所必备的知识。高级篇讲解了 MySQL 进阶、面向对象、PDO、MVC 框架和安全处理，学习这些内容可以高效地开发大型 Web 应用，提高读者的开发技术并积累项目经验。

在学习过程中，读者一定要亲自实践本书中的案例代码。如果不能完全理解书中所讲知识，读者可以登录高校学习平台，通过平台中的教学视频进行深入学习。学习完一个知识点后，要及时在博学谷平台上进行测试，以巩固学习内容。

另外，如果读者在理解知识点的过程中遇到困难，建议不要纠结于某个地方，可以先往后学习。通常来讲，通过逐渐的学习，前面不懂和疑惑的知识也就能够理解了。在学习编程语言的过程中，一定要多动手实践，如果在实践的过程中遇到问题，建议多思考，理清思路，认真分析问题发生的原因，并在问题解决后总结出经验。

致谢

本书的编写和整理工作由传智播客教育科技有限公司完成，主要参与人员有吕春林、韩冬、乔治铭、高美云、陈欢、马丹、王哲、孙洪乔、李东超、罗弟华、孙静、黄海波等，全体人员在这近一年的编写过程中付出了很多辛勤的汗水，在此一并表示衷心的感谢。

意见反馈

尽管我们付出了最大的努力，但教材中难免还会有不妥之处，欢迎各界专家和读者朋友们来信、来函给予宝贵意见，我们将不胜感激。您在阅读本书时，如发现任何问题或有不认同之处可以通过电子邮件（itcast_book@vip.sina.com）与我们取得联系。

传智播客

2016 年 6 月 8 日于北京

CONTENTS

目 录

【初级篇】 项目一 在线考试系统

项目综述

作为一本以 PHP+MySQL 为方向的网站开发项目式教材，在线考试系统是本书的第一个项目，在网站开发方向中属于初级项目。本项目是面向计算机编程初学者设计的，学习的重点是如何自己搭建一个网站，如何利用 PHP 动态地输出一个网页，如何在网页中填写表单并提交给服务器处理。通过本项目的学习，可以使读者具备 PHP 语言的编程基础，搭建一个基于 PHP 的动态网站，并通过 Web 表单实现浏览器与服务器的简单交互。

开发背景

随着“互联网+”的提出，“互联网+教育”也在不断地创新、进步和完善，使得未来的教与学的活动都能围绕互联网进行，实现网上教学、网上学习、网上考试、网上信息流动等一套完善的网上教育体系，使得知识在互联网上成型，促进传统教学模式成为网上教学模式的补充与拓展，让传统的教育在“互联网+”的影响下焕发出新的活力。

为了适应这种新形势的发展，改变传统的教学模型，方便学生能随时随地对自己的学习情况进行检测与评估，减轻教师的工作压力，让其有更多的时间研究教学，提升教学质量，提高考试效率，节约考试时间与成本，接下来将利用 PHP 技术完成可在 PC 端和移动端进行考试的在线考试系统。

项目预览

题库列表页面

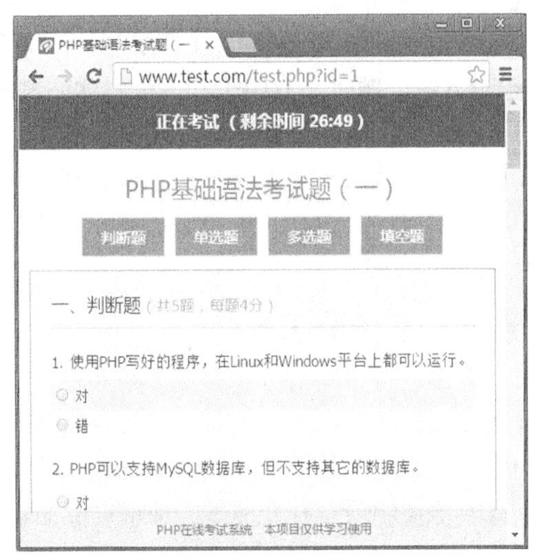

在线考试页面

模块一 开发前准备

在项目开发之前，需要完成一些准备工作。首先进行需求分析，理解用户的需求，确定软件应该具备的功能；然后进行系统分析，规划项目的架构、运行环境，制作功能结构图等；最后是搭建开发环境，准备项目开发所需的工具，并将工具调整到合适的状态。通过本模块的学习，读者将达到如下目标。

- 熟悉项目开发准备阶段的过程，学会进行需求分析
- 掌握 PHP 开发环境的搭建，学会服务器的基本配置
- 掌握 PHP 项目的创建，学会搭建虚拟主机网站

任务一 需求分析

在实际进行项目开发前，进行需求分析是一个关键的步骤，在这个阶段，分析人员对用户需求的理解，直接决定了项目的完成时间，以及用户的满意程度。

通过对高校师生考试的需求调查和分析，为了方便学生平时可以通过网络随时随地进行模拟考试练习（非正规考试）。本系统的功能要求如下。

- 允许通过手机和电脑联网考试。
- 进入考试页面后，系统会进行倒计时，时间到达后系统会自动交卷。
- 交卷时，系统会对未作答题目进行提醒。
- 交卷后，系统具备自动改卷功能。
- 交卷后可查看每道题的正误和得分，以及试卷的总分。
- 未交卷离开系统时，设置提醒，确认是否离开。

对于在线考试系统来说，除了上述系统功能外，在设计题库时，也需要满足以下几点。

- 支持判断题、单选题、多选题、填空题共 4 种题型。
- 由教师录入每套试题的标题、考试时间、题型和试题内容。
- 由教师录入每种题型的分数，系统自动计算每道题的分数和总得分。
- 教师应录入每道试题的答案，以供系统实现自动阅卷。
- 在录入判断题时，有题干和“对”“错”两种选项。
- 在录入选择题时，有题干和“A”“B”“C”“D”4 种选项。
- 在录入填空题时，有题干和占位横线，判断学生输入答案是否和标准答案相同。

经过上述分析后，可以清晰地看出该项目的基本流程是教师发布试题、学生在线考试、系统自动阅卷和在线查询考试结果；以及在题库设计方面，系统支持的具体题型和每种题型的具体要求。只有经过这样足够细致的需求分析，才会尽可能地避免系统因不符合需求，而导致反复修改的问题。

任务二 系统分析

项目开发中，进行系统分析是必不可少的，在这个阶段中，需要完成对项目整体架构的规划、开发文档规范的制订及开发团队技术的保障和支持，使其能够满足扩展性、安全性等多方面的要求，预见出可能存在的风险和瓶颈，降低可能引发的问题。因此，完善的系统分析，可以有效地控制项目开发成本、保证产品质量，以及满足客户的要求。

然而对于初学者而言，要想完成一个项目的系统分析，需先掌握开发所涉及的技术点。

接下来将对本项目所涉及的内容进行详细的讲解。

1. Web 开发基础知识

（1）软件架构

软件开发有两种基本架构：C/S 架构和 B/S 架构。C/S（Client/Server）架构，表示客户端/服务器的交互；B/S（Browser/Server）架构，表示浏览器/服务器的交互。下面通过图 1-1 来展示它们的区别。

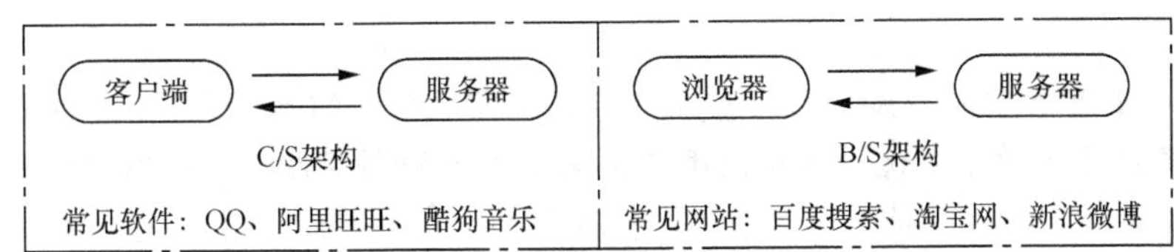

图 1-1 C/S 架构和 B/S 架构

在基于 C/S 架构的软件开发中，客户端是用户自行安装使用的软件，这些软件需要与服务器交互，由服务器端软件处理来自客户端的请求。而基于 B/S 架构的软件，是浏览器与服务器的交互，用户在浏览器中浏览来自服务器端的网页，由服务器端软件处理来自浏览器的请求。

（2）Web 技术

在互联网时代，网站是人们信息传递、交流的重要平台，在网站开发的背后，离不开 Web 技术。Web 的本意是蜘蛛网，在计算机领域中称为网页。Web 是一个由许多互相链接的超文本文件组成的系统，通过互联网进行访问。在这个系统中，每个有用的文件称为一个“资源”，用户通过访问链接来获得资源。

Web 开发是基于 B/S 架构的软件开发。基于 B/S 架构的 Web 应用可以在个人电脑、手机等装有浏览器的智能设备上浏览，用户可以注册、登录及发布内容。B/S 架构的软件在升级、维护方面都是在服务器端进行的，用户只需要刷新网页即可浏览最新内容，因此 B/S 架构的软件更易维护。

（3）动态网站

网页有静态和动态之分，在学习动态网站开发之前，读者应具备静态网页的知识基础。网页的本质是超文本标记语言（HyperText Markup Language，HTML），一个写好的 HTML 文件就是一个静态网页。而动态网页是通过程序动态生成的，可以根据不同情况动态地变更。因此，随着动态网页技术的发展，互联网上诞生了新闻、搜索、视频、购物、微博和论坛等类型的动态网站，极大地推动了互联网技术的应用。

（4）HTTP 协议

超文本传输协议（HyperText Transfer Protocol，HTTP）是浏览器与 Web 服务器之间数据交互需要遵循的一种规范。它是由 W3C 组织推出的，专门用于定义浏览器与 Web 服务器之间数据交换的格式。对于 Web 开发而言，HTTP 是一个重要的理论基础，在项目开发的过程中有大量的应用。

（5）URL 地址

在 Internet 上的 Web 服务器中，每一个网页文件都有一个访问标记符，用于唯一标识它的访问位置，以便浏览器可以访问到，这个访问标记符称为统一资源定位符（Uniform Resource Locator，URL）。URL 中包含了 Web 服务器的主机名、端口号、资源名及使用的网络协议，具体示例如下。

```
http://www.itcast.cn:80/index.html
```

在上面的 URL 中，“http”表示传输数据所使用的协议，“www.itcast.cn”表示要请求的服务器主机名，“80”表示要请求的端口号，“index.html”表示请求的资源名称。其中，端口号可以省略，省略时默认使用 80 端口进行访问。

总结

在学习了 Web 开发基础知识后，对于制作在线考试系统的需求而言，B/S 软件架构是较为理想的选择。对于学生来说，直接使用电脑或手机上的浏览器访问校园网站即可进行考试练习，无需下载安装软件；对于教师来说，在服务器端更新网站较为方便；对于开发者来说，B/S 架构更有利于软件的更新和维护。

下面通过图 1-2 演示在线考试系统的 B/S 架构系统设计。从图中可以看出，通过 Web 服务器，教师向服务器发布试题，学生可以使用台式电脑、笔记本、手机等带有浏览器的智能设备进行在线考试，整个系统的使用非常方便。

2. Web 开发平台

目前流行的 Web 服务器软件平台主要有 LAMP、J2EE 和.Net，其中 LAMP 平台开发的项目在软件方面的投资较低，开发速度快，受到了整个 IT 界的关注。LAMP 是一个由开源软件组成的平台，由 Linux 操作系统、Apache 服务器、MySQL 数据库和 PHP 软件组成，如图 1-3 所示。其中 Apache、MySQL 和 PHP 也可以在 Windows 操作系统中运行，Windows 用户可以很方便地在本机部署 PHP 网站开发环境。

图 1-2 在线考试系统设计图

图 1-3 LAMP 软件平台

（1）PHP 技术

超文本预处理器（Hypertext Preprocessor，PHP）是一种在服务器端执行的脚本语言，用于开发动态网站。相比静态网站而言，动态网站不仅需要设计网页，还需要通过数据库和编程使网站的内容可以根据不同情况动态变更，从而增强网页浏览者与 Web 服务器之间的信息交互。

PHP 最初为 Personal Home Page 的缩写，表示个人主页，于 1994 年由 Rasmus Lerdorf（拉斯姆斯·勒多夫）创建。程序最初用来显示 Rasmus Lerdorf 的个人履历及统计网页流量。后来又用 C 语言重新编写，加入表单解释器，并可以访问数据库，成为 PHP 的第二版：PHP/FI（FI 即 Form Interpreter，表单解释器）。从 PHP/FI 到现在的最新版本 PHP 7.0，PHP 经过多次重新编写和改进，发展十分迅猛，一跃成为当前流行的服务器端 Web 程序开发语言之一。

（2）PHP 工作原理

PHP 是一种嵌入式脚本语言，它可以嵌入 HTML 中，在服务器端生成动态网页。通常开发者只要写好 HTML 模板，在数据变化的位置嵌入 PHP 代码，就能实现动态网站。具体示例如图 1-4 所示。

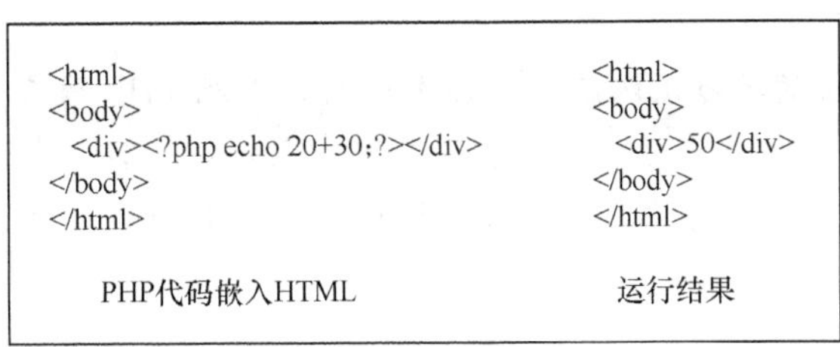

图 1-4　PHP 代码嵌入 HTML

图 1-4 左半部分是一个典型的 PHP 嵌入 HTML 的代码，其中 PHP 的代码写在“<?php　?>”标记中，该行代码用于计算“20+30”的结果。当 PHP 程序执行后，得到的结果为图 1-4 右半部分所示的 HTML 代码。

（3）动态网站运行流程

在学习动态网站运行流程之前，先来认识一下网站系统的各个组成部分。

① 操作系统：网络中的服务器也是一台计算机，因此需要操作系统。常见的服务器操作系统有 Windows Server 系列、Linux 系列（包括 Ubuntu、Red Hat、CentOS 等）。

② Web 服务器：当一台计算机中安装操作系统后，还需要安装 Web 服务器软件才能进行 HTTP 访问。常见的 Web 服务器软件有 IIS、Apache、Nginx 等。

③ 数据库：用于网站数据的存储与管理。PHP 支持多种数据库，包括 MySQL、SQL Server、Oracle、DB2 等。

④ PHP 软件：用于解析 PHP 脚本文件、访问数据库等，是运行 PHP 代码所必需的软件。

⑤ 浏览器：浏览网页的客户端。由于 PHP 脚本是在服务器端运行的，因此通过浏览器看到的是经过 PHP 处理后的 HTML 结果。

为了使读者直观地了解动态网站的运行流程，接下来通过一个图例进行演示，如图 1-5 所示。

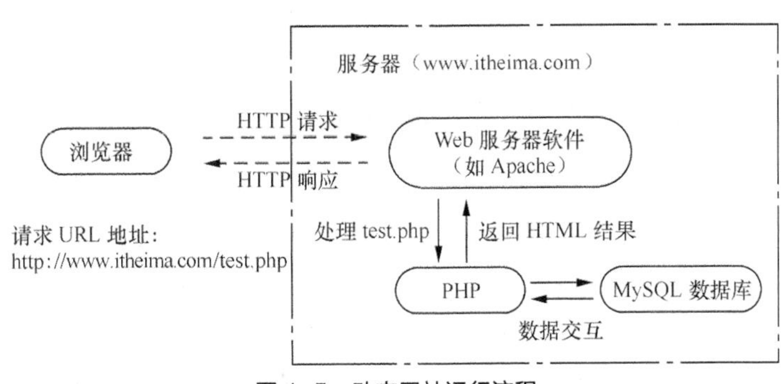

图 1-5　动态网站运行流程

从图 1-5 中可以看出，浏览器请求的 URL 地址为“http://www.itheima.com/test.php”，这表示浏览器与服务器使用 HTTP 进行通信，请求的服务器为“www. itheima.com”，端口号 80（默认），请求的资源路径为“test.php”。当 HTTP 请求发送后，服务器端监听 80 端口的 Apache 软件就会收到请求，由于请求的是一个 PHP 脚本，因此先由 PHP 处理“test.php”脚本文件，将处理后的 HTML 结果通过 HTTP 响应返回浏览器。PHP 在处理脚本时可以和数据库进行交互，通过专业的数据库软件可以更好地管理网站中的数据。

总结

经过 Web 开发平台的学习，认识了 LAMP 平台，以及 PHP 语言，并理解了动态网站的运行流程。经过分析，在线考试系统适合基于开源、高效、成本低的 LAMP 平台，但考虑到难易度，在学习阶段，推荐初学者首先在 Windows 平台进行 Web 开发，等有一定经验后再使用 LAMP 平台。

任务三　搭建开发环境

1. 准备开发工具

在开发 PHP 动态网站之前，需要先准备一些开发工具。“工欲善其事，必先利器”，一个好的开发工具，能够极大提高程序开发效率。接下来，介绍 PHP 网站开发所必备的浏览器、集成开发环境两种工具。

（1）浏览器

浏览器是访问网站必备的工具，目前流行的浏览器有 IE（Internet Explorer）、Google Chrome、火狐（FireFox）、Safari 等。由于浏览器的种类和版本众多，网站的开发人员应对各类常见浏览器进行测试，避免出现兼容问题而影响用户体验。

本书中的示例基于 Chrome 浏览器进行演示。Chrome 是目前互联网中流行使用的浏览器之一，它基于 Chromium 开源引擎，支持 HTML5 和 CSS3 等新特性，而且提供了实用的开发者工具，可以很方便地对网页进行调试。用户可以通过 F12 键启动开发者工具，如图 1-6 所示。

图 1-6　Chrome 的开发者工具

从图 1-6 中可以看出，Chrome 浏览器提供了元素（Elements）、控制台（Console）、源

（Sources）、网络（Network）和时间轴（Timeline）等工具，其中“网络”工具显示了打开网页时发送的每个 HTTP 请求的详细信息。

（2）集成开发环境

集成开发环境（IDE）是一种为项目开发提供集成环境的应用程序，程序中包含了代码编写、分析调试等工具，方便用户使用。在编写代码时，IDE 能够进行语法高亮、错误检查、智能补全等辅助操作，可以显著提高工作效率。在开发 PHP 项目时，常见的 IDE 有 PHPStorm、NetBeans、ZendStudio 等，其中 NetBeans 是一款开源免费的 IDE，功能强大且支持跨平台，推荐使用。

NetBeans 支持 Java、PHP、C++等编程语言，本书选用的是 NetBeans IDE for PHP 8.1 版本（该版本包含 HTML5、JavaScript、PHP 三种功能），在 NetBeans 官方网站（https://netbeans.org）可以下载。安装后，程序的主界面如图 1-7 所示。

图 1-7　NetBeans IDE 主界面

2. 安装 Apache

Apache HTTP Server（Apache）是 Apache 软件基金会发布的一款 Web 服务器软件，由于其开源、跨平台和安全性的特点被广泛使用。目前 Apache 有 2.2 和 2.4 两种版本，本书以 Apache 2.4 版本为例，讲解 Apache 软件的安装步骤。

（1）获取 Apache

Apache 在官方网站（http://httpd.apache.org）上提供了软件源代码的下载，但是没有提供编译后的软件下载。可以从 Apache 公布的其他网站中获取编译后的软件。以 Apache Lounge 网站为例，该网站提供了 VC10、VC11、VC14 等编译版本的软件下载，如图 1-8 所示。

在网站中找到“httpd-2.4.18-win32-VC11.zip”这个版本进行下载。VC11 是指该软件使用 Microsoft Visual C++ 2012 进行编译，在安装 Apache 前需要先在 Windows 系统中安装 Microsoft Visual C++ 2012 运行库。目前最新版本的 Apache 已经不支持 XP 系统，XP 用户可以选择 VC9 编译的旧版本 Apache 使用。

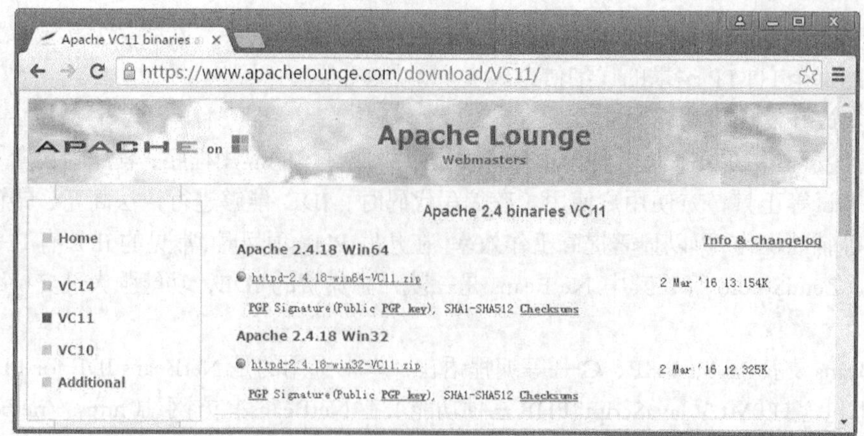

图 1-8 从 Apache Lounge 获取软件

（2）解压文件

首先创建“C:\web\apache2.4”作为 Apache 的安装目录，然后打开“httpd-2.4.18-win32- VC11.zip”压缩包，将里面的“Apache24”目录中的文件解压到“C:\web\apache2.4”路径下，如图 1-9 所示。

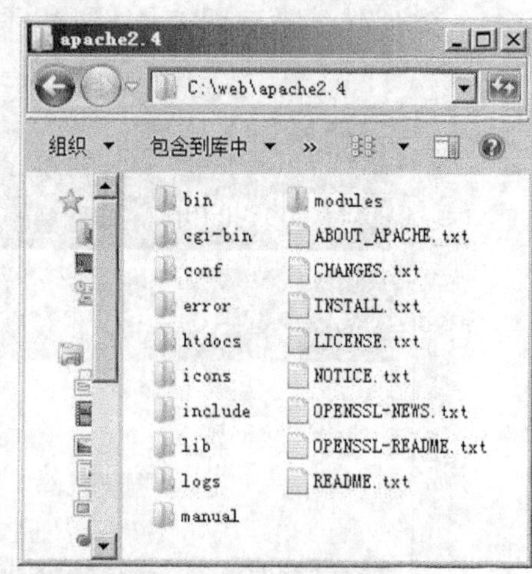

图 1-9 Apache 安装目录

在查看 Apache 目录结构后，下面通过表 1-1 对 Apache 常用的目录进行介绍。

在表 1-1 中，conf 和 htdocs 是需要重点关注的两个目录，当 Apache 服务器启动后，通过浏览器访问本机时，就会看到 htdocs 目录中的网页文档。而 conf 目录是 Apache 服务器的配置目录，包括主配置文件 httpd.conf 和 extra 目录下的若干个辅配置文件。默认情况下，辅配置文件是不开启的。

表 1-1 Apache 目录说明

目录名	说明
bin	Apache 可执行文件目录，如 httpd.exe、ApacheMonitor.exe 等
cig-bin	CGI 网页程序目录
conf	Apache 配置文件目录
htdocs	默认站点的网页文档目录
logs	Apache 日志文件目录，主要包括访问日志 access.log 和错误日志 error.log
manual	Apache 帮助手册目录
modules	Apache 动态加载模块目录

（3）配置 Apache

在安装 Apache 前，需要先进行配置。Apache 的配置文件位于“conf\httpd.conf”，使用 NetBeans 可以打开它。安装前的具体配置步骤如下。

① 配置安装目录

在配置文件中执行文本替换，将“c:/Apache24”全部替换为“c:/web/apache2.4”，如

图 1-10 所示。

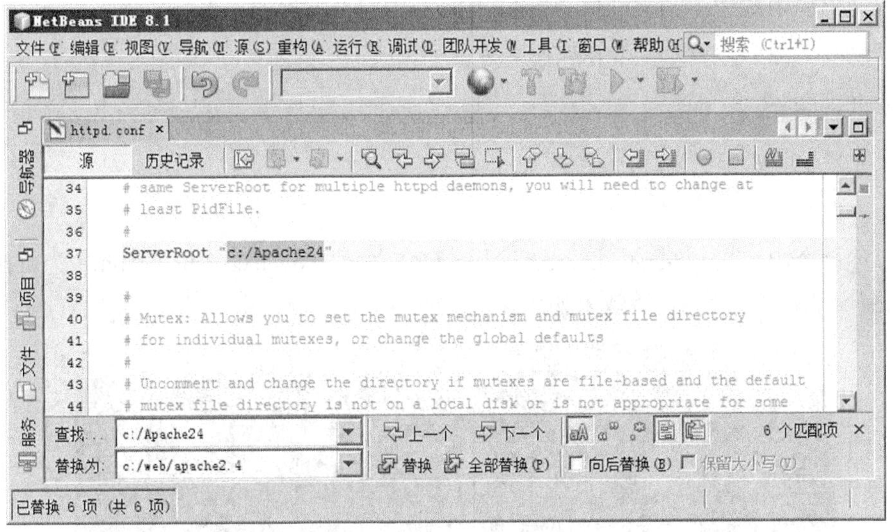

图 1-10 Apache 配置文件

② 配置服务器域名

搜索“ServerName”，找到下面一行配置。

```
#ServerName www.example.com:80
```

上述代码开头的“#”表示该行是注释文本，应删去“#”使其生效，如下所示。

```
ServerName www.example.com:80
```

经过上述操作后，Apache 已经配置完成。为了使读者更好地理解 Apache 配置文件，下面通过表 1-2 对其常用的配置项进行解释。

表 1-2 Apache 的常用配置

配置项	说明
ServerRoot	Apache 服务器的根目录，即安装目录
Listen	服务器监听的端口号，如 80、8080
LoadModule	需要加载的模块
ServerAdmin	服务器管理员的邮箱地址
ServerName	服务器的域名
DocumentRoot	网站根目录
ErrorLog	记录错误日志

对于上述配置，读者可根据实际需要进行修改，但要注意，一旦修改错误，会造成 Apache 无法安装或无法启动，建议在修改前先备份“httpd.conf”配置文件。

（4）开始安装

Apache 的安装是指将 Apache 安装为 Windows 系统的服务项，可以通过 Apache 的服务程序“httpd.exe”来进行安装，具体步骤如下。

① 启动命令行工具。

执行【开始】菜单→【所有程序】→【附件】，找到【命令提示符】并单击鼠标右键，在弹出的快捷菜单中选择【以管理员身份运行】方式，启动命令行窗口。

② 在命令模式下，切换到 Apache 安装目录下的 bin 目录。

```
cd c:\web\apache2.4\bin
```

③ 输入以下命令代码开始安装。

```
httpd.exe -k install
```

在上述命令中，“httpd.exe –k install”为安装命令，“c:\web\apache2.4\bin”为可执行文件“httpd.exe”所在的目录。安装效果如图 1-11 所示。

```
管理员: 命令提示符
Microsoft Windows [版本 6.1.7601]
版权所有 (c) 2009 Microsoft Corporation。保留所有权利。

C:\Windows\system32>cd c:\web\apache2.4\bin

c:\web\apache2.4\bin>httpd.exe -k install
Installing the 'Apache2.4' service
The 'Apache2.4' service is successfully installed.
Testing httpd.conf....
Errors reported here must be corrected before the service can be started.

c:\web\apache2.4\bin>_
```

图 1-11　通过命令行安装 Apache

④ 如果需要卸载 Apache，可以使用“httpd.exe –k uninstall”命令进行卸载。

（5）启动 Apache 服务

Apache 安装后，就可以作为 Windows 的服务项进行启动或关闭了。Apache 提供了服务监视工具“Apache Service Monitor”，用于管理 Apache 服务，程序位于“bin\ApacheMonitor.exe”。

打开“ApacheMonitor.exe”，Windows 系统任务栏右下角状态栏会出现 Apache 的小图标管理工具，在图标上单击鼠标左键可以弹出控制菜单，如图 1-12 所示。

从图 1-12 中可以看出，通过 Apache Service Monitor 可以快捷地控制 Apache 服务的启动、停止和重新启动。单击【Start】可以启动服务，当图标由红色变为绿色时，表示启动成功。

通过浏览器访问本机站点“http://localhost”，如果看到图 1-13 所示的画面，说明 Apache 正常运行。

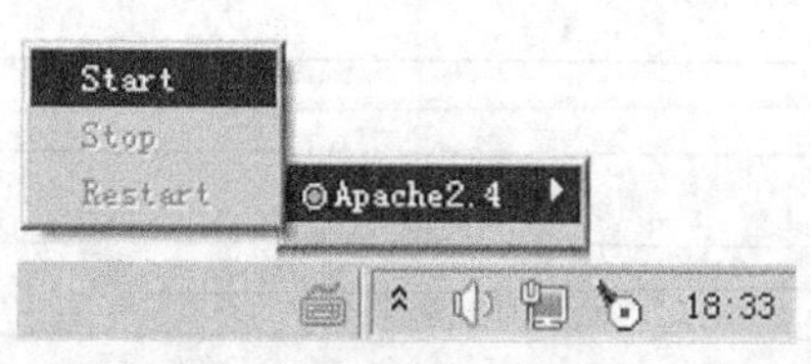

图 1-12　管理 Apache 服务

图 1-13　在浏览器中访问 localhost

图 1-13 所示的“It works !”是 Apache 默认站点下的首页，即“htdocs\index.html”这个网页的显示结果。读者可以将其他网页放到“htdocs”目录下，然后通过“http://localhost/网页文件名”进行访问。

3. 安装 PHP

安装 Apache 之后，开始安装 PHP 模块，它是开发和运行 PHP 脚本的核心。在 Windows

中，PHP 有两种安装方式：一种方式是使用 CGI 应用程序；另一种方式是作为 Apache 模块使用。其中，第二种方式较为常见。接下来，讲解 PHP 作为 Apache 模块的安装方式。

（1）获取 PHP

PHP 的官方网站（http://php.net）提供了 PHP 最新版本的下载，如图 1-14 所示。

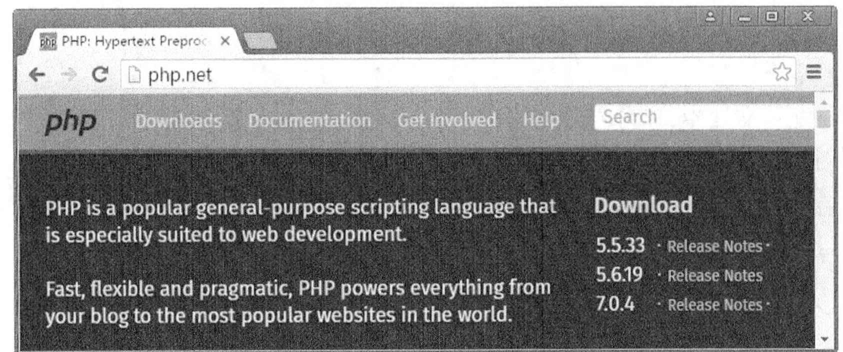

图 1-14 PHP 官方网站

从图 1-14 中可以看出，PHP 目前正在发布 5.5、5.6、7.0 三个版本，本书选择使用 PHP 5.6.19 版本进行讲解。需要注意的是，PHP 提供了 Thread Safe（线程安全）与 Non Thread Safe（非线程安全）两种选择，在与 Apache 搭配时，应选择“Thread Safe”版本。

（2）解压文件

将从 PHP 网站下载到的“php-5.6.19-Win32-VC11-x86.zip”压缩包解压，保存到“C:\web\php5.6”目录中，如图 1-15 所示。

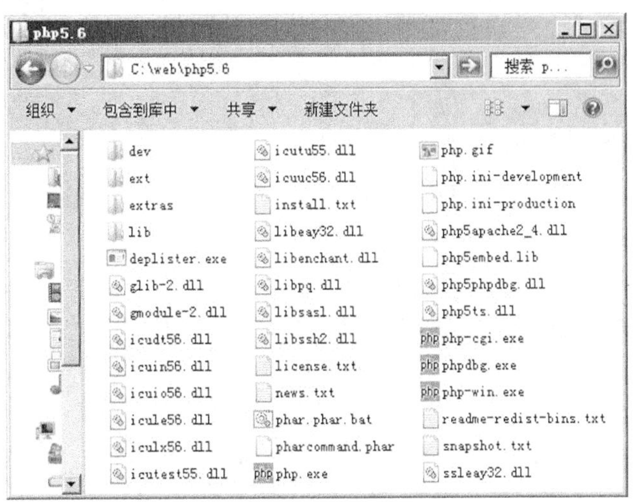

图 1-15 PHP 安装目录

图 1-15 所示是 PHP 的目录结构，其中“ext”是 PHP 扩展文件所在的目录，“php.exe”是 PHP 的命令行应用程序，“php5apache2_4.dll”是用于 Apache 的 DLL 模块。“php.ini-development”是 PHP 预设的配置模板，适用于开发环境。“php.ini-production”也是配置模板，适合网站上线时使用。

（3）配置 PHP

PHP 提供了开发环境和上线环境的配置模板，模板中有一些内容需要手动进行配置，以避免在以后的使用过程中出现问题，具体步骤如下。

① 创建 php.ini

在 PHP 的学习阶段，推荐选择开发环境的配置模板。复制一份“php.ini-development”文件，并命名为“php.ini”，将该文件作为 PHP 的配置文件。

② 配置扩展目录

使用 NetBeans 打开“php.ini”，搜索文本“extension_dir”，找到下面一行配置。

```
;extension_dir = "ext"
```

在 PHP 配置文件中，以分号开头的一行表示注释文本，不会生效。这行配置用于指定 PHP 扩展所在的目录，应将其修改为以下内容。

```
extension_dir = "c:\web\php5.6\ext"
```

③ 配置 PHP 时区

搜索文本“date.timezone”，找到下面一行配置。

```
;date.timezone =
```

时区可以配置为 UTC（协调世界时）或 PRC（中国时区），配置后如下所示。

```
date.timezone = PRC
```

（4）在 Apache 中引入 PHP 模块

打开 Apache 配置文件“c:\web\apache2.4\conf\httpd.conf”，添加对 Apache 2.4 的 PHP 模块的引入，具体代码如下所示。

```
LoadModule php5_module "c:/web/php5.6/php5apache2_4.dll"
<FilesMatch "\.php$">
  setHandler application/x-httpd-php
</FilesMatch>
PHPIniDir "c:/web/php5.6"
```

在上述代码中，第 1 行配置表示将 PHP 作为 Apache 的模块来加载；第 2~4 行配置是添加对 PHP 文件的解析，告诉 Apache 将以“.php”为扩展名的文件交给 PHP 处理；第 5 行是配置 php.ini 的位置。配置代码添加后如图 1-16 所示。

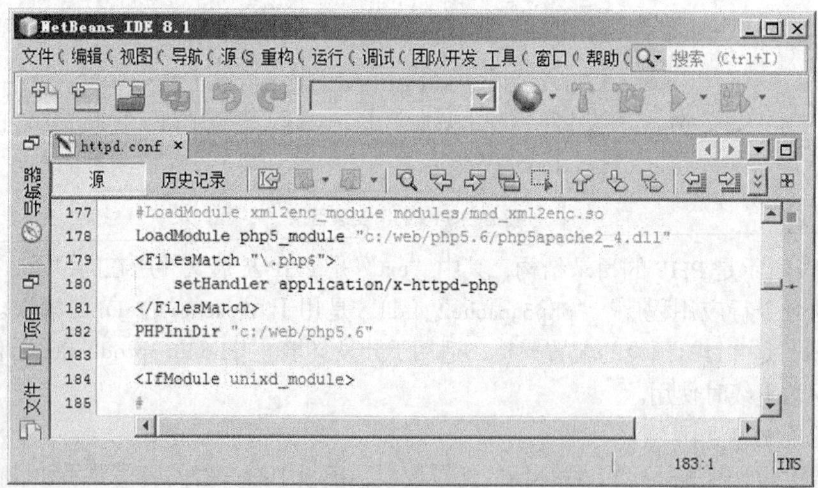

图 1-16 在 Apache 中引入 PHP 模块

接下来配置 Apache 的索引页。索引页是指当访问一个目录时，自动打开哪个文件作为索引页。例如，访问 “http://localhost” 实际上访问到的是 “http://localhost/index.html”，这是因为 “index.html” 是默认索引页，所以可以省略索引页的文件名。

在配置文件中搜索 “DirectoryIndex”，找到以下代码。

```
<IfModule dir_module>
    DirectoryIndex index.html
</IfModule>
```

上述代码第 2 行的 “index.html” 即默认索引页，下面将 “index.php” 也添加为默认索引页。

```
<IfModule dir_module>
    DirectoryIndex index.html index.php
</IfModule>
```

上述配置表示在访问目录时，首先检测是否存在 “index.html”，如果有，则显示，否则就继续检查是否存在 “index.php”。如果一个目录下不存在索引页文件，Apache 会显示该目录下所有的文件和子文件夹（也可以关闭此功能）。

（5）重新启动 Apache 服务

修改 Apache 配置文件后，需要重新启动 Apache 服务，才能使配置生效。先单击右下角的 Apache 服务图标，在弹出的菜单中选择【Apache2.4】，再单击【Restart】就可以重启服务，如图 1-17 所示。

（6）测试 PHP 模块是否安装成功

以上步骤已经将 PHP 作为 Apache 的一个扩展模块，并随 Apache 服务器一起启动。如果想检查 PHP 是否安装成功，可以在 Apache 的 Web 站点目录 “C:\web\apache2.4\htdocs” 下，使用 NetBeans 创建一个名为 “test.php” 的文件，并在文件中写入下面的内容。

```
<?php
    phpinfo();
?>
```

上述代码用于将 PHP 的配置信息输出到网页中。将代码编写完成后保存文件，如图 1-18 所示。

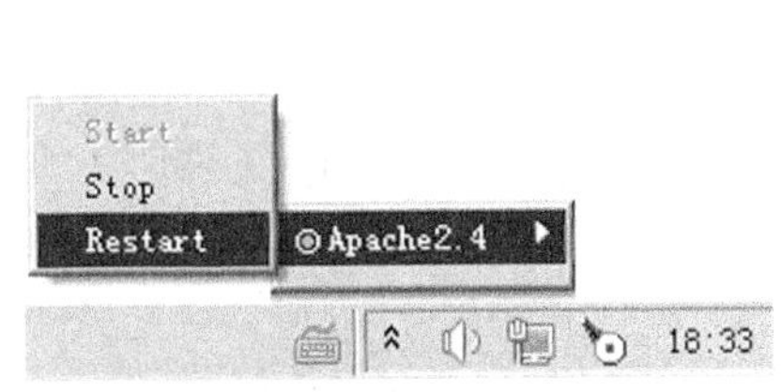

图 1-17　重新启动 Apache 服务

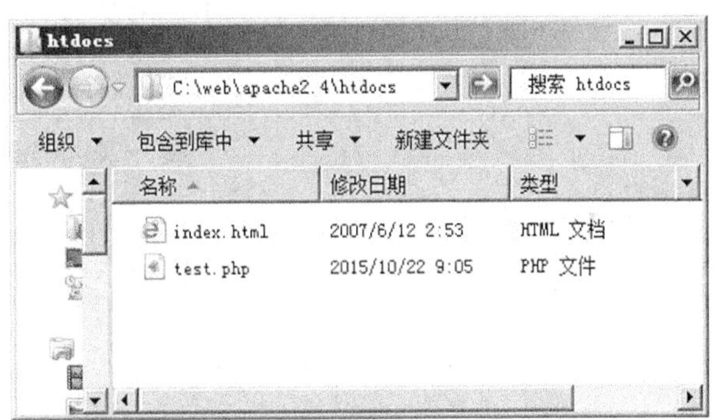

图 1-18　保存 test.php

然后使用浏览器访问地址 “http://localhost/test.php”，如果看到图 1-19 所示的 PHP 配置信息，说明上述配置成功。否则，需要检查上述配置操作是否有误。

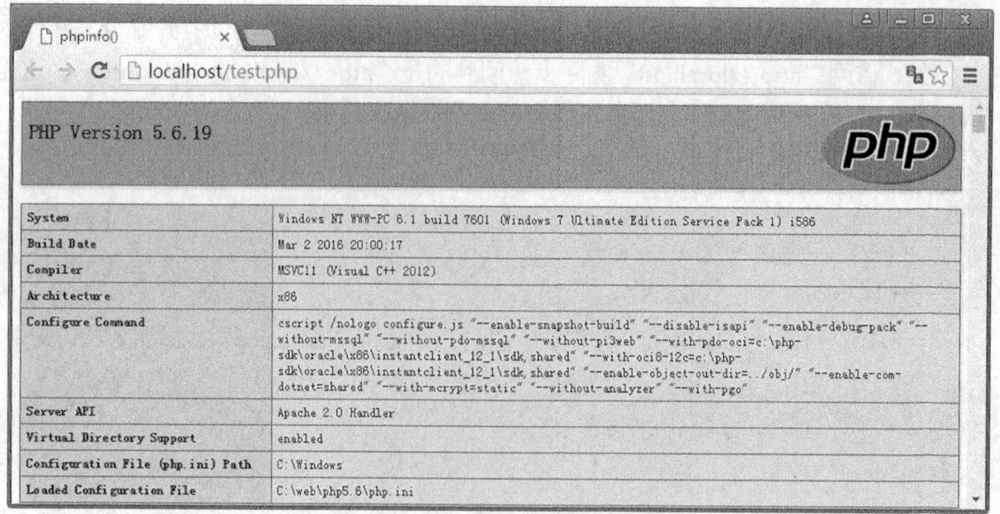

图 1-19　测试 PHP 是否安装成功

4. 创建 PHP 项目

在安装 Apache 和 PHP 之后，就可以在 NetBeans 中创建项目，通过 IDE 来管理项目中的代码文件。接下来，分步骤演示如何使用 NetBeans 创建一个简单的 PHP 项目。

（1）新建项目

在 NetBeans 中执行【文件】→【新建项目】，在弹出的对话框中选择“PHP 应用程序”，如图 1-20 所示。

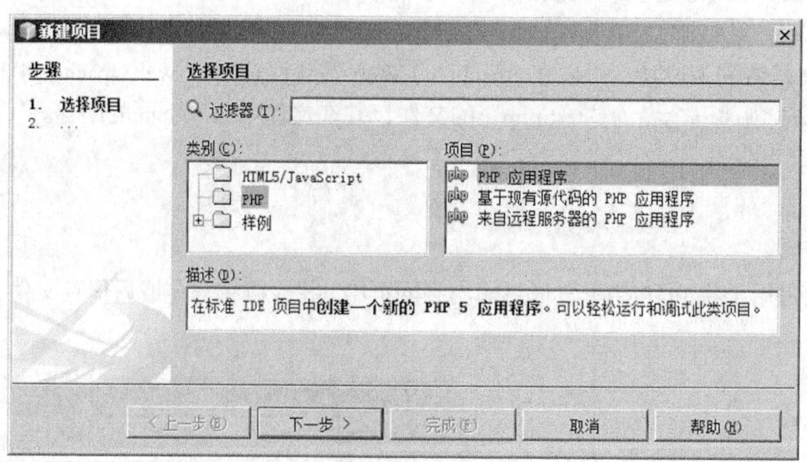

图 1-20　新建项目

（2）配置项目信息

在“新建项目”对话框中单击“下一步”按钮后，开始配置项目的基本信息，如图 1-21 所示。

下面分别介绍图 1-21 中的各项内容。

① 项目名称：可以随意填写。当在 NetBeans 中管理多个项目时，通过名称进行区分。

② 源文件夹：选择 Apache 站点目录，即“C:\web\apache2.4\htdocs”。

③ PHP 版本：用于代码编辑器的语法检查和代码提示，如果考虑项目代码的向下兼容，就选择一个早期的 PHP 版本，推荐选择 PHP 5.4（目前仍有大量的网站在使用）。

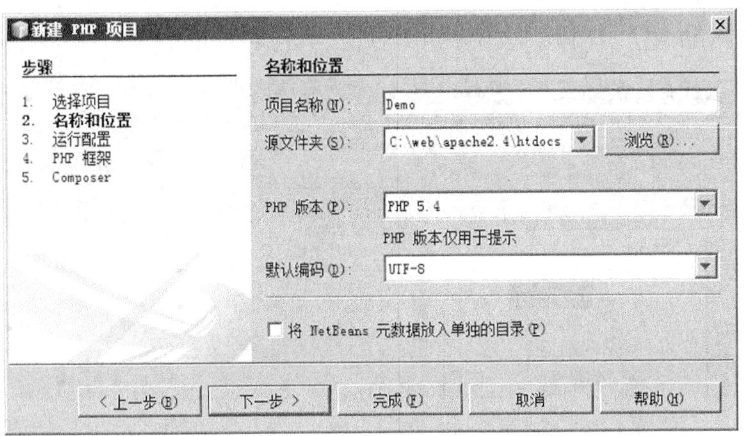

图 1-21　配置项目信息

④ 默认编码：常见的编码有 GBK、UTF-8 等。GBK 是国标码，是为了在计算机中处理汉字而设计的编码，只适合中文网站使用，而 UTF-8 是万国码，该编码支持全世界大多数国家的文字（相比 GBK 需要占用更多存储空间），适合支持国际化的网站使用。这里推荐选择 UTF-8 编码。

⑤ 将 NetBeans 元数据放入单独的目录：元数据保存项目的基本配置。如果不选中，元数据保存到项目的"nbproject"目录中；如果选中，元数据保存到指定目录。

（3）运行配置

在完成配置项目信息后，单击"下一步"按钮进入运行配置页面，如图 1-22 所示。其中，运行方式选择"本地 Web 站点"，项目 URL 修改为"http://localhost"即可。

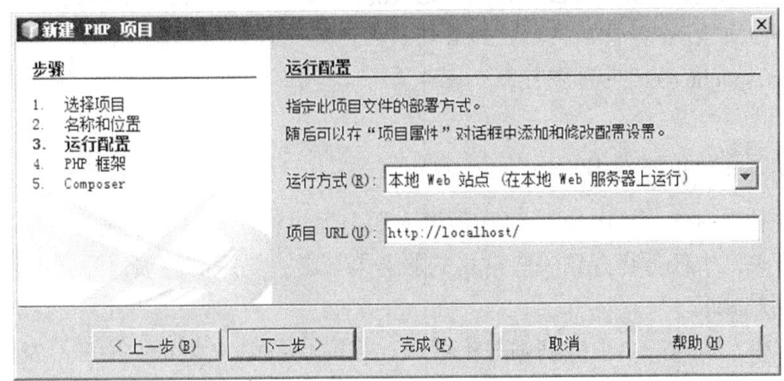

图 1-22　运行配置

（4）编写代码

在完成配置后，单击"完成"按钮即可创建项目。创建项目后，NetBeans 的界面如图 1-23 所示。

在图 1-23 所示窗口中，左栏"项目"用于管理源文件，右栏"hello.php"是当前正在编辑的文件。读者可尝试参考图中的"hello.php"文件，编写一个"Hello World"程序。

（5）运行程序

在代码编写完成后，可以在浏览器中输入 URL 地址进行测试，也可以通过 NetBeans 自动打开浏览器测试程序。在 NetBeans 中将浏览器切换为 Chrome（不包含连接器），然后按绿色三角按钮（快捷键 F6）运行项目，程序调用浏览器自动访问 index.php；或执行【运行】→【运行文件】(快捷键 Shift+F6)，访问当前编辑的文件。文件 hello.php 的运行结果如图 1-24 所示。

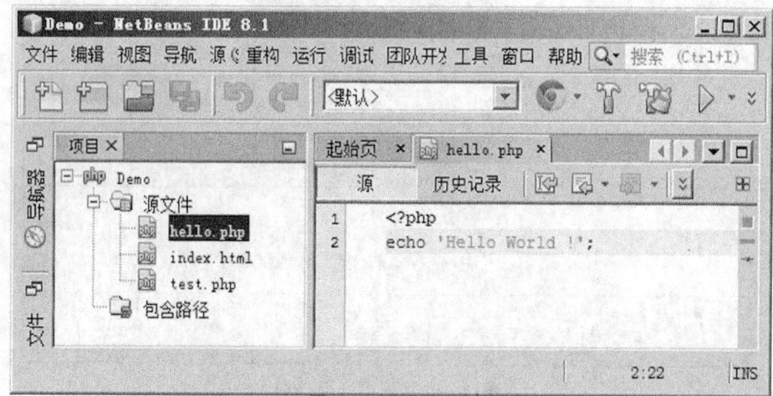

图 1-23　NetBeans 项目窗口

总结

经过前面的步骤，成功使用 NetBeans 创建了一个 Demo 项目，并编写了 Hello World 程序。在浏览器中看到的“Hello World”运行结果，实际上是经过了 Apache 和 PHP 软件的处理得到的结果。

图 1-24　运行 Hello World 程序

当 Web 服务器搭建完成后，本机所在局域网内的其他计算机可通过内网 IP 地址直接访问本机。例如，本机内网 IP 地址为 192.168.1.100，那么另一台计算机使用 URL 地址“http://192. 168.1.100”即可访问本机内网。另外，Windows 防火墙可能会阻止 Apache 访问网络，如果局域网内其他计算机不能访问时，应检查本机防火墙配置，允许 Apache 访问网络即可。

任务四　配置服务器

在完成安装 Apache 和 PHP 后，还需要对服务器进行配置，才能满足一些常见的项目开发需求。接下来，本任务将介绍一些常用的服务器配置，为后面的项目开发工作奠定基础。

1. 配置网站域名

在互联网中，搭建一个上线网站并不容易，需要域名和 IP 地址。而在开发阶段，只需要网站能够在本机和局域网内被访问就足够了。下面将介绍通过更改 hosts 文件的方式，实现用域名访问本机网站。

在操作系统中，hosts 文件用于配置本地的 IP 与域名之间的解析关系。当访问的域名在 hosts 文件中存在解析记录时，直接使用该记录；不存在时，再通过 DNS 域名解析服务器进行解析。

在 Windows 系统中以管理员身份运行记事本，然后执行【文件】→【打开】命令，打开“C:\Windows\System32\drivers\etc”文件夹下的“hosts”文件，配置 IP 地址和域名的映射关系，具体如下。

```
127.0.0.1 www.test.com
```

在上述配置中，“127.0.0.1”是本机的 IP 地址，后面的是域名。上述配置表示当访问“www.test.com”这个域名时，自动解析到“127.0.0.1”这个 IP 地址上。

经过上述配置后，就可以通过在浏览器上直接输入域名来访问本机的 Web 服务器。需要注意的是，这种域名解析方式只对本机有效。如果局域网内的其他计算机需要用域名访问时，只需在该计算机的 hosts 文件中添加一条解析记录即可，如“192.168.1.100 www. test.com”。

2. 配置虚拟主机

虚拟主机是 Apache 提供的一个功能，通过虚拟主机可以在一台服务器上部署多个网站。通常一台服务器的 IP 地址是固定的，而不同的域名可以解析到同一个 IP 地址。因此，当用户使用不同的域名访问同一台服务器时，虚拟主机功能可以使用户访问到不同的网站。Apache 虚拟主机配置的具体操作步骤如下。

（1）更改 hosts 文件

在 hosts 文件中添加多个解析记录，具体如下。

```
127.0.0.1 www.test.com
127.0.0.1 bxg.test.com
127.0.0.1 www.admin.com
```

上述配置将 3 个域名都解析到了本机的 IP 地址上，从而实现一个服务器用多个域名访问。

（2）启动辅配置文件

辅配置文件是 Apache 配置文件 httpd.conf 的扩展文件，用于将一部分配置抽取出来便于修改。打开 httpd.conf 文件，找到如下所示的一行配置，取消“#”注释即可。

```
#Include conf/extra/httpd-vhosts.conf
```

在上述配置中，“Include” 表示从另一个文件中加载配置，后面是配置文件的路径。

（3）配置虚拟主机

打开“conf/extra/httpd-vhosts.conf”虚拟主机配置文件，将文件中原有的配置全部使用“#”注释起来，然后重新编写如下的配置。

```
<VirtualHost *:80>
   DocumentRoot "c:/web/apache2.4/htdocs"
   ServerName www.test.com
</VirtualHost>
<VirtualHost *:80>
   DocumentRoot "c:/web/apache2.4/htdocs/bxg"
   ServerName bxg.test.com
</VirtualHost>
```

上述配置实现了两个虚拟主机，分别是“www.test.com”和“bxg.test.com”，并且将这两个虚拟主机的站点目录指定在了不同的路径下。接下来创建“c:\web\apache2.4\htdocs\bxg”文件夹，并在文件夹中放一个简单的网页，然后重启 Apache 使配置文件生效。

在浏览器中访问这两个域名，会看到不同的两个网站，如图 1-25 所示。

3. 访问权限控制

Apache 可以控制服务器中的哪些路径允许被外部访问。在 httpd.conf 中，默认站点目录“htdocs”已经配置为允许外部访问，但如果要将其他目录也允许访问时，需要手动进行配置。接下来将通过虚拟主机“www.admin.com”来介绍如何进行访问权限控制。

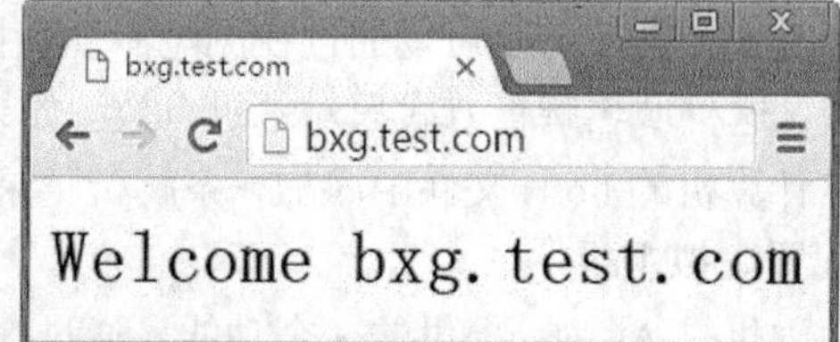

图 1-25 访问虚拟主机

编辑“httpd-vhosts.conf”，在配置虚拟主机的同时，对访问权限进行配置，具体如下。

```
<VirtualHost *:80>
    DocumentRoot "c:/web/www.admin.com"
    ServerName www.admin.com
</VirtualHost>
<Directory "c:/web/www.admin.com">
    Require local
</Directory>
```

上述配置将虚拟主机的站点目录指定到“c:/web/www.admin.com”目录下，并通过<Directory>指令为其配置了目录访问权限。其中“Require local”表示只允许本地访问，“Require all granted”表示允许所有的访问，“Require all denied”表示拒绝所有的访问。

在浏览器中访问“www.admin.com”进行测试。当用户没有访问权限时，效果如图 1-26（a）所示；当用户有权限访问并且该目录下存在“index.html”时，效果如图 1-26（b）所示。

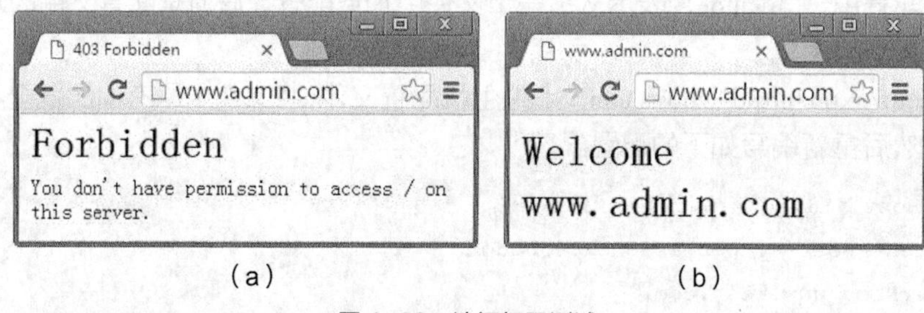

图 1-26 访问权限测试

4. 分布式配置文件

分布式配置文件是为目录单独进行配置的文件，可以实现在不重启服务器的前提下更改某个目录的配置。下面演示如何开启分布式配置文件，打开配置文件“httpd-vhosts.conf”，添加如下配置。

```
<Directory "c:/web/www.admin.com">
   Require local
   AllowOverride All
</Directory>
```

当上述配置添加“AllowOverride All”之后，Apache 就会到目录中读取分布式配置文件，文件名为“.htaccess”，该文件中的配置将会覆盖原有的目录配置。在分布式配置文件中可以直接编写<Directory>中的大部分的配置，本书后面会对常用配置进行介绍。

Apache 分布式配置文件方便了网站管理员对目录的管理，但是会影响服务器的运行效率。需要将其关闭时，改为“AllowOverride None”即可。

5. 目录浏览功能

当开启 Apache 目录浏览功能时，如果访问的目录中没有默认索引页（如 index.html），就会显示目录中的文件列表。在使用时，既可以在配置文件中的<Directory>开启该项功能，也可以在分布式配置文件中开启。下面以分布式配置文件的方式为例，进行演示。

在目录“c:/web/www.admin.com”中创建文件“.htaccess”，添加如下配置。

```
Options Indexes
```

当上述配置生效后，文件列表的显示效果如图 1-27 所示。

在网站开发阶段，Apache 的目录浏览功能可以方便用户访问服务器中的文件。在网站上线时，应关闭此功能，以免暴露服务器中的文件目录。将其修改为“Options -indexes”，即可关闭该功能。

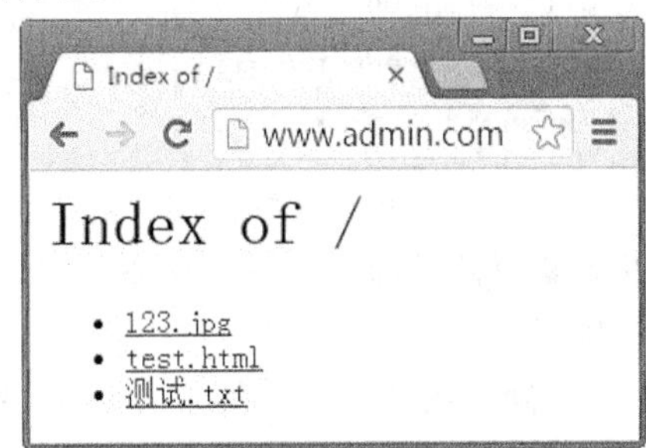

图 1-27 Apache 目录浏览功能

6. 自定义错误页面

在 Web 开发中，HTTP 状态码用于表示 Web 服务器的响应状态，由 3 位数字组成。常见的 HTTP 状态码有 403（Forbidden，拒绝访问）、404（Not Found，页面未找到）、500（Internal Server Error，服务器内部错误）等。当遇到错误时，Apache 会显示一个简单的错误页面，并支持自定义错误页面。

Apache 自定义错误页面既可以通过配置文件中的<Directory>实现，也可以在分布式配置文件中实现。下面以分布式配置文件的方式为例，实现方式如下。

```
ErrorDocument 403 /403.html
ErrorDocument 404 /404.html
ErrorDocument 500 /500.html
```

进行上述配置后，当遇到错误时，就会自动显示站点目录中相应的网页文件。以 404 错误为例，当发生错误时，自定义错误页面（404.html）可以参考图 1-28 所示的效果。

7. 解决中文乱码

在使用 NetBeans 时，已经将默认编码设置为 UTF-8。需要注意的是，在 Windows 系统中，浏览器的默认编码并非 UTF-8，而是根据 Windows 语言版本而定的。在简体中文系统中，浏览器的默认编码是 GBK，此时如果访问 UTF-8 编码的网页，中文就会显示成乱码。下面演示两种解决编码问题的方法。

① HTML 方式

当输出的内容是一个 HTML 网页时，通过<meta>标记设置编码。

```
<meta charset="utf-8">
```

② PHP 方式

在使用 PHP 输出中文之前，通过 HTTP 响应消息告知浏览器当前网页的编码。

```
header('content-type:text/html;charset=utf-8');
```

值得一提的是，在 PHP 的配置文件 php.ini 中，通过“default_charset”也可以设置默认编码，设置后 PHP 将自动按照 PHP 方式设置编码，示例配置如下。

```
default_charset = "UTF-8"
```

8. 开启 PHP 扩展

在 PHP 的安装目录中，“ext”文件夹保存的是 PHP 的扩展。在安装后的默认情况下，PHP 扩展是全部关闭的，用户可以根据情况手动打开或关闭扩展。在 php.ini 中，“extension”用于载入扩展。下面演示几个常用扩展的开启。

```
extension=php_curl.dll
extension=php_gd2.dll
extension=php_mbstring.dll
extension=php_mysql.dll
extension=php_mysqli.dll
extension=php_pdo_mysql.dll
```

上述配置指定了扩展文件名，没有指定扩展文件所在的路径。当“extension_dir”中已经指定扩展路径时，可以省略路径只填写文件名。如果载入其他路径下的扩展，填写完整的路径即可。

值得一提的是，PHP 的 CURL 扩展在 php.ini 中开启后还不能使用，需要在 Apache 配置文件“httpd.conf”中进行配置，具体如下。

```
LoadFile "c:/web/php5.6/libssh2.dll"
```

当开启扩展后，通过 phpinfo 可以查询扩展是否开启，开启后可以查询到这些扩展的信息，如图 1-29 所示。

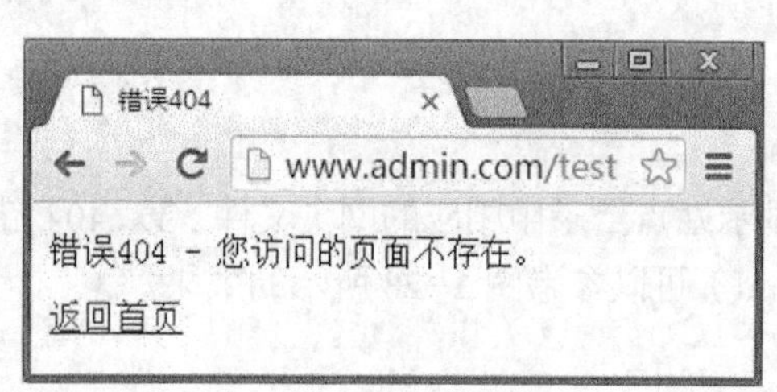

图 1-28　自定义错误页面

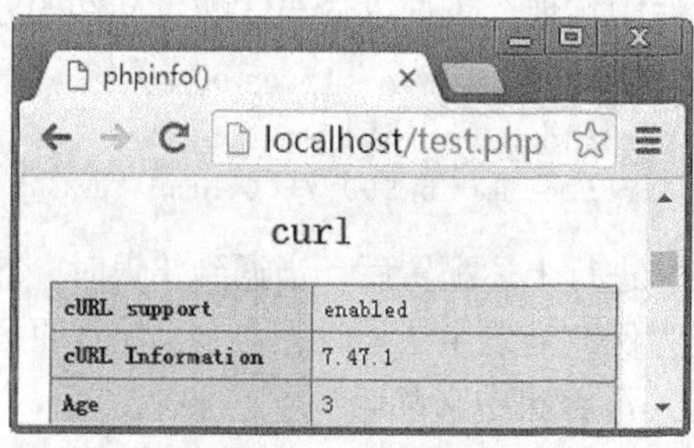

图 1-29　查看扩展是否开启

模块二　PHP 程序设计

若想要利用 PHP 进行 Web 开发，首先需要对其基础语法有一定的了解，才能够进行代码的编写；然后通过函数和数组的学习，灵活地组织代码结构，实现对数据的批量处理；最后，利用表单的处理实现浏览器与服务器的数据交互，开发具有功能性的网站系统。

通过本模块的学习，读者对于知识的掌握需达到如下程度。

- 了解 PHP 语法基础使用规则，如 PHP 标记、标识符、变量、常量等
- 熟悉 PHP 中的数据类型及分类、运算符及其优先级的运用
- 掌握选择结构语句、循环结构语句及标签语法的应用
- 掌握函数、数组及包含语句在开发中的定义和使用
- 熟悉 HTML 表单，学会使用 PHP 接收并处理表单数据

任务一 PHP 语法基础

在使用任何一门编程语言进行编程时，都需要了解该语言的语法结构是怎样的，变量和常量是如何定义的，以及有哪些数据类型等，下面带着这些问题开始 PHP 的语法基础学习。

1. PHP 标记与注释

PHP 是嵌入式脚本语言，它经常会和 HTML 内容混编在一起，因此为了区分 HTML 与 PHP 代码，需要使用标记将 PHP 代码"包裹"起来。PHP 中提供的 4 种标记如表 1-3 所示。

表 1-3　PHP 标记

标记类型	开始标记	结束标记
标准标记	<?php	?>
短标记	<?	?>
ASP 风格标记	<%	%>
脚本风格标记	<script language="php">	</script>

在表 1-3 中，标准标记是 PHP 中最常用的标记，当一个文件是纯 PHP 代码时，可省略结束标记，且开始标记最好顶格书写。而其他 3 种标记，在实际开发中很少使用，这里对其不过多介绍，读者了解即可。接下来，以标准标记的使用为例进行讲解，具体示例如下。

```
<?php
    echo "Hello PHP";  //输出一句话
?>
```

在上述代码中，开始标记"<?php"与结束标记"?>"之间的内容就是 PHP 代码。其中，echo 用于输出一个或多个字符串，如"Hello PHP"。"//"为单行注释，用于对代码的解释说明，注释会在程序解析时被解析器忽略。

同时，PHP 中除了单行注释外，还有多行注释"/*……*/"。在使用时需要注意，多行注释中可以嵌套单行注释，但是不能再嵌套多行注释。

2. 标识符与关键字

在程序开发中，经常需要定义一些符号来标记一些名称，如变量名、常量名、函数名、类名等，这些符号被称为标识符。在 PHP 中，定义标识符要遵循一定的规则，具体如下。

① 标识符只能由字母、数字和下划线组成。

② 标识符可以由一个或多个字符组成，且必须以字母或下划线开头。

③ 当标识符用作变量名时，区分大小写。

同时，在程序开发过程中，还会经常运用关键字。所谓关键字，就是编程语言里事先定义好并赋予了特殊含义的单词，也称作保留字。如 echo 用于输出数据，function 用于定义函数，class 关键字用于定义类，表 1-4 列举了 PHP5 中所有的关键字。

表 1-4　PHP 关键字

and	or	xor	__FILE__	exception
__LINE__	array()	as	break	case
class	const	continue	declare	default

续表

die()	do	echo	else	elseif
empty()	enddeclare	endfor	endforeach	endif
endswitch	endwhile	eval()	exit()	extends
for	foreach	function	global	if
include	include_once	isset()	list()	new
print	require	require_once	return	static
switch	unset()	use	var	while
__FUNCTION__	__CLASS__	__METHOD__	final	php_user_filter
interface	implements	extends	public	private
protected	abstract	clone	try	catch
throw	this			

在了解上面的关键字后，还需要注意，关键字不能作为常量、函数名或类名使用。并且关键字虽然可以作为变量名使用，但是容易导致混淆，因此不建议使用。

3. 变量与常量

（1）变量

变量就是保存可变数据的容器。在 PHP 中，变量是由$符号和变量名组成的，其中变量名的命名规则与标识符相同。如$online、$_online 是合法的变量名，而$245、$*test 是非法的变量名。

由于 PHP 是弱类型语言，所以变量不需要事先声明，就可以直接进行赋值使用。PHP 中的变量赋值分为两种，一种是默认的传值赋值，另一种是引用赋值，具体示例如下。

① 传值赋值

```
$price = 58;          //定义变量$price，并且为其赋值为 58
$cost = $price;       //定义变量$cost，并将$price 的值赋值给$cost
$price = 100;         //为变量$price 重新赋值为 100
echo $cost;           //输出$cost 的值，结果为 58
```

在上述示例中，通过传值赋值的方式定义了两个变量$price 和$cost，当变量$price 的值修改为 100 时，$cost 的值依然是 58。

② 引用赋值

相对于传值赋值，引用赋值的方式相当于给变量起一个别名，当一个变量的值发生改变时，另一个变量也随之变化。使用时只需在要赋值的变量前添加“&”符号即可，具体示例如下。

```
$age = 12;            //定义变量$age，并且为其赋值为 12
$num = &$age;         //定义变量$num，并将$age 值的引用赋值给$num
$age = 100;           //为变量$age 重新赋值为 100
echo $num;            //输出$num 的值，结果为 100
```

（2）可变变量

在 PHP 中，为了方便在开发时动态地改变一个变量的名称，提供了一种特殊的变量用法——可变变量。通过可变变量，可以将另外一个变量的值作为该变量的名称，具体示例如下。

```
$a = 'hello';
$hello = 'PHP';
$PHP = 'best';
echo $a;              //输出结果: hello
echo $$a;             //输出结果: PHP
echo $$$a;            //输出结果: best
```

从上述代码可知，可变变量的实现很简单，只需在一个变量前多加一个美元符号“$”即可。需要注意的是，若变量$a 的值是数字，则可变变量$$a 就会出现非法变量名的情况。因此，开发时要酌情考虑可变变量的运用。

（3）常量

除了变量，在 PHP 中还可以使用常量来保存数据。常量用于保存在脚本运行过程中值始终保持不变的量，它的特点是一旦被定义就不能被修改或重新定义。例如，在数学中常用的圆周率 π 就是一个常量。

PHP 中通常使用 define()函数或 const 关键字来定义常量，具体示例如下。

① define()函数

```
define('CON', 'php');      //定义名称为 CON 的常量，其值为 php
echo CON;                  //输出结果：php
```

上述示例中，define()函数的第 1 个参数表示常量的名称，第 2 个参数表示常量值。常量定义后，当获取常量的值时，直接使用常量名即可。

② const 关键字

```
const PAI = 3.14;          //定义名称为 PAI 的常量，其值为 3.14
echo PAI;                  //输出结果：3.14
```

（4）预定义常量

所谓预定义常量是指 PHP 预先定义好的常量，用于获取 PHP 中的相关信息，方便开发。在需要时可直接在程序中使用，具体示例如下。

```
echo PHP_VERSION;          //输出结果：5.6.19
echo PHP_OS;               //输出结果：WINNT
```

在上述代码中，预定义常量 PHP_VERSION 用于获取 PHP 的版本信息，PHP_OS 用于获取解析 PHP 的操作系统类型。

4. 数据类型

开发中经常需要操作数据，而每个数据都有其对应的类型。PHP 中支持 3 类数据类型，分别为标量数据类型、复合数据类型及特殊数据类型，PHP 中所有的数据类型如图 1-30 所示。

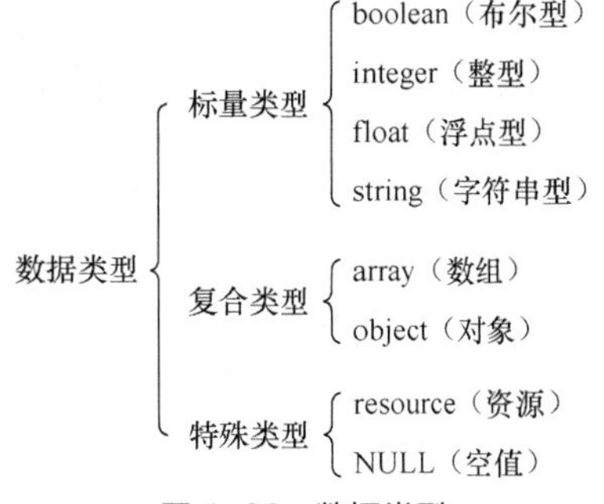

图 1-30 数据类型

值得一提的是，PHP 中变量的数据类型通常不是开发人员设定的，而是根据该变量使用的上下文在运行时决定的。接下来分别介绍标量数据类型的使用，其他数据类型会在后续的任务中进行讲解。

（1）布尔型

布尔型是 PHP 中较常用的数据类型之一，通常用于逻辑判断，它只有 true 和 false 两个值，表示事物的“真”和“假”，并且不区分大小写，具体示例如下。

```
$flag1 = true;          //将 true 赋值给变量$flag1
$flag2 = false;         //将 false 赋值为变量$flag2
```

（2）整型

整型可以由十进制、八进制和十六进制数指定，用来表示整数。在它前面加上“-”符号，可以表示负数。其中，八进制数使用 0~7 表示，且数字前必须加上 0，十六进制数使用 0~9 与 A~F 表示，数字前必须加上 0x，具体示例如下。

```
$oct = 012;             //八进制数
$dec = 10;              //十进制数
$hex = 0xa;             //十六进制数
```

在上述代码段中，八进制和十六进制表示的都是十进制数值 10。其中，若给定的数值大于系统环境的整型所能表示的最大范围时，会发生数据溢出，导致程序出现问题。例如，32 位系统的取值范围是$-2^{31}\sim2^{31}-1$。

（3）浮点型

浮点数是程序中表示小数的一种方法。在 PHP 中，通常使用标准格式和科学计数法格式表示浮点数，具体示例如下。

```
$fnum1 = 5.59;          //标准格式
$fnum2 = -6.82;         //标准格式
$fnum3 = 3.14E6;        //科学计数法格式
$fnum4 = 4.46E-3;       //科学计数法格式
```

在上述格式中，不管采用哪种格式，浮点数的有效位数都是 14 位。其中，有效位数就是从最左边第一个不为 0 的数字开始，直到末尾数字的个数，且不包括小数点。

（4）字符串型

字符串是由连续的字母、数字或字符组成的字符序列。在 PHP 中，通常使用单引号或双引号表示字符串，具体示例如下。

```
$name = 'Jimmy';
$area = 'England';
echo $name." come from $area";   //输出结果：Jimmy come from England
echo $name.' come from $area';   //输出结果：Jimmy come from $area
```

从上述示例可知，变量$area 在双引号字符串中被解析为 England，而在单引号字符串中原样输出。值得一提的是，在字符串中可以使用转义字符。例如，双引号字符串中使用双引号时，可以使用“\"”来表示。双引号字符串还支持换行符“\n”、制表符“\t”等转义字符的使用，而单引号字符串只支持“\'”和“\\”的转义。

同时，在使用字符串编程时还需了解，在双引号字符串中输出变量时，有时会出现变量名界定不明确的问题，对于这种情况，可以使用{}来对变量进行界定，示例代码如下。

```
$str = 'php';
echo "传智{$str}播客";   //输出结果：传智 php 播客
```

5. 查看数据类型

PHP 是弱类型语言，变量的数据类型会随程序的流程而改变。为了方便调试程序，PHP 提供了 var_dump()函数用于查看变量的值和数据类型，示例代码如下。

```
$number = 1234;
$flag = true;
var_dump($number);  //输出结果：int(1234)
var_dump($flag);    //输出结果：bool(true)
```

从上述示例可知，使用 var_dump()打印输出，可以清晰看出变量的数据类型。

任务二　运算符与表达式

在程序开发中，经常需要将运算符和表达式配合使用，来完成编程的某种需求。例如，在线考试系统中，电脑阅卷的功能就涉及赋值运算符、比较运算符和表达式的综合应用。下面将对 PHP 中运算符和表达式进行详细讲解。

1. 运算符

（1）算术运算符

算术运算符是用来处理加减乘除运算的符号，也是最简单和最常用的运算符号，如表 1-5 所示。

表 1-5　算术运算符

运算符	意义	范例	结果
+	加	5+5	10
-	减	6-4	2
*	乘	3*4	12
/	除	3/2	1.5
%	取模（即算术中的求余数）	5%7	5
**	幂运算（PHP5.6 的新特性）	2**3	8

算术运算符的使用看似简单，也容易理解，但是在实际应用过程中还需要注意以下两点。

① 进行四则混合运算时，运算顺序要遵循数学中“先乘除后加减”的原则。

② 在进行取模运算时，运算结果的正负取决于被模数（%左边的数）的符号，与模数（%右边的数）的符号无关。例如，(-8)%7 = -1，而 8%(-7)= 1。

（2）赋值运算符

赋值运算符是一个二元运算符，即它有两个操作数，用于将运算符右边的值赋给左边的变量，具体如表 1-6 所示。

表 1-6　赋值运算符

运算符	意义	范例	结果
=	赋值	$a=3; $b=2;	$a=3; $b=2;
+=	加等于	$a=3; $b=2; $a+=$b;	$a=5; $b=2;
-=	减等于	$a=3; $b=2; $a-=$b;	$a=1; $b=2;
*=	乘等于	$a=3; $b=2; $a*=$b;	$a=6; $b=2;

续表

运算符	意义	范例	结果
/=	除等于	$a=3; $b=2; $a/=$b;	$a=1.5; $b=2;
%=	模等于	$a=3; $b=2; $a%=$b;	$a=1; $b=2;
.=	连接等于	$a='abc'; $a .= 'def';	$a='abcdef'
**=	幂运算并赋值	$a = 2; $a**= 5;	$a=32;

表 1-6 中，“=”表示赋值运算符，而非数学意义上的相等的关系。需要注意的是，除“=”外的其他运算符均为特殊赋值运算符。下面以“+=”和“.=”为例演示特殊运算符的使用，具体如图 1-31 所示。

从图 1-31 左半部分可以看出，变量$a 先与 4 进行相加运算，然后再将运算结果赋值给变量$a，最后得到变量$a 的值为 9。从图 1-31 右半部分可以看出，变量$str 先与“itcast”字符串进行连接，然后将连接后得到的新字符串再赋值给变量$str，最后得到变量$str 的值为“welcome to itcast”。

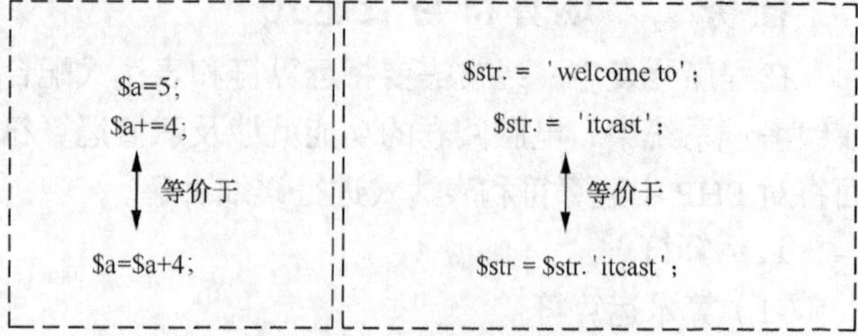

图 1-31 特殊运算符的应用

（3）比较运算符

比较运算符用来对两个变量或表达式进行比较，其结果是布尔类型的 true 或 false。常见的比较运算符如表 1-7 所示。

比较运算符的使用虽然很简单，但是在实际开发中还需要注意以下两点。

① 对于两个数据类型不相同的数据进行比较时，PHP 会自动将其转换成相同类型的数据后再进行比较，如 3 与 3.14 进行比较时，首先会将 3 转换成浮点型 3.0，然后再与 3.14 进行比较。

表 1-7 比较运算符

运算符	运算	范例（$x=5）	结果
==	等于	$x == 4	false
!=	不等于	$x != 4	true
<>	不等于	$x <> 4	true
===	全等	$x === 5	true
!==	不全等	$x !== '5'	true
>	大于	$x > 5	false
>=	大于或等于	$x >= 5	true
<	小于	$x < 5	false
<=	小于或等于	$x <= 5	true

② 运算符“===”与“!==”在进行比较时，不仅要比较数值是否相等，还要比较其数据类型是否相等。而“==”和“!=”运算符在比较时，只比较其值是否相等。

（4）逻辑运算符

逻辑运算符就是在程序开发中用于逻辑判断的符号，其返回值类型是布尔类型，如表 1-8

所示。

表 1-8　逻辑运算符

运算符	运算	范例	结果
&&	与	$a && $b	$a 和$b 都为 true，结果为 true，否则为 false
||	或	$a || $b	$a 和$b 中至少有一个为 true，则结果为 true，否则为 false
!	非	!$a	若$a 为 false，结果为 true，否则相反
xor	异或	$a xor $b	$a 和$b 一个为 true，另一个为 false，结果为 true，否则为 false
and	与	$a and $b	与&&相同，但优先级较低
or	或	$a or $b	与||相同，但优先级较低

在表 1-8 中，虽然"&&""||"与"and""or"的功能相同，但是前者比后者优先级别高。对于"与"操作和"或"操作，在使用时需要注意以下两点。

① 当使用"&&"连接两个表达式时，如果左边表达式的值为 false，则右边的表达式不会执行，逻辑运算结果为 false。

② 当使用"||"连接两个表达式时，如果左边表达式的值为 true，则右边的表达式不会执行，逻辑运算结果为 true。

（5）递增递减运算符

递增递减运算符也称作自增自减运算符，它可以被看作是一种特定形式的复合赋值运算符。PHP 中递增递减运算符的使用如表 1-9 所示。

从表 1-9 可知，在进行自增或自减运算时，如果运算符（++或--）放在操作数的前面，则先进行自增或自减运算，再进行其他运算。反之，如果运算符放在操作数的后面，则先进行其他运算，再进行自增或自减运算。

表 1-9　递增递减运算符

运算符	运算	范例	结果
++	（前）自增	$a=2; $b=++$a;	$a=3; $b=3;
++	（后）自增	$a=2; $b=$a++;	$a=3; $b=2;
--	（前）自减	$a=2; $b=--$a;	$a=1; $b=1;
--	（后）自减	$a=2; $b=$a--;	$a=1; $b=2;

2. 表达式

所谓表达式，就是使用运算符将操作数连接而成的式子。其中，运算符是用来操作数据的，这些数据被称为操作数。每一个表达式都有自己的值，即表达式的运算结果，示例如下。

```
$sum = 3 + 4;
```

上述代码中，"3 + 4"就是一个表达式，该表达式的运行结果为 7。值得一提的是，常量和变量也属于表达式。例如，常量 3.14、变量$i。

3. 运算符优先级

虽然 PHP 中有多种运算符，但是在表达式中，各个运算符是有参与运算的先后顺序的，这种顺序称为运算符的优先级。如表 1-10 所示，表中运算符的优先级由上至下递减，左表最后一个接右表第一个。

表 1-10　运算符优先级（由上至下优先级递减）

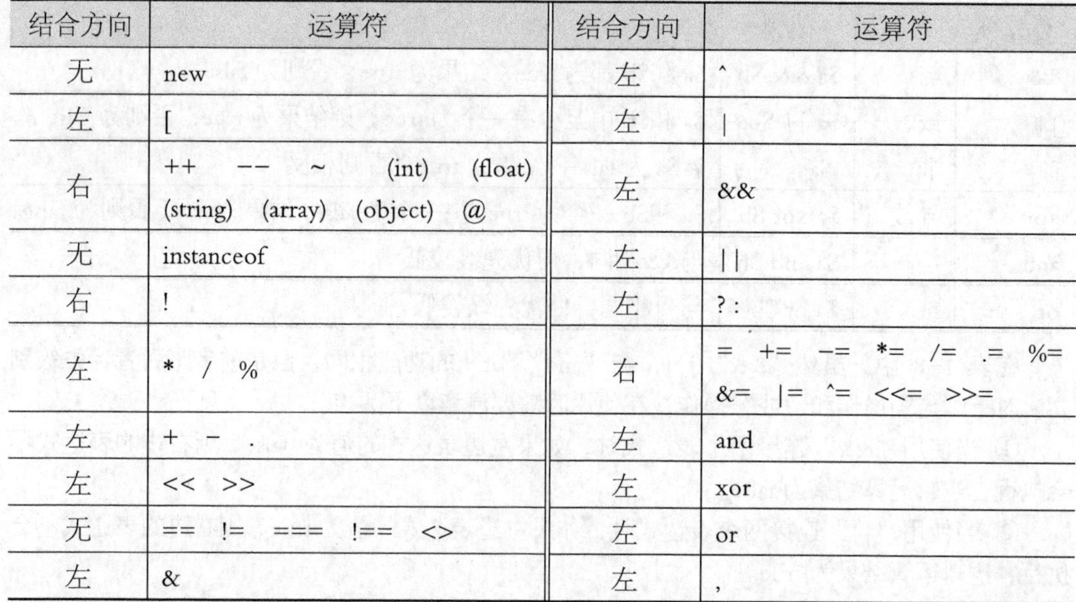

结合方向	运算符	结合方向	运算符
无	new	左	^
左	[	左	|
右	++ -- ~ (int) (float) (string) (array) (object) @	左	&&
无	instanceof	左	||
右	!	左	? :
左	* / %	右	= += -= *= /= .= %= &= |= ^= <<= >>=
左	+ - .	左	and
左	<< >>	左	xor
无	== != === !== <>	左	or
左	&	左	,

表 1-10 中同一栏的运算符具有相同的优先级，左结合方向表示同级运算符的执行顺序为从左到右，而右结合方向则表示执行顺序为从右到左。

在表达式中，还有一个优先级最高的运算符：圆括号（()），它可以提升其内运算符的优先级，示例如下。

```
echo 4 + 3 * 2;        //输出结果：10
echo (4 + 3) * 2;      //输出结果：14
```

上述示例中，未加圆括号的表达式“4+3*2”的执行顺序为先进行乘法运算，再进行加法运算，最后进行赋值运算；而加了圆括号的表达式“(4+3)*2”的执行顺序为先进行圆括号内的加法运算，然后进行乘法运算，最后执行赋值运算。

4. 数据类型转换

在 PHP 中，对两个变量进行操作时，若其数据类型不相同，则需要对其进行数据类型转换。通常情况下，数据类型转换分为自动类型转换和强制类型转换，下面对这两种数据类型转换进行详细介绍。

（1）自动类型转换

所谓自动类型转换，指的是当运算需要或与期望的结果类型不匹配时，PHP 将自动进行类型转换，无需编程人员做任何操作。在程序开发过程中，最常见的自动类型转换有 4 种，分别为转换成布尔型、转换成整型、转换成浮点型和转换成字符串型。下面以转换成整型为例讲解，具体示例如下。

```
//比较“888php”与 888 是否相等
var_dump('888php' == 888);   //输出结果：bool(true)
//比较“php888”与 888 是否相等
var_dump('php888' == 888);   //输出结果：bool(false)
```

上述示例通过 var_dump()函数打印出了表达式的运算结果。当字符串型与整型比较时，若字符串以数字开始，则使用该数值，否则转换为 0。因此，当字符串“888php”与整型 888 进行比较时，将字符串“888php”转换为整型 888 进行比较，结果为 true；而字符串“php888”与 888 进行比较时，将字符串“php888”转换为 0 再比较，结果为 false。

（2）强制类型转换

所谓强制类型转换，就是根据编程需求手动转换数据类型，在要转换的数据或变量之前加上“(目标类型)”即可，如表 1-11 所示。

表 1-11　强制类型转换

强制类型	功能描述	范例	var_dump()打印结果
(bool)	强转为布尔型	(bool)-5.9	bool(true)
(string)	强转为字符串型	(string)12	string(2) "12"
(int)	强转为整型	(int)"hello"	int(0)
(float)	强转为浮点型	(float)false	float(0)
(array)	强转为数组	(array)"php"	array(1) { [0]=> string(3) "php" }
(object)	强转为对象	(object)2.34	object(stdClass)#1(1){["scalar"]=>float(2.34)

在上述表格中，关于数组和对象内容，读者了解即可，这部分内容将会在后面的学习中详细讲解。

任务三　流程控制语句

在前面学习的内容中，代码的编写都是按照自上而下的顺序逐条执行的，这种代码叫顺序结构，是 PHP 三大流程控制语句中的一种。然而，在实际开发中，常常需要通过判断来执行某些特定的代码，以及循环执行某些代码，这样就涉及另外两种流程控制语句——选择结构语句和循环结构语句，下面将对它们的具体使用进行详细讲解。

1. 选择结构

（1）if 单分支语句

if 条件判断语句也被称为单分支语句，当满足某种条件时，就进行某种处理，具体语法和示例如下：

```
if( 判断条件 ){
    代码段;
}
```

```
if( $score >= 60 ){
    echo '分数及格';
}
```

在上述语法中，判断条件是一个布尔值，当该值为 true 时，执行“{}”中的代码段，否则不进行任何处理。其中，当代码块中只有一条语句时，“{}”可以省略。if 语句的执行流程如图 1-32 所示。

（2）if...else 语句

if...else 语句也称为双分支语句，当满足某种条件时，就进行某种处理，否则进行另一种处理，具体语法和示例如下。

```
if( 判断条件 ){
    代码段 1;
```

```
if( $score >=60 ){
    echo '分数及格';
```

```
}else{
    代码段 2;
}
```

```
}else{
    echo '分数不及格';
}
```

在上述语法中，当判断条件为 true 时，执行代码段 1；当判断条件为 false 时，执行代码段 2。if...else 语句的执行流程如图 1-33 所示。

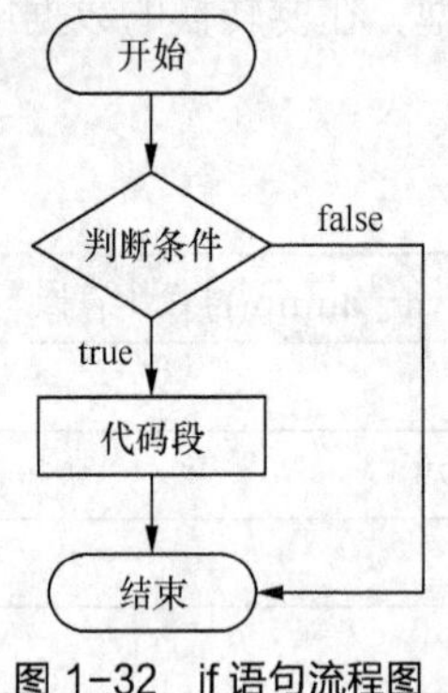

图 1-32　if 语句流程图

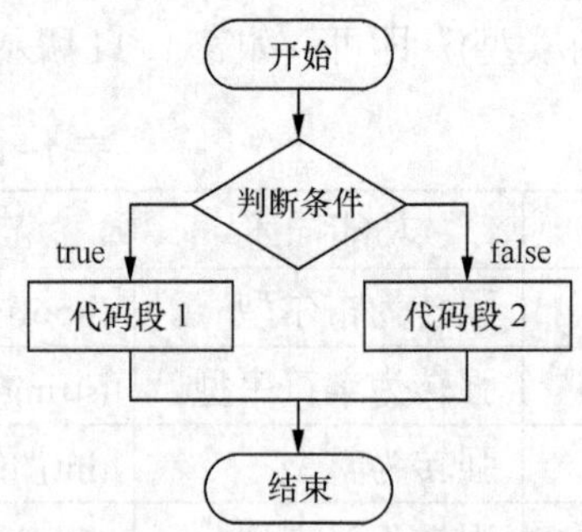

图 1-33　if...else 语句流程图

除此之外，PHP 还有一种特殊的运算符：三元运算符（又称为三目运算符），它也可以完成 if...else 语句的功能，其语法格式和示例如下。

```
条件表达式 ? 表达式 1 : 表达式 2
```

```
echo $score >=60 ? '及格' : '不及格';
```

在上述语法格式中，先求条件表达式的值，如果为 true，则返回表达式 1 的执行结果；如果条件表达式的值为 false，则返回表达式 2 的执行结果。值得一提的是，当表达式 1 与条件表达式相同时，可以简写省略中间的部分，具体如下。

```
条件表达式 ? : 表达式 2
```

```
echo $score ? : '零分';
```

（3）if…elseif…else 语句

if…elseif…else 语句也称为多分支语句，用于对多种条件进行判断，并进行不同处理，具体语法和示例如下。

```
if( 条件 1 ){
    代码段 1;
}elseif( 条件 2 ){
    代码段 2;
}
……
elseif( 条件 n ){
    代码段 n;
}else{
    代码段 n+1;
}
```

```
if( $score >= 90 ){
    echo '优秀';
}elseif( $score >= 80 ){
    echo '良好';
}elseif( $score >= 70 ){
    echo'中等';
}elseif( $score >= 60 ){
    echo '及格';
}else{
    echo '不及格';
}
```

在上述语法中，当判断条件 1 为 true 时，则执行代码段 1；否则继续判断条件 2，若为 true，则执行代码段 2，以此类推；若所有条件都为 false，则执行代码段 n+1。if…elseif…else 语句的执行流程如图 1-34 所示。

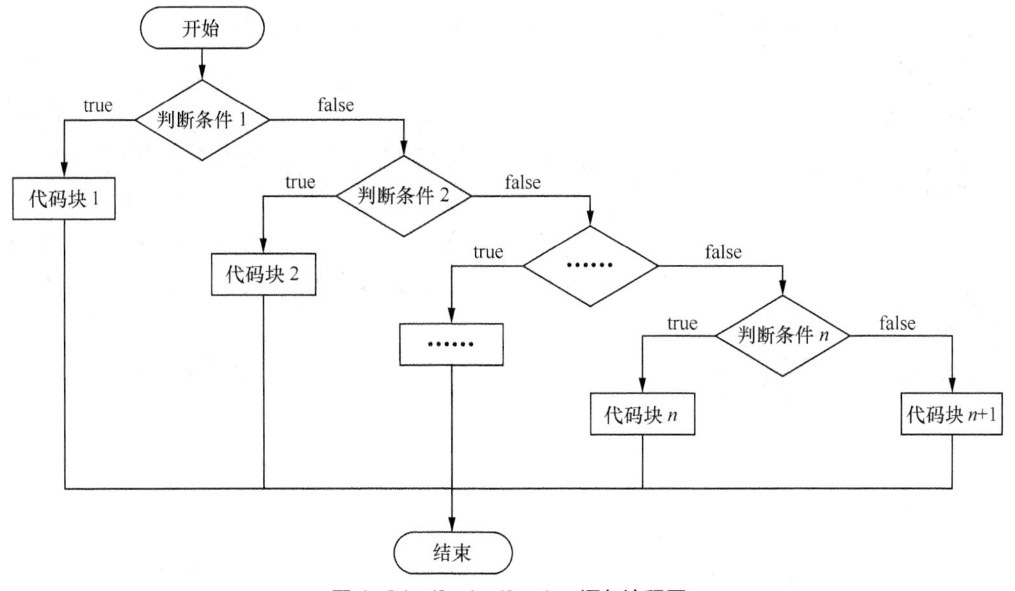

图 1-34　if..elseif…else 语句流程图

（4）switch 语句

switch 语句也是多分支语句，它的优点就是使代码更加清晰简洁、便于阅读，具体如下。

```
switch( 表达式 ){
    case 值 1：代码段 1; break;
    case 值 2：代码段 2; break;
    ……
    default：代码段 n;
}
```

```
switch( (int)($score/10) ){
    case 10: //90~100 为优
    case 9:  echo '优';  break;
    case 8:  echo '良';  break;
    default: echo '差';
}
```

在上述语法中，首先计算表达式的值（该值不能为数组或对象），然后将获得的值与 case 中的值依次比较。若相等，则执行 case 后的对应代码段。最后，当遇到 break 语句时，跳出 switch 语句。其中，若没有匹配的值，则执行 default 中的代码段。

2. 循环结构

（1）while 循环语句

所谓循环语句，就是可以重复执行一段代码的语句。while 循环语句，是根据循环条件来判断是否重复执行这一段代码的，语法和示例如下。

```
while( 循环条件 ){
    执行语句
    ……
}
```

```
$i = 5;
while( $i> 0 ){
    echo $i--; //循环输出 54321
}
```

在上述代码中，“{}”中的语句称为循环体，当循环条件为 true 时，则执行循环体；当循环条件为 false 时，结束整个循环。为了直观地理解 while 的执行流程，下面通过图 1-35 进行演示。

需要注意的是，若循环条件永远为 true 时，则会出现死循环，因此在开发中应根据实际需要，在循环体中设置循环出口，即循环结束的条件。

（2）do...while 循环语句

do…while 循环语句的功能与 while 循环语句类似。唯一的区别在于，while 是先判断条件后执行语句，而 do...while 是先执行语句后判断条件。具体语法和示例如下。

```
do{
    执行语句
    ……
}while( 循环条件 );
```

```
$i = 5;
do{
    echo $i--; //循环输出 54321
}while( $i> 0 );
```

在上述代码中，首先执行 do 后面“{}”中的循环体，然后，再判断 while 后面的循环条件。当循环条件为 true 时，继续执行循环体；否则，结束本次循环。do…while 循环语句的执行流程如图 1-36 所示。

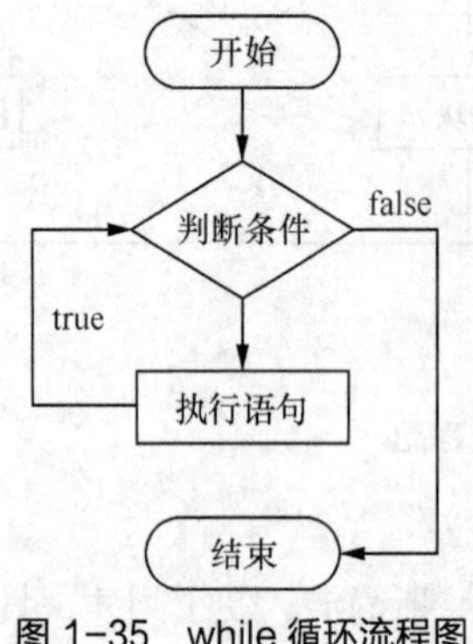

图 1-35　while 循环流程图

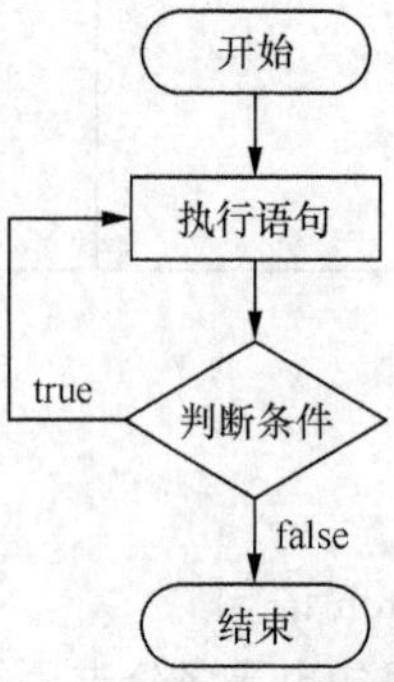

图 1-36　do…while 循环流程图

（3）for 循环语句

for 循环语句是最常用的循环语句，它与 while 循环语句的最大区别在于，for 循环语句适用于循环次数已知的情况，而 while 循环更适合循环次数不定的情况，具体示例如下。

```
for( 第 1 个参数; 第 2 个参数; 第 3 个参数 ){
    执行语句
    ……
}
```

上述代码中，首先执行第 1 个参数，用于完成初始化操作，接着执行第 2 个参数，判断循环条件。若为 true，则执行循环体中的语句，接着执行第 3 个参数，用于改变第 1 个参数的值，然后再执行第 2 个参数，重复以上的动作，直至循环条件判断为 false，结束整个循环。

下面，为了让大家更加直观地理解 for 循环的执行流程，通过图 1-37 进行演示。

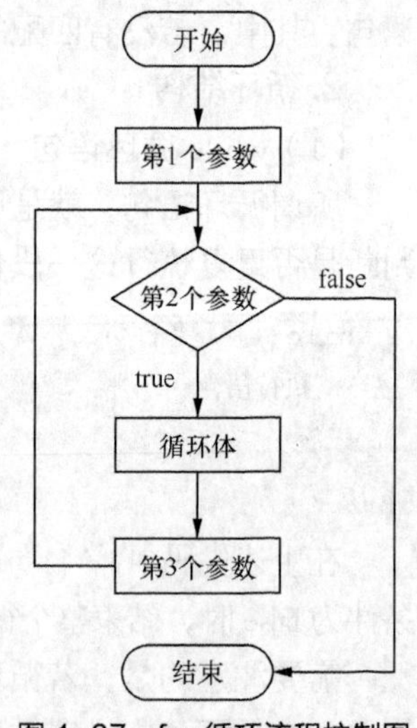

图 1-37　for 循环流程控制图

需要注意的是，在循环执行过程中，根据程序需求，可以使用 PHP 提供的 break 语句和 continue 语句完成程序流程的跳转。它们的区别在于，break 语句是终止当前循环，跳出循环体；而 continue 语句是结束本次循环的执行，开始下一轮循环的执行操作。

下面以 for 循环语句和 continue 语句为例讲解求 100 以内奇数的和，具体示例如下。

```
$sum = 0;                          //用于保存 1~100 的奇数和
for($i = 1; $i<= 100; ++$i){
```

```
    if($i % 2 == 0){          //若为偶数，则不累加
        continue;             //结束本次循环
    }
    $sum += $i;               //累加奇数
}
echo '$sum = '.$sum;
```

上述示例中，使用 for 循环 1～100 的数。当为偶数时，使用 continue 结束本次循环，$i 不进行累加；当为奇数时，对$i 的值进行累加，最终输出的结果为 2 500。若将示例中的 continue 修改为 break，则当$i 递增到 2 时，该循环终止执行，最终输出的结果为 1。

break 语句除了上述作用外，还可以指定跳出几重循环，语法格式如下。

```
break n;
```

在上述语法中，参数 *n* 表示要跳出的循环数量，在多层循环嵌套中，可使用其跳出多层循环。

3. 替代语法

当大量的 HTML 与 PHP 代码混合编写时，为了方便区分流程语句的开始和结束位置，可以使用 PHP 提供的替代语法进行编码，其基本形式就是把 if、while、for、foreach、switch 这些语句的左花括号（{）换成冒号（:），将右花括号（}）分别换成"endif;""endwhile;""endfor;""endforeach;"和"endswitch;"。下面以 for 和 if 为例进行讲解，具体示例如下。

```
1~99 之间的偶数:
<ul>
    <?php for($i=1;$i<100;++$i): ?>
        <?php if($i%2 == 0): ?>
            <li><?=$i?></li>
        <?php endif; ?>
    <?php endfor; ?>
</ul>
```

在上述代码中，"<?= ?>"是短标记输出语法，自 PHP 5.4 起，这种语法在短标记关闭的情况下仍然可用。因此，在 HTML 嵌入 PHP 变量使用这种简写形式将会非常方便。

任务四　函数与数组

通过前面的学习不难发现，在程序开发中出现了两个急需解决的问题，即相同功能的代码有时根据项目要求需要重复编写，以及大量数据存取的问题。为此，PHP 提供了函数和数组的功能，将程序中烦琐的代码模块化、提高代码的可读性、方便项目后期的可维护性。

1. 函数

（1）定义函数

函数就是程序中用来实现特定功能的代码段。开发人员可根据实际功能编写一个自定义函数，以避免代码的重复书写。在 PHP 中，自定义函数的语法格式如下。

```
function 函数名( [参数 1, 参数 2, ……] ){
    函数体
}
```

从上述语法可知，自定义函数由关键字 function、函数名、参数、函数体 4 部分组成。在

使用时需要注意以下几点。

① function是定义函数时必须使用的关键字。

② 函数名的命名规则与标识符相同，函数名不区分大小写，且是唯一的。

③ 参数是外界传递给函数的值，它是可选的，当有多个参数时，使用英文逗号“,”分隔。

④ 函数体是专门用于实现特定功能的代码。

函数在定义完成后，必须通过调用才能使函数在程序中发挥作用。函数的调用非常简单，只需引用函数名，并传入相应的参数即可，具体语法如下。

```
函数名( [参数 1, 参数 2, ……] )
```

上述代码表示通过“函数名”调用指定函数，并传递参数。例如，前面学过的“var_dump($str)”，就表示调用“var_dump()”函数，并传递参数“$str”。

注意

一些手册和资料中介绍函数声明时，通常使用中括号“[ ]”表示可选参数，如前面提到的参数列表“[参数 1, 参数 2, ……]”，而在实际代码编写时，并不需要书写中括号。

（2）函数返回值

在调用函数后，若想要得到一个处理结果，即函数的返回值，可以使用return关键字将返回值传递给调用者，具体示例如下。

```
function sum($a, $b){        //定义 sum()函数，用于求两个数的和
    $result = $a + $b;
    return $result;          //返回处理结果
}
echo sum(23, 45);            //输出调用函数后的的返回结果：68
```

在上述示例中，定义了一个含有两个参数的函数sum()，用于求两个数的和，并使用return关键字将处理的结果返回。当调用函数“sum(23, 45)”时，程序会直接输出68。

（3）可选参数

PHP支持可选参数，并且可以指定可选参数的默认值。下面通过代码演示如何实现可选参数。

```
function test($a, $b='cast'){
    return $a.$b;     //拼接两个字符串
}
echo test('it');      //输出结果：itcast
```

在上述代码中，函数参数“$a”是必选参数，“$b”是可选参数。当调用函数时省略了可选参数，则该参数在函数中将使用默认值。需要注意的是，可选参数必须放在必选参数的后面。

（4）函数中变量的作用域

在通常情况下，为了避免变量命名冲突，函数内的变量与函数外的变量不能互相访问。因此，变量在它的作用范围内才可以使用，这个作用范围称为变量的作用域。其中，在函数中定义的变量称为局部变量，仅能在函数内使用，当函数执行完成后被释放；在函数外定义的变量称为全局变量，正常情况下仅可在函数外使用。

那么，在函数中如何使用全局变量呢？通过前面的学习，可以利用参数传递的方式实现。除了这种方式，PHP 还提供了另外两种解决办法，具体示例如下。

```
$var = 100;              //在此处定义变量$var
$str = 'php';            //在此处定义变量$str
function test(){
    //方式 1：利用 global 关键字取得全局变量
    global $var;
    echo '全局变量$var：'.$var;
    //方式 2：利用$GLOBALS['变量名']访问
    echo '全局变量$str：'.$GLOBALS['str'];
}
test();
```

在上述代码中，函数内部不能直接使用定义在函数外部的变量。因此，需要在函数内部使用关键字 global 修饰变量或通过$GLOBALS['变量名']方式才可以访问。

（5）可变函数

PHP 支持可变函数，这意味着如果一个变量名后有圆括号，PHP 将寻找与变量的值同名的函数，并且尝试执行它。值得一提的是，变量的值可以是用户自定义的函数名称，也可以是 PHP 内置的函数名称，但必须是实际存在的函数的名称，具体示例如下。

```
function test(){
    echo 'running....';
}
$funcname = 'test';   //定义变量，其值是函数的名称
echo $funcname();     //利用可变变量调用函数
```

实际编程中，使用可变函数可以增加程序的灵活性，但是滥用可变函数会降低 PHP 代码的可读性，使程序逻辑难以理解，给代码的维护带来不便，所以在编程过程中尽量少用可变函数。

（6）匿名函数

匿名函数就是没有函数名称的函数，也称作闭包函数，经常用作回调函数参数的值。对于临时定义的函数，使用匿名函数无需考虑函数命名冲突的问题，其使用方式如下。

```
$sum = function($a, $b){  //定义匿名函数
    return $a + $b;
};
echo $sum(100, 200);      //输出结果：300
```

在上述代码中，定义一个匿名函数，并赋值给变量$sum，然后通过“变量名()”的方式调用匿名函数。需要注意的是，此种匿名函数调用的方式看似与可变函数的使用类似，但实际上不是，可通过 var_dump()对匿名函数的变量进行打印输出，可以看到其数据类型为对象类型。关于对象的内容将会在后面的项目中讲解，此处了解即可。

值得一提的是，如果在匿名函数中使用外部的变量，可以通过 use 关键字实现，具体使用示例如下。

```
$c = 100;
$sum = function($a, $b) use($c){
    return $a + $b + $c;
};
echo $sum(100, 200);  //输出结果：400
```

在上述代码中，若要在匿名函数中使用外部变量，该变量需先在函数声明前进行定义，然后在定义匿名函数时，添加 use 关键字，其后圆括号“()”中的内容即要使用的外部变量列表，多个变量之间使用英文逗号“,”分隔即可。

除此之外，匿名函数还可以作为函数的参数传递，实现回调函数，具体使用示例如下。

```
function calculate($a, $b, $func){
    return $func($a, $b);
}
echo calculate(100, 200, function($a, $b){
    return $a + $b;
});  //输出结果：300
```

在上述代码中，calculate()函数的第 3 个参数$func 是一个回调函数，通过这种方式，可以将函数的一部分处理交给调用时传递的另一个函数，极大增强了函数的灵活性。

2. 数组

（1）初识数组

在程序中，经常需要对一批数据进行操作。例如，统计某公司 100 位员工的平均工资。如果使用变量来存放这些数据，就需要定义 100 个变量，显然这样做很麻烦，而且容易出错。这时，可以使用数组进行处理。数组是一个可以存储一组或一系列数值的变量。

在 PHP 中，数组中的元素分为两部分，分别为键（Key）和值（Value）。其中“键”为元素的识别名称，也被称为数组下标，“值”为元素的内容。“键”和“值”之间存在一种对应关系，称为映射。

根据下标的数据类型，可以将数组分为索引数组和关联数组。索引数组是下标为整型的数组，默认下标从 0 开始，也可以自己指定，而关联数组是下标为字符串的数组。下面通过图 1-38 演示两种类型的数组。

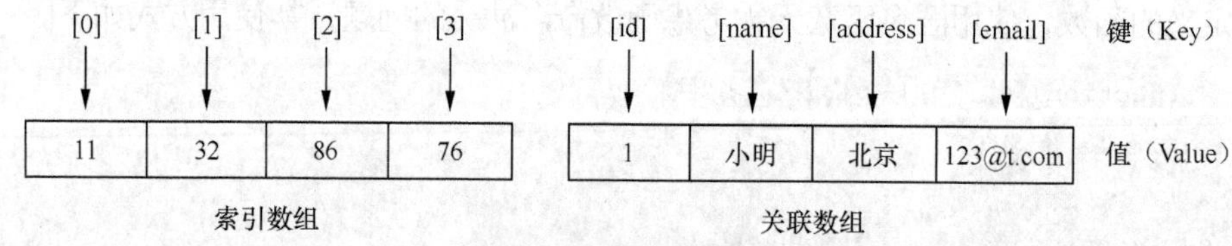

图 1-38　数组类型

（2）定义数组

在使用数组前，首先需要定义数组，在 PHP 中可以使用“array()”进行定义。数组中的元素通过“键=>值”的形式表示，各个元素之间使用逗号分隔，具体示例如下。

```
//定义索引数组
$color = array('red', 'blue');                  //省略键时，默认使用 0、1 作为键
$fruit = array(2=>'apple', 5=>'grape');         //指定键
```

```
//定义关联数组
$card = array('id'=>100, 'name'=>'Tom');           //使用字符串作为键
//定义空数组、混合型数组
$empty = array();                                   //空数组
$mixed = array(0, 'str', true, array(1, 2));       //数组元素支持多种数据类型，支持多维数组
$data = array('name'=>'test', 123);                 //此时 123 省略键，默认使用 0 作为键
$list = array(5=>'a', 'id'=>'b', 123);              //此时 123 省略键,默认使用 6 作为键( 即 5+1 )
```

从上述代码可以看出，当不指定数组的“键”时，默认“键”从“0”开始，依次递增，但当其前面有用户指定的索引时，PHP 会自动将前面最大的整数下标加 1，作为该元素的下标。

值得一提的是，在定义数组时，需要注意以下几点。

① 数组元素的下标只有整型和字符串两种类型，如果有其他类型，则会进行类型转换。

② 在 PHP 中合法的整数值下标会被自动地转换为整型下标。

③ 若数组存在相同的下标时，后面的元素值会覆盖前面的元素值。

另外，从 PHP 5.4 版本起，新增了定义数组的简写语法“[ ]”，具体示例如下。

```
$color = ['red', 'blue'];                      //相当于：array('red', 'blue')
$fruit = ['a'=>'apple', 'b'=>'grape'];         //相当于：array('a'=>'apple', 'b'=>'grape')
$number = [[1, 2], [3, 4]];                    //相当于：array(array(1, 2), array(3, 4))
```

从上述代码可以看出，使用简写语法“[ ]”定义数组的语法与“array()”语法类似，但书写更加方便。

（3）访问数组

在开发中，若要获取数组中的某个元素，或想要查看数组中的所有元素，可以通过 PHP 提供的以下两种方式进行访问，具体示例如下。

```
//定义数组
$info = ['id'=>1, 'name'=>'Tom'];
//方式一：通过键名访问元素
echo $info['name'];   //输出结果：Tom
$var = 'id';          //也可以使用变量的值作为键名
echo $info[$var];     //输出结果：1
//方式二：通过 print_r() 或 var_dump()
print_r($info);       //输出结果：Array( [id]=> 1 [name]=> Tom )
var_dump($info);      //输出结果：array(2){ ["id"]=> int(1) ["name"]=> string(3)"Tom" }
```

从上述代码可以看出，当需要访问数组中的某个元素时，可以使用“$数组名[键名]”的方式进行访问，其键名也可以是一个变量的值。通过 print_r()或 var_dump()函数也可以直接打印数组中所有的元素。

（4）数组赋值

数组赋值的方式和访问数组类似，键名可以省略，省略时自动使用数字索引，示例代码如下。

```
$arr = [];                 //定义数组（此步骤也可以省略）
$arr[] = 'PHP';            //等价于：$arr[0] = 'PHP'
$arr[] = 'Java';           //等价于：$arr[1] = 'Java'
```

```
$arr[5] = 'C 语言';           //等价于：$arr[5] = 'C 语言';
$arr['sub'] = 'iOS';          //等价于：$arr['sub'] = 'iOS';
$arr[] = 'HTML';              //等价于：$arr[6] = 'HTML'
$arr[6] = 'JavaScript';       //修改数组，替换已经存在的元素
```

经过上述赋值后，数组的完整结构如下。

```
$arr = [0=>'PHP', 1=>'Java', 5=>'C 语言', 'sub'=>'iOS', '6'=>'JavaScript']
```

（5）数组删除

PHP 中提供的 unset()函数用于删除一个变量，也可以用于删除数组中的某个元素，示例代码如下。

```
//定义数组
$fruit = ['apple', 'pear'];
//① 删除数组中的单个元素
unset($fruit[0]);
print_r($fruit);       //输出结果：Array ( [1] => pear )
//② 删除整个数组
unset($fruit);
print_r($fruit);       //输出结果：Notice: Undefined variable: fruit...
```

在上述代码中，当$fruit 数组被删除后，再使用 print_r()函数对其输出时，从输出结果的 Notice 错误提示中可以看出，该数组已经不存在了。需要注意的是，删除元素后，数组不会自动填补空缺索引。

（6）数组遍历

在操作数组时，依次访问数组中每个元素的操作称为数组遍历。在 PHP 中，通常使用 foreach()语句遍历数组，如下列代码所示。

```
$fruit = ['apple', 'pear'];
foreach($fruit as $key => $value){
    echo $key.'---'.$value.' ';         //输出结果：0---apple 1---pear
}
```

从上述代码可以看出，foreach 语句后小括号“()”中的第 1 个参数是待遍历的数组名字，$key 表示数组元素的键，$value 表示数组元素的值。当不需要获取数组的键时，也可以写成如下形式。

```
foreach($fruit as $value){
    echo $value.' ';        //输出结果：apple pear
}
```

以上介绍了两种使用 foreach 语句遍历数组的形式，在使用时根据实际情况选择即可。另外，示例代码中的“$key”和“$value”两个变量名可以随意设置。

3. PHP 内置函数

对于常用的功能，除了自定义函数外，PHP 还提供了许多内置函数。例如，对字符串的截取、数组的排序、浮点数的四舍五入等。开发中，内置函数的合理运用，会大大提升开发效率。接下来将对常用的内置函数进行讲解。

（1）字符串函数

字符串函数是PHP用来操作字符串的内置函数，在实际项目开发中有着非常重要的作用，具体如表1-12所示。

表1-12 常用字符串函数

函数名	功能描述	函数名	功能描述
strlen()	获取字符串的长度	explode()	使用一个字符串分割另一个字符串
strrpos()	获取指定字符串在目标字符串中最后一次出现的位置	implode()	用指定的连接符将数组拼接成一个字符串
str_replace()	用于字符串中的某些字符进行替换操作	trim()	去除字符串首尾处的空白字符（或指定成其他字符）
substr()	用于获取字符串中的子串	str_repeat()	重复一个字符串

表1-12中列举了PHP中的常用字符串函数，下面以explode()函数为例讲解这些函数的使用，具体示例代码如下。

```
//① 字符串分割成数组
var_dump(explode('n', 'banana'));
//输出结果：array(3){ [0]=> string(2) "ba" [1]=> string(1) "a" [2]=> string(1) "a" }
//② 分割时限制次数
var_dump(explode('n', 'banana', 2));
//输出结果：array(2){ [0]=> string(2) "ba" [1]=> string(3) "ana" }
//③ 返回除了最后 2 个元素外的所有元素
var_dump(explode('n', 'banana', -2));
//输出结果：array(1){ [0]=> string(2) "ba" }
```

在上述代码中，explode()函数的返回值类型是数组类型，该函数的第1个参数表示分隔符；第2个参数表示要分割的字符串；第3个参数是可选的，表示返回的数组中最多包含的元素个数。当该数组为负数m时，表示返回除了最后的m个元素外的所有元素，当其为0时，则把它当作1处理。

（2）数组函数

为了便于数组的操作，PHP提供了许多内置的数组函数。例如，快速创建数组、数组排序及数组的检索。常用数组函数如表1-13所示。

表1-13 常用数组函数

函数名	功能描述	函数名	功能描述
count()	用于计算数组中元素的个数	array_merge()	用于合并一个或多个数组
range()	用于建立一个包含指定范围单元的数组	array_chunk()	可以将一个数组分割成多个
sort()	对数组排序	asort()	对数组进行排序并保持索引关系

续表

函数名	功能描述	函数名	功能描述
rsort()	对数组逆向排序	arsort()	对数组进行逆向排序并保持索引关系
ksort()	对数组按照键名排序	shuffle()	打乱数组顺序
krsort()	对数组按照键名逆向排序	array_reverse()	返回一个单元顺序相反的数组
array_search()	在数组中搜索给定的值	array_rand()	从数组中随机取出一个或多个单元
array_unique()	移除数组中重复的值	key()	从关联数组中取得键名
array_column()	返回数组中指定的一列	in_array()	检查数组中是否存在某个值
array_keys()	返回数组中的键名	array_values()	返回数组中所有的值

接下来以 in_array()函数为例讲解数组函数的使用，如下列代码所示。

```
$tel = ['110', '120', '119'];
echo in_array('120', $tel) ? 'Got it!' : 'not found!';      //输出结果：Got it!
echo in_array(120, $tel, true) ? 'Got it!' : 'not found!'; //输出结果：not found!
```

从上述代码可以看出，in_array()函数用于判断数组中是否存在某个元素。当省略第 3 个参数时，只搜索$tel 数组中值为 120 的元素，当将第 3 个参数设为 true 时，表示不仅要搜索值为 120 的元素，还会检查数据类型是否相同。

（3）数学函数

PHP 内置了用于数学运算的内置函数，极大地方便了开发人员处理程序中的数学运算。PHP 中常用的数学函数如表 1-14 所示。

表 1-14　PHP 中常用的数学函数

函数名	功能描述	函数名	功能描述
abs()	绝对值	min()	返回最小值
ceil()	向上取最接近的整数	pi()	返回圆周率的值
floor()	向下取最接近的整数	pow()	返回 x^y
fmod()	返回除法的浮点数余数	sqrt()	平方根
is_nan()	判断是否为合法数值	round()	对浮点数进行四舍五入
max()	返回最大值	rand()	返回随机整数

为了让读者更好地理解数学函数的使用，下面进行代码演示。

```
echo ceil(5.2);                     //输出结果：6
echo floor(7.8);                    //输出结果：7
echo rand(1, 20);                   //随机输出 1～20 的整数
```

在上述示例中，ceil()函数是对浮点数 5.2 进行向上取整，floor()函数是对浮点数进行向下取整，rand()函数的参数表示随机数的范围，第 1 个参数表示最小值，第 2 个参数表示最大值。

（4）日期函数

在 Web 开发中，经常会涉及日期和时间的管理。例如，记录用户登录的时间，在线考试系统中的倒计时等。为此，PHP 提供了强大的日期时间内置函数，具体如表 1–15 所示。

表 1–15 PHP 中常用的日期函数

函数名	功能描述
time()	返回当前的 UNIX 时间戳
date()	格式化一个本地时间/日期
mktime()	取得一个日期的 UNIX 时间戳
strtotime()	将字符串转化成 UNIX 时间戳
microtime()	返回当前 UNIX 时间戳和微秒数

在表 1–15 中，涉及的 UNIX 时间戳是一种时间表示方式，定义了从格林威治时间 1970 年 01 月 01 日 00 时 00 分 00 秒起至现在的总秒数。其中，1970 年 01 月 01 日零点也叫作 UNIX 纪元。

下面以 date()函数的使用为例讲解，如何格式化给出的或本地的日期时间，具体示例如下。

```
echo date('Y-m-d H:i:s');          //输出结果：2015-08-21 15:33:07
echo date('Y-m-d', 1440142043); //输出结果：2015-08-21
```

在上述 date()函数的示例中，第 1 个参数表示格式化日期时间的样式；第 2 个参数表示待格式化的时间戳，省略时，表示格式化当前时间戳。关于 date()函数格式化日期的常用字符表示的含义如表 1–16 所示。

表 1–16 date()函数格式字符

参数	说明
Y	4 位数字表示的完整年份，如 1998、2015
m	数字表示的月份，有前导零，返回值 01~12
d	月份中的第几天，有前导零，返回值 01~31
H	小时，24 小时格式，有前导零，返回值 00~23
i	有前导零的分钟数，返回值 00~59
s	有前导零的秒数，返回值 00~59

4. PHP 手册

由于 PHP 提供了丰富的内置函数，涉及 Web 开发的各个方面，如前面讲解到的处理字符串的相关函数、日期格式化的各个字符等。然而，即使经验再丰富的编程人员，也不可能记住所有函数的用法，这时就需要查阅 PHP 手册进行学习和研究。接下来将对如何在线查阅 PHP 手册进行详细讲解。

首先打开官方网站（http://www.php.net/manual/zh/index.php），可以看到 PHP 手册的首页界面。接着在 search（搜索）栏中输入要查找的函数名称，然后按回车键，就会显示该函数的详细信息，如图 1–39 所示。

从图 1–39 中可知，PHP 官方手册中既有对函数作用的解释、说明，对参数的讲解，也有返回值、更新日志和函数使用范例的展示。因此，初学者在学习 PHP 的道路上，当遇到很多陌生的函数时，可以通过查看 PHP 手册来学习和研究。

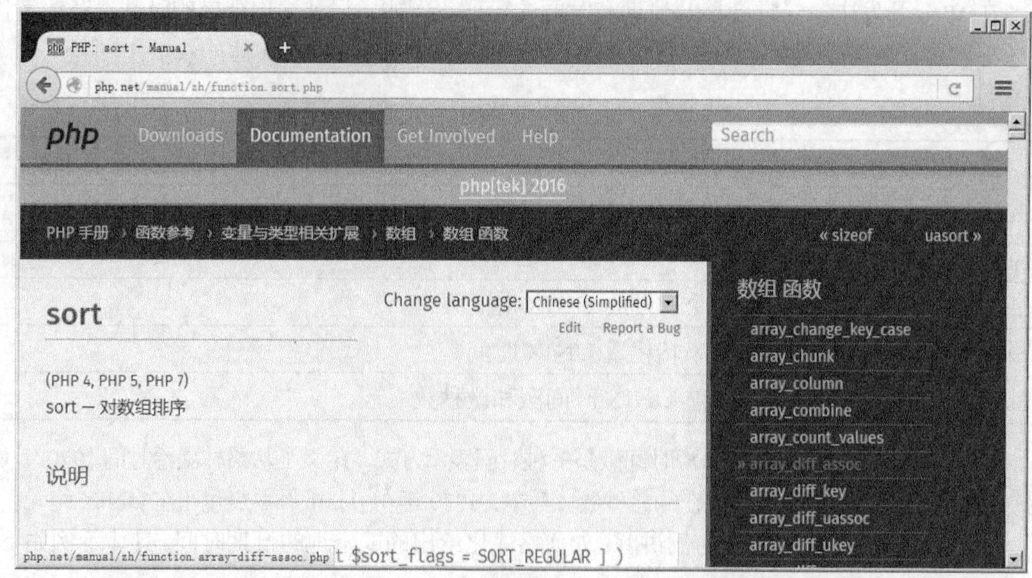

图 1-39　查阅 PHP 手册

5. 包含语句

PHP 提供了包含语句，可以从另一个文件中将代码包含进来。使用包含语句不仅可以提高代码的重用性，还可以提高代码的维护和更新的效率。PHP 中通常使用 include、require、include_once 和 require_once 语句实现文件的包含，下面以 include 语句为例讲解，其他包含语句语法类似，具体语法格式如下。

```
//第 1 种写法：
include '文件路径';
//第 2 种写法：
include('文件路径');
```

在上述语法中，“文件路径”指的是被包含文件所在的绝对路径或相对路径。所谓绝对路径，就是从盘符开始的路径，如“C:/web/test.php”。所谓相对路径，就是从当前路径开始的路径，假设被包含文件 test.php 与当前文件所在路径都是“C:/web”，则其相对路径就是“./test.php”。在相对路径中，“./”表示当前目录，“../”表示当前目录的上级目录。

另外，require 语句虽然与 include 语句功能类似，但也有不同的地方。在包含文件时，如果没有找到文件，include 语句会发生警告信息，程序继续运行；而 require 语句会发生致命错误，程序停止运行。

值得一提的是，对于 include_once、require_once 语句，与 include、require 的作用几乎相同，不同的是，带“_once”的语句会先检查要包含的文件是否已经被包含过，避免了同一文件被重复包含的情况。

任务五　Web 交互

在 Web 开发中，浏览器与服务器之间经常需要进行交互。例如，在线考试系统中，答题的页面就是 Web 表单页面，用户答题完毕后进行交卷，就是将浏览器中的 Web 表单提交给 PHP 服务器进行接收和相应的处理，这一个过程就是 Web 交互。接下来将对 Web 交互涉及的相关内容进行详细的讲解。

1. GET 传参

在使用 PHP 函数时，一个函数可以接收多个参数。同理，PHP 脚本文件也可以接收参数，其传递参数的方式是通过 URL 地址实现的，如下所示。

```
http://www.itheima.com/test.php?name=Tom&age=12
```

在上述 URL 地址中，文件名 test.php 后面从“?”开始的部分就是传递的 GET 参数，其中 name 和 age 是参数的名称，Tom 和 12 是相应的参数值，多个参数之间使用“&”进行分隔。

2. Web 表单

在实现浏览器向服务器发送数据时，除了用 URL 传递参数，还可以使用 Web 表单来实现。Web 表单是通过 HTML 中的<form>标签来创建的，例如，下面的代码就是一个简单的表单。

```
<form method="post" action="reg.php">
   <input type="text" name="user" value="" />
   <input type="password" name="pwd" value="" />
   <input type="submit" value="提交" />
</form>
```

在上述代码中，<form>标签的 method 属性表示提交方式；action 属性表示提交的目标地址，可以用相对路径（reg.php）或完整 URL 地址（http://.../ reg.php）。如果省略 action 属性，表单则提交给当前页面。<form>标记中的<input type="submit">是一个提交按钮，当单击按钮时，表单中具有 name 属性的元素会被提交，提交数据的参数名为 name 属性的值，参数值为 value 属性的值。

在表单中的提交方式中，“method=post”表示表单以 POST 方式提交，当省略“method”属性时默认以 GET 方式提交。相比 GET 方式，POST 方式提交的数据是不可见的，在交互时相对安全，因此通常情况下使用 POST 方式提交表单数据。

3. 常用表单控件

在表单中，可以添加文本框、单选按钮、下拉菜单和复选框等表单控件，用于满足各种填写需求。下面列举这几种表单控件的使用。

① 单选按钮的使用，示例代码如下。

```
<input type="radio" name="binary" value="yes" /> 对
<input type="radio" name="binary" value="no" /> 错
```

对于一组单选按钮，它们应该具有相同的 name 属性和不同的 value 属性。以上述代码为例，当表单提交时，如果选中单选按钮“对”，则提交的数据为“binary=yes”，如果两个单选按钮都没有被选中，则 name 属性为 binary 的数据不会被提交。

② 下拉菜单的使用，示例代码如下。

```
<select name="city">
   <option value="济南">济南</option><option value="天津">天津</option>
   <option value="大连">大连</option><option value="其他">其他</option>
</select>
```

对于下拉菜单，它提供了有限的选项，用户只能选择下拉菜单中的某一项。在上述代码中，如果用户选择“大连”并提交表单，则提交的数据为“city=大连”。

③ 复选框的使用，示例代码如下。

```
<input type="checkbox" name="hobby[]" value="篮球" /> 篮球
<input type="checkbox" name="hobby[]" value="羽毛球" /> 羽毛球
<input type="checkbox" name="hobby[]" value="排球" /> 排球
<input type="checkbox" name="hobby[]" value="乒乓球" /> 乒乓球
```

一组复选框可以提交多个值，因此复选框的 name 属性使用“hobby[]”数组形式。在上述代码中，当用户勾选“羽毛球”和“乒乓球”时，提交的 hobby 数组有两个元素：羽毛球和乒乓球。当用户没有勾选任何复选框时，表单将不会提交 hobby 数据。

4. 获取外部数据

当 PHP 收到来自浏览器的外部数据后，会自动保存到超全局变量数组中。超全局变量是 PHP 中预定义好的变量，可以在 PHP 脚本的任何位置使用。常见的超全局变量有“$_GET”“$_POST”等，通过 GET 方式提交的数据会保存到$_GET 数组中，通过 POST 方式提交的数据会保存到$_POST 数组中。$_GET 和$_POST 的使用完全相同，接下来以$_POST 为例进行详细讲解。

（1）查看来自表单提交的数据

$_POST 实际上就是一个数组，其用法和普通数组没有区别，示例代码如下。

```
//输出所有的元素
var_dump($_POST);
//输出指定元素
echo $_POST['name'];
```

（2）判断表单数据是否存在

用户通过 POST 方式进行表单提交时，若没有添加任何数据，则$_POST 中就没有相应的数组元素。因此在取出数组元素之前，应该先判断数组中是否有这个元素，如以下代码所示。

```
//获取$_POST 中的 name 元素，没有时默认为空字符串
$name = isset($_POST['name']) ? $_POST['name'] : '';
```

在上述代码中，isset()用于判断变量或数组元素是否存在，存在时返回 true，不存在时返回 false。结合三元运算符的应用，可实现存在 name 元素时取出元素，不存在时当作空字符串处理。

（3）判断数据是否为空

当需要判断表单中“name”属性是否为空时，可以使用 empty()函数，具体示例如下。

```
if(empty($_POST['name'])){
    //没有收到 name，或 name 的值为空
}
```

上述代码用 empty()判断数组元素是否为空，为空时返回 true，元素不存在时也返回 true。

5. 过滤外部数据

在开发 PHP 程序时，为了便于调试，会将用户输入的内容直接显示到网页中。但是当网站上线时，如果不对用户的输入进行任何过滤，会带来安全风险，以下面的代码为例。

```
<div>
用户名：<div><?php echo $_POST['username']; ?></div>
来访时间：<div>2015-03-18</div>
</div>
```

上述代码将一个来自 POST 方式提交的 username 字段直接输出到网页中，如果用户输入“</div>”，那么网页结构会遭到破坏。如果用户输入<script>标记和 JavaScript 代码，那么这些代码也会被浏览器执行，从而威胁到网站的安全。

PHP 提供了一些函数可以过滤用户输入的数据，接下来通过代码分别演示这些函数的使用。

（1）nl2br()函数

nl2br()函数可以将字符串中的“\n”转换成 HTML 换行符，示例如下。

```
echo nl2br("传智\n播客", false); //输出结果：传智<br>播客
```

在上述代码中，nl2br()函数的第 2 个参数用于设置使用 XHTML 兼容换行符，默认值为 true。当第二个参数设置为 false 时，会将字符串中的“\n”转换成
，否则转换为
。

（2）trim()函数

trim()函数可以去除字符串左右两端的空白字符，包括空格、换行和制表符等，如以下代码所示。

```
echo trim(' 测试 ');          //输出结果："测试"
echo trim(' 测  试 ');        //输出结果："测  试"
echo trim("\n\t 测试");       //输出结果："测试"
```

（3）intval()函数

intval()函数可以将字符串转换为整型，如以下代码所示。

```
echo intval('123abc');      //输出结果：123
echo intval(' 123abc');     //输出结果：123（忽略空格）
echo intval('abc123');      //输出结果：0
```

（4）strip_tags()函数

strip_tags()函数可以去除字符串中的“< >”标签，如以下代码所示。

```
echo strip_tags('<b>测试</b>'); //输出结果："测试"
echo strip_tags('<传智>播客');   //输出结果："播客"
```

（5）htmlspecialchars()函数

htmlspecialchars()函数可以将字符串中的 HTML 特殊字符转换为 HTML 实体字符，从而防止被浏览器解析，如以下代码所示。

```
echo htmlspecialchars('<测试>');              //输出结果："&lt;测试&gt;"
echo htmlspecialchars('<b>测试</b>');         //输出结果："&lt;b&gt;测试&lt;/b&gt;"
```

6. GET 参数处理

在通过 URL 地址传递参数时，直接在 URL 中书写特殊字符可能会出现问题。例如，“&”符号已经被作为参数分隔符，如果参数值中也出现该符号，就会被误识别为分隔符。因此，

当通过 PHP 输出一段带有 GET 参数的 URL 地址时，最好使用 urlencode()函数对 GET 参数进行编码，示例如下。

```
$name = 'A&B C';
$name = urlencode($name);  //URL 编码
echo "http://www.itheima.com/test.php?name=$name";
```

上述代码的输出结果：

```
http://www.itheima.com/test.php?name=A%26B+C
```

在经过编码后，“&”被编码为“%26”，空格被编码为“+”，由此解决了特殊字符的问题。其中，在通过$_GET 接收参数时，获得的数据已经是 URL 解码后的结果，无需手动进行 URL 解码。

模块三　项目代码实现

在完成 PHP 基础语法、函数、数组、Web 交互等知识的学习后，下面就可以运用这些知识来开发项目。在线考试系统中各个功能模块需要的知识点，如图 1-40 所示。

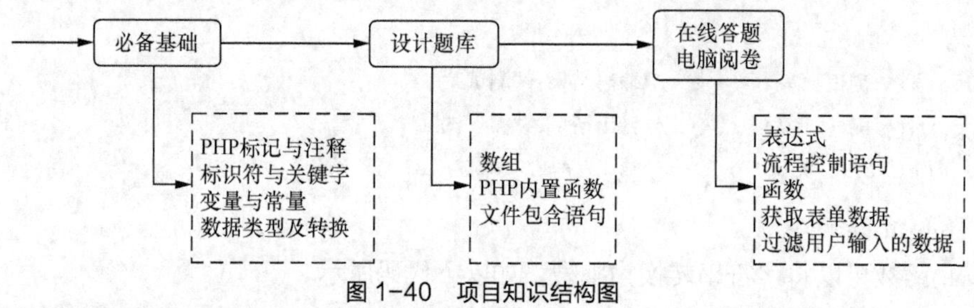

图 1-40　项目知识结构图

通过本模块的学习，读者将达到如下目标。

- 熟悉 PHP 项目的开发流程，学会对项目进行结构划分
- 掌握动态网站开发技术，学会用 PHP 动态输出 HTML
- 掌握 PHP 对数组、表单的处理和在项目中的运用

任务一　项目结构划分

在一个完整的项目中不仅需要 PHP 程序，还需要 HTML、CSS、JavaScript 和图片等文件。因此，在项目开发时，需要对项目文件进行合理的管理。本项目的目录结构划分如表 1-17 所示。

表 1-17　项目结构划分

文件	说明
common	公共文件目录
data	数据目录（保存题库）
css	CSS 样式文件目录
js	JavaScript 文件目录

续表

文件	说明
image	图片文件目录
view	HTML 模板文件目录
index.php	系统首页
test.php	在线考试功能
total.php	查看考试成绩功能

从表 1-17 可以看出，项目的功能主要通过 index.php、test.php、total.php 三个文件完成。其中 index.php 是系统的首页，用于显示考试系统中的题库；test.php 用于完成在线考试功能，实现读取题库显示到网页中，学生在网页中答题；total.php 文件用于接收学生提交的试卷答案，实现自动阅卷并显示考试成绩的功能。

注意

本书的侧重点并不是网页设计，关于项目的 HTML 模板、CSS 样式文件、JavaScript 文件、图片文件，读者可通过本书配套源代码获取，这里就不再进行阐述。

任务二　设计题库

在实现考试的功能前，需要先准备题库。题库是项目中的数据部分，通常情况下使用 MySQL 等专业的数据库进行存储，然后用 PHP 将题库从数据库读取到数组中。但为了初学者更好地掌握开发技能，本项目在设计题库时，将直接使用 PHP 数组进行存储。

1. 创建题库文件

根据项目结构划分，题库应统一保存到 data 目录中。当系统有多套题库时，为了便于区分，可以使用数字序号作为题库的文件名。下面在 data 目录中创建第一套题库，命名为“1.php”，编写代码如下：

```
1  <?php
2  return [
3      'title' => 'PHP 基础语法考试题（一）',          //试题标题
4      'timeout' => 1800,                             //答题时限（单位：s）
5      'data' => [                                    //试题数组
6          'binary' => [],                            //判断题
7          'single' => [],                            //单选题
8          'multiple' => [],                          //多选题
9          'fill' => []                               //填空题
10     ]
11 ];
```

上述代码创建了一个多维数组用于保存题库。其中，第 2 行代码的 return 关键字，用于当该文件被别的 PHP 程序包含进来时，可以通过一个变量进行接收，示例代码如下。

```
$data = require './data/1.php';
```

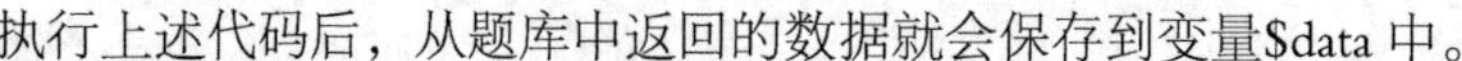

执行上述代码后，从题库中返回的数据就会保存到变量$data 中。

2. 创建题型数据

在第 1 步中，判断题、单选题等题型是一个空数组。接下来继续编写题库，为各个题型添加数据。以判断题为例，题型的数组结构如下。

```
'binary' => [
    'name' => '判断题',              //题型名称
    'score' => 20,                   //题型分数
    'data' => []                     //试题内容
],
```

上述代码为判断题添加了题型数据，其中 name 用于保存该题型的显示名称，score 保存该题型在整个题库中所占的分数，data 保存试题内容。其他题型的创建与此处的判断题相同，这里就不再展示代码。

3. 创建各题型试题

在创建好各题型数据后，接下来开始为各种题型添加“试题内容”。由于不同题型的试题结构不同，因此在设计试题时，应根据每种题型的特点进行不同的设计，具体示例如下。

（1）判断题

判断题是由题干和答案组成的，其试题存储格式设计如下。

```
1 => [
    'question' => '使用 PHP 写好的程序，在 Linux 和 Windows 平台上都可以运行。',
    'answer' => 'yes'
], 2=> [
    'question' => 'PHP 可以支持 MySQL 数据库，但不支持其他的数据库。',
    'answer' => 'no'
],
```

上述代码为判断题的题库添加了两道试题，其中 question 表示试题的题干，answer 表示试题的答案。试题答案用于电脑自动阅卷，yes 表示题干正确，no 表示题干错误。

（2）单选题

单选题由题干、选项和答案组成，试题存储格式设计如下。

```
1 => [
    'question' => '下列选项中，不是 URL 地址中所包含的信息是（  ）。',
    'option' => ['主机名', '端口号', '网络协议', '软件版本'],
    'answer' => 'D'
],
```

在上述代码中，question 表示题干，option 表示选项，answer 表示试题答案。由于 option 是一个是数组，因此数组中的各元素依次表示 A、B、C、D 四种选项。

（3）多选题

多选题的结构和单选题类似，由于答案可以有多个，因此 answer 使用数组保存，存储格式设计如下。

```
1 => [
    'question' => '下列选项中，属于赋值运算符的是（  ）。',
    'option' => ['=', '+=', '.=', '=='],
    'answer' => ['A', 'B', 'C']
],
```

（4）填空题

填空题只需要保存题干和答案即可。题干中用于填空的位置，使用“____”进行占位，存储格式如下。

```
1 => [
    'question' => '在 PHP 中，标识符允许包含字母、数字和____。',
    'answer' => '下划线'
],
```

4. 实现题库首页展示

完成题库的准备之后，接下来可以利用 PHP 将设计好的题库展示到模板文件中，具体操作如下。

（1）编写首页程序

在项目中，“index.php”是网站的首页，为了在首页中显示题库，需要编写程序从题库中读取数据。接下来创建“index.php”，编写如下代码。

```
1   <?php
2   //统计题库目录下的“.php”文件个数
3   $count = count(glob('./data/*.php'));  //要求题库序号必须是连续的
4   //自动读取题库
5   $info = [];  //保存试题信息
6   for($i=1; $i<=$count; $i++){
7       //获取题库
8       $data = require "./data/$i.php";
9       //从题库中读取数据
10      $info[$i] = [
11          'title' => $data['title'],                    //题库标题
12          'time' => round($data['timeout'] /60 ),       //答题时限（分钟数）
13          'score' => getDataTotal($data['data'])        //总分数
14      ];
15  }
16  unset($data);  //题库已经用不到，删除变量
```

上述代码实现了载入题库数据并从题库中取出基本信息，第 3 行代码定义的$count 变量用于保存 data 目录中题库的个数。其中，glob()函数用来返回指定路径下的文件列表数组，count()函数统计数组中元素的个数，round()函数用于对浮点数四舍五入取整。第 13 行代码中的 getDataTotal()函数用于计算此套试题的总分。此函数的具体实现代码如下。

```
//计算总分
function getDataTotal($data){
    $sum = 0;  //保存总分
    //从题库中读取信息
    foreach($data as $v){
        $sum += $v['score'];
    }
    return $sum;  //返回计算后的总分
}
```

以上代码实现了从题库中根据每个题型的分数自动计算总分。其中，参数$data 表示传入的题库数组，返回值是计算后的总分。

（2）编写首页 HTML 模板

项目开发时，为利于代码的维护，页面的展示代码需单独编写一个模板文件。然后，在首页文件“index.php”中将其载入。继续编写“index.php”文件，代码如下。

```
//载入 HTML 模板
require './view/index.html';
```

上述代码实现了从另外一个文件载入内容。当文件被包含后，无论目标文件使用的是何种扩展名，该文件中的代码都会被当成是 PHP 代码执行。

接下来，在项目的“view”目录中创建 HTML 模板文件“index.html”，编写代码如下。

```
1  <!doctype html>
2  <html>
3  <head>
4      <meta charset="utf-8">
5      <title>首页 - 在线考试系统</title>
6      <link rel="stylesheet" href="css/style.css">
7  </head>
8  <body>
9      <div>请选择题库</div>
10     <div>
11         <?php foreach($info as $k=>$v): ?>
12             <?=$v['title']?>  时间：<?=$v['time']?>分钟  总分：<?=$v['score']?>分
13             <a href="test.php?id=<?=$k?>">开始考试</a>
14         <?php endforeach; ?>
15     </div>
16 </body>
17 </html>
```

在上述代码中，第 11~14 行代码用于输出试题的基本信息，其中第 13 行代码是“开始考试”的链接。当单击该链接后，页面跳转到 test.php，同时通过 GET 参数的值传递题库的序号。需要注意的是，第 6 行引入的 CSS 样式文件，读者可通过本书的配套源代码获取。

（3）通过浏览器访问

完成前面步骤的代码编写后，接下来就可以在浏览器中进行访问测试。通过浏览器访问项目的 URL 地址“http://www.test.com”，程序的运行结果如图 1-41 所示。从图中可以看出，程序正确显示了题库中各套试题的基本信息。

图 1-41 在线考试系统首页

任务三 在线答题

在线考试系统的首页编写完成后，若要单击某套试题的“开始考试”按钮，则需要系统从题库中读取相关数据，以表单的形式展示到网页中，让用户作答。同时，根据系统需求，在开始考试时，还应具备倒计时自动交卷、未作答试题提醒、离开提醒等功能。下面将针对在线答题功能的开发进行详细讲解。

1. 编写公共函数

在项目中，针对题库的基本处理是各个功能脚本中都需要编写的代码，因此可以将这些代码抽取到公共函数中，以提高代码的可维护性。接下来在公共目录“common”目录中创建文件“function.php”，然后编写如下代码。

```
<?php
//获取题库 ID
function getTestId(){
    //读取用户访问的题库序号
    $id = isset($_GET['id']) ? (int)$_GET['id'] : 1;
    //限制题库的序号最小为 1
    return max($id, 1);
}
//根据序号载入题库（题库存在，读取并返回数据；不存在，返回 false）
function getDataById($id){
    //根据序号拼接题库文件路径
    $target = "./data/$id.php";
    //判断题库文件是否存在
```

```
    if(!file_exists($target)){
        return false;
    }
    //载入题库
    return require $target;
}
```

上述代码定义了两个函数，第 1 个函数用于从 GET 参数中获取题库的序号，在获取时将序号转换为整型，并限制序号最小为 1。第 2 个函数用于判断题库文件是否存在，存在时读取题库并返回数据，不存在时返回 false。

2. 载入题库数据

在完成公共函数编写后，接下来创建“test.php”，实现根据 GET 参数“id”获取载入题库，当题库存在时显示题库数据，不存在时输出提示信息并退出，具体代码如下。

```
1  <?php
2  require './common/function.php';          //载入函数库
3  $id = getTestId();                        //获取题库序号
4  $data = getDataById($id);                 //根据序号载入题库
5  if(!$data){    //判断题库是否存在，不存在则提示信息并退出
6      require './view/notFound.html';
7      exit;                                 //停止脚本
8  }
9  echo '<pre>';
10 var_dump($data);                          //将题库数组输出到网页中
```

在上述代码中，第 2 行代码从公共目录载入了函数库，然后获取题库序号，根据序号载入题库。如果题库变量$data 的值为 false，则表示题库不存在，载入“./view/notFound.html”HTML 模板，该模板用于显示题库不存在的错误信息。另外，创建公共函数后，也可以在“index.php”中载入使用。

接下来在浏览器中访问“http://www.test.com/test.php?id=1”，当题库存在时运行结果如图 1-42（a）所示，当题库不存在时运行结果如图 1-42（b）所示。

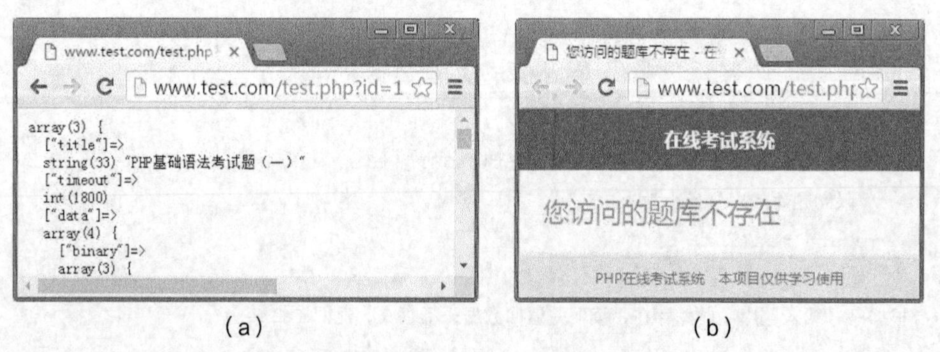

图 1-42　显示读取的题库

3. 转义 HTML 特殊字符

当题库中试题的题干、选项或答案中出现 HTML 标记时，会被浏览器解析，导致不能按

照原样显示，因此需要对题库进行 HTML 特殊字符转义。接下来在“./common/function.php”中编写函数实现 HTML 特殊字符转义，新增代码如下。

```
1  //实现 HTML 特殊字符转义，转换的特殊字符有：&  "  '  <  > 和空格
2  function toHTML($str){
3      $str = htmlspecialchars($str, ENT_QUOTES);
4      return str_replace(' ', ' ', $str);
5  }
```

在上述代码中，第 3 行代码使用 htmlspecialchars()函数转义字符串中的 HTML 特殊字符，但是转换的字符不包括空格、换行等。第 4 行代码对空格进行了转换，并将转换结果返回。另外，是否转义换行符等其他特殊字符，是根据实际需求而定的，如果需要转义换行符，可以使用 nl2br()函数。

在完成创建 toHTML()转义函数后，接下来需要调用函数，对题库数组中所有的字符串进行递归处理。所谓递归，是指在函数的内部调用函数自身，直到不符合递归的判断条件时返回结果。通过函数递归调用，可以在无需考虑数组有多少层级的情况下对数组进行处理。接下来修改 getDataById()函数，在载入题库后对题库进行递归转义，具体代码如下。

```
1  //参数$toHTML 表示是否对题库进行 HTML 转义，省略该参数时默认为 true
2  function getDataById($id, $toHTML=true){
3      //……
4      //载入题库
5      $data = require $target;
6      //对题库数组进行递归转义
7      $func = function($data) use(&$func){
8          $result = [];
9          foreach($data as $k=>$v){
10             //如果是数组，则继续递归，如果是字符串，则转义
11             $result[$k] = is_array($v) ? $func($v) : (is_string($v) ? toHTML($v) : $v);
12         }
13         return $result;
14     };
15     //返回数据
16     return $toHTML ? $func($data) : $data;
17 }
```

在上述代码中，第 7～14 行代码定义了一个匿名函数。对于普通函数，在函数内部调用自身时，可直接通过函数名进行调用。对于匿名函数，当需要递归调用时，可以通过 use 关键字对函数保存的变量进行引用传参。第 11 行代码用于判断当前处理的元素是数组还是字符串，是数组则继续递归，是字符串则进行转义并保存结果，如果都不是则直接保存。

接下来在浏览器中访问“http://www.test.com/test.php?id=1”，未转义 HTML 特殊字符时的运行结果如图 1-43（a）所示，转义后的运行结果如图 1-43（b）所示。

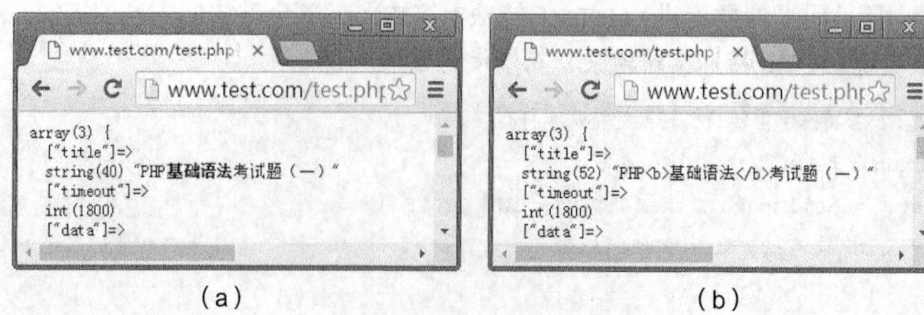

图 1-43　转义 HTML 特殊字符

4. 获取题库信息

在系统的考试页面中，需要显示题库中各题型下的题目数量、每道题的分值，因此接下来编写函数 getDataInfo()，实现从题库中获取这些基本信息。继续编辑文件“./common/function.php”，新增代码如下。

```
1   //获取题库信息（返回：每种题型下的试题个数、每种题型中每道题的分数）
2   function getDataInfo($data){
3       $count = []; //保存某种题型的题目数量
4       $score = []; //保存某种题型下每题的分值
5       //从题库中读取信息
6       foreach($data as $k=>$v){
7           //计算各题型下的题目个数
8           $count[$k] = count($v['data']);
9           //计算各题型中单题的分数
10          //单题分数 = 该题型总分数 ÷ 该题型下的题目个数
11          $score[$k] = round($v['score'] / $count[$k]);
12      }
13      return [$count, $score];
14  }
```

上述代码实现了对每套题库试题的遍历。在第 6 行代码中，$k 表示题型，如判断题“binary”、单选题“single”；$v 表示其对应的试题数组。

接下来在考试功能中调用此函数取出题库基本信息。继续编写“test.php”，新增代码如下。

```
//获取题库信息（将函数返回的数组中的各元素依次赋值给变量）
list($count, $score) = getDataInfo($data['data']);
```

在上述代码中，list()用于接收一个数组赋值，将数组中的元素依次赋值给变量。因此当上述代码执行后，$count 保存了每种题型下的试题个数，$score 保存了每种题型下每道题的分数。

5. 实现在线答题页面

利用 PHP 将每套试题中的基本信息取出后，即可在预先准备好的 HTML 模板中进行展示，用户可以在此页面中进行答题。诸如倒计时、到达时间自动交卷、离开前提示、未作答提醒等功能都是在此页面中完成的，其开发步骤如下。

（1）载入 HTML 模板

继续编写“test.php”，在题库数据处理完成后载入 HTML 模板，具体代码如下。

```
//显示 HTML 模板
require './view/test.html';
```

（2）编写在线答题页面

在项目的 view 目录中创建“test.html”文件，用于在页面中输出试卷标题和题目表单，具体代码如下。

```
1  <!doctype html>
2  <html>
3  <head>
4      <meta charset="utf-8">
5      <title><?=$data['title']?> - 在线考试系统</title>
6  </head>
7  <body>
8      <!-- 试卷标题 -->
9      <?=$data['title']?> 正在考试 （剩余时间 <span class="timeout"></span>）
10     <!-- 题目表单 -->
11     <form action="total.php?id=<?=$id?>" method="post">
12         <!-- 在表单中输出试题 -->
13         <input type="submit" value="交卷">
14     </form>
15 </body>
16 </html>
```

在上述代码中，第 5 行代码用于在网页的<title>中显示试卷标题。第 9 行代码用于显示试卷标题和剩余时间，其中剩余时间是通过 JavaScript 实现的倒计时，考试时间使用“$data['timeout']”取出。第 11 行代码创建了一个表单，表单的提交地址是“total.php”，在提交时通过 GET 参数“id”将当前试卷的序号也传递过去。

（3）生成判断题表单

继续编写表单中的代码，实现判断题的表单生成，具体代码如下。

```
1  一、判断题（共<?=$count['binary']?>题，每题<?=$score['binary']?>分）
2  <?php foreach($data['data']['binary']['data'] as $k=>$v): ?>
3      <!-- 标题 -->
4      <?=$k,'. ',$v['question']?>
5      <!-- 选项 -->
6      <input type="radio" value="yes" name="binary[<?=$k?>]">对
7      <input type="radio" value="no" name="binary[<?=$k?>]">错
8  <?php endforeach; ?>
```

在上述代码中，第 6～7 行代码是两个单选按钮，表示对和错。由于一种题型下有多个题，因此在编写单选按钮的 name 属性时，使用了数组的方式，数组的下标$k 是该题目在题型下的序号。通过浏览器访问测试，判断题的表单页面效果如图 1-44 所示。

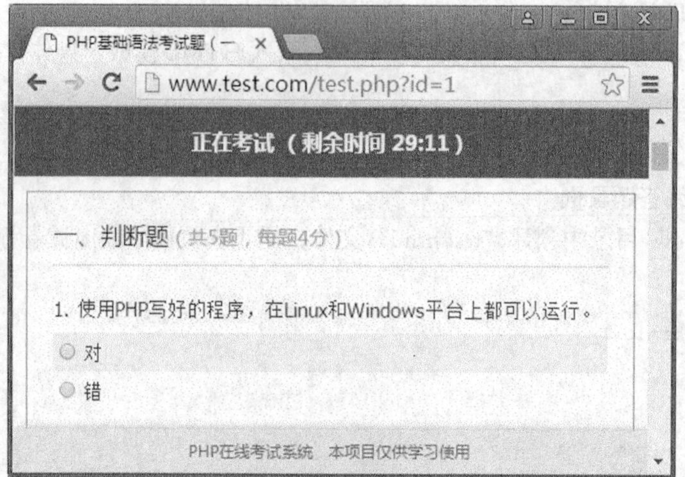

图 1-44　判断题表单

（4）生成单选题表单

在完成判断题表单后，继续编写单选题表单，具体代码如下。

```
1  二、单选题（共<?=$count['single']?>题，每题<?=$score['single']?>分）
2  <?php foreach($data['data']['single']['data'] as $k=>$v): ?>
3    <?=$k,'. ',$v['question']?>
4    <input type="radio" value="A" name="single[<?=$k?>]">A.<?=$v['option'][0]?>
5    <input type="radio" value="B" name="single[<?=$k?>]">B.<?=$v['option'][1]?>
6    <input type="radio" value="C" name="single[<?=$k?>]">C.<?=$v['option'][2]?>
7    <input type="radio" value="D" name="single[<?=$k?>]">D.<?=$v['option'][3]?>
8  <?php endforeach; ?>
```

在上述代码中，第 4 ~ 7 行代码使用的表单控件是 4 个单选按钮，分别表示 A、B、C、D 四种选项。通过浏览器访问测试，单选题的表单页面效果如图 1-45 所示。

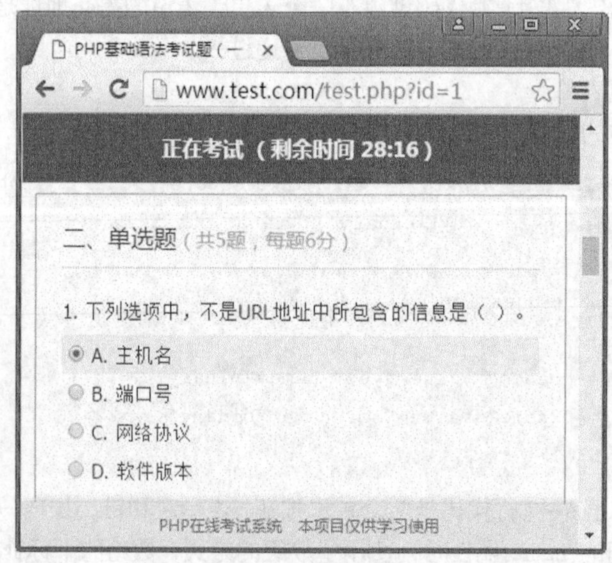

图 1-45　单选题表单

（5）生成多选题表单

多选题的表单和单选题类似，不同的是，多选题使用复选框作为选项，具体代码如下。

```
1  三、多选题（共<?=$count['multiple']?>题，每题<?=$score['multiple']?>分）
2  <?php foreach($data['data']['multiple']['data'] as $k=>$v): ?>
3    <?=$k,'. ',$v['question']?>
4    <input type="checkbox" value="A" name="multiple[<?=$k?>][]">A.<?=$v['option'][0]?>
5    <input type="checkbox" value="B" name="multiple[<?=$k?>][]">B.<?=$v['option'][1]?>
6    <input type="checkbox" value="C" name="multiple[<?=$k?>][]">C.<?=$v['option'][2]?>
7    <input type="checkbox" value="D" name="multiple[<?=$k?>][]">D.<?=$v['option'] [3]?>
8  <?php endforeach; ?>
```

在上述代码中，第 4～7 行代码是一组复选框，这些复选框的 name 属性使用了二维数组，数组的内层表示 A、B、C、D 四种选项的选中情况，数组的外层用于区分题号。通过浏览器访问测试，多选题的表单页面效果如图 1-46 所示。

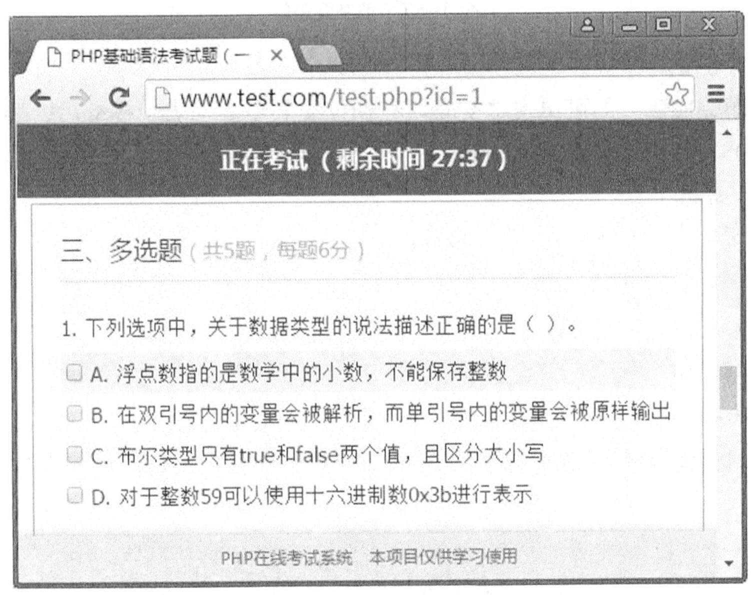

图 1-46　多选题表单

（6）生成填空题表单

对于填空题，使用文本框来输入答案即可，具体代码如下。

```
四、填空题（共<?=$count['fill']?>题，每题<?=$score['fill']?>分）
<?php foreach($data['data']['fill']['data'] as $k=>$v): ?>
    <?=$k,'. ',$v['question']?>
    请输入答案：<input type="text" name="fill[<?=$k?>]">
<?php endforeach; ?>
```

通过浏览器访问测试，填空题的表单页面效果如图 1-47 所示。

（7）其他功能

为了增强用户体验，完善考试功能需求，在本书的配套源代码中已通过 HTML、JavaScript

完成了倒计时自动交卷、未作答题目提醒、离开时提醒等功能的实现。由于本书的侧重点是 PHP 的开发，所以这里就不再对此部分内容进行讲解。

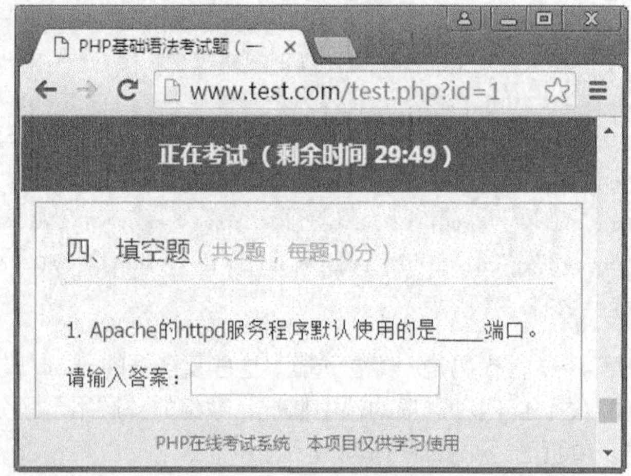

图 1-47 填空题表单

6. 提交表单测试

当用户答题完成后，即可单击"交卷"按钮提交表单。当表单提交后，表单中填写的信息就会通过 POST 方式发送给"total.php"。为了测试表单的编写是否正确，可以在"total.php"输出表单提交的结果。

接下来创建文件"total.php"进行测试，具体代码如下。

```
<?php
echo '<pre>';
var_dump($_POST);
```

通过上述代码，即可实现在用户提交表单后，对$_POST 数组的内部结构进行输出。为了使读者更直观地看到表单提交后的数组的结构，下面通过数组的赋值语法进行表示。

```
$_POST = [
    'binary' => [1=>'yes', 2=>'no', 3=>'yes', 4=>'yes', 5=>'no'],
    'single' => [1=>'A', 2=>'C', 3=>'B', 4=>'D', 5=>'C'],
    'multiple' => [1=>['A', 'B'], 2=>['B', 'D'], 3=>['A', 'C', 'D']],
    'fill' => [1=>'80', 2=>'implode']
];
```

从上述代码可以清晰地看出，$_POST 数组的 4 个元素，分别表示 4 种题型。每个题型内部有各个题目的答案，不同题型的数组结构不同。

任务四　电脑阅卷

电脑阅卷功能的开发思路是，先从题库中载入试题信息，然后将用户提交的答案与题库中的答案进行对比。在对比答案的同时计算每道题的分数，如果答对则加分，答错不扣分。关于电脑阅卷功能的整体结构如图 1-48 所示。下面进行详细讲解。

（1）载入题库数据

在"total.php"文件中，根据 GET 参数传入的试题序号载入题库，并获取题库信息，具体代码如下。

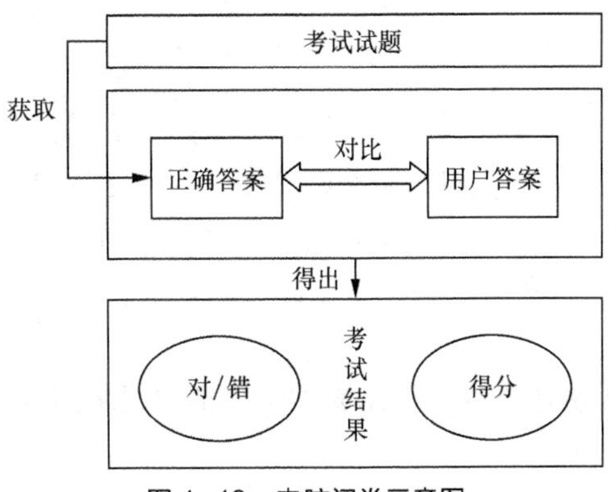

图 1-48 电脑阅卷示意图

```
1  <?php
2  require './common/function.php';          //载入函数库
3  $id = getTestId();                         //获取试题序号
4  $data = getDataById($id, false);           //根据序号载入题库（不进行 HTML 转义）
5  if(!$data){                                //判断题库是否存在
6      require './view/notFound.html';
7      exit;
8  }
9  //获取题库信息
10 list($count, $score) = getDataInfo($data['data']);
```

电脑阅卷功能不需要将获取的试题展示到网页，因此在上述第 4 行代码调用 getDataById() 函数时，将第 2 个参数设置为 false，表示不进行 HTML 转义。

（2）实现电脑阅卷

接下来，利用获取到的试题预设答案与用户提交的答卷进行比较，同时计算考试得分。继续编写“total.php”，新增代码如下。

```
//定义变量用于保存结果
$sum = 0;            //保存用户总得分
$total = [];         //保存用户的考试结果
//阅卷
foreach($data['data'] as $type=>$each){
    foreach($each['data'] as $k=>$v){
        //取出用户提交的答案
        $answer = isset($_POST[$type][$k]) ? $_POST[$type][$k] : '';
        //判断答案是否正确
        if($v['answer'] === $answer){
            $total[$type][$k] = true;
            $sum += $score[$type];
        }else{
```

```
14              $total[$type][$k] = false;
15          }
16      }
17  }
```

在上述代码中，第 5~17 行代码是一个两层循环，第 1 次循环从题库数组中取出了每种题型，第 2 次循环从题型数组中取出了每道题。第 7~15 行代码用于取出用户提交的答案后进行判断，并保存判断结果。如果用户回答正确，则累加总分。

（3）显示阅卷结果

电脑阅卷完成后，即可将用户的考试结果和得分情况显示到网页中。下面编写“total.php”，载入 HTML 模板，具体代码如下。

```
//显示 HTML 模板
require './view/total.html';
```

接下来，在项目的“view”目录中创建 HTML 模板文件“total.html”，编写代码如下。

```
<!doctype html>
<html>
<head>
    <meta charset="utf-8">
    <title>考试结束 - 在线考试系统</title>
</head>
<body>
    <div>您的成绩：<?=$sum?>分</div>
    <table>
        <tr><th>题型</th><th>题号</th><th>答题情况</th><th>得分</th></tr>
        <?php foreach($total as $type=>$each): ?>
            <?php foreach($each as $k=>$v): ?>
                <tr>
                    <?php if($k==1): ?>
                        <td rowspan="<?=$count[$type]?>">
                        <?=$data['data'][$type]['name']?></td>
                    <?php endif; ?>
                    <td><?=$k?></td>
                    <td><?=$v ? '对' : '错'?></td>
                    <td><?=$v ? $score[$type] : 0?></td>
                </tr>
            <?php endforeach; ?>
        <?php endforeach; ?>
    </table>
    <a href="./">返回首页</a>
</body>
</html>
```

上述代码实现了将考试结果输出到<table>表格中，其中第 14～17 行代码实现了题型的列合并。第 20 行代码用于显示该题获得的分数，如果答错则分数显示为 0。通过浏览器访问测试，电脑阅卷的显示结果如图 1-49 所示。从图 1-49 中可以看出，系统显示了考试成绩、各题型的答题情况和得分。

题型	题号	答题情况	得分
判断题	1	对	10
	2	对	10
单选题	1	对	15
	2	对	15
多选题	1	错	0
	2	对	15
填空题	1	对	10
	2	对	10

图 1-49　显示考试结果

扩展提高　PHP 错误处理

在实际开发过程中，不可避免会出现各种各样的错误。为了提高开发效率，PHP 提供了错误处理机制，该机制可以控制是否显示错误及显示错误的级别等。PHP 中常见的错误级别如下所示。

- E_ERROR：致命的运行时错误，这类错误不可恢复，会导致脚本停止运行。
- E_WARNING：运行时警告，仅提示信息，但是脚本不会停止执行。
- E_PARSE：语法解析错误，说明代码存在语法错误，无法运行。
- E_NOTICE：运行时通知，表示脚本遇到可能会表现为错误的情况。
- E_STRICT：严格语法检查，确保代码具有互用性和向前兼容性。
- E_ALL：表示所有的错误和警告信息（在 PHP 5.4 之前不包括 E_STRICT）。

上述提到的错误都是由 PHP 解释器自动触发的。例如，发生“E_ERROR”级别的错误时，PHP 会在页面中输出“Fatal error”并附有一段英文的错误说明。

此外，还可以通过 PHP 提供的 ini_set()和 error_reporting()函数自定义错误，具体使用示例如下。

```
1  <?php
2  //① 控制是否向网页中输出错误信息
3  ini_set('display_errors', 1);              //将 php.ini 中的 display_errors 设置为开启
4  //② 控制 PHP 报告哪种级别的错误
5  error_reporting(0);                        //不报告错误（除了 E_PARSE）
6  error_reporting(E_ALL & ~E_NOTICE);        //除了 E_NOTICE，报告其他错误
7  error_reporting(E_ALL);                    //报告所有错误
```

在上述代码中，第 3 行代码中的 ini_set()函数用于临时修改 php.ini 的设置，其修改只在此 PHP 脚本周期内有效。第 6 行代码中的“&”和“~”是二进制位运算符，由于错误级别常量的值是一个数值，对这些数值进行位运算，可以控制各级错误报告的显示与隐藏。

在项目上线时，不推荐将错误信息直接显示到网页中。通过 PHP 的配置文件，可以开启错误日志记录功能，将错误信息保存到日志文件中。打开 php.ini，找到 log_errors 和 error_log，具体代码如下。

```
log_errors = On
error_log = c:/web/php-error.log
```

在上述代码中，log_errors 是错误记录的开关，error_log 是错误日志文件的保存路径。在设置完成后，当 PHP 脚本发送错误时，即使“display_errors”关闭错误显示，在日志文件“c:/web/php-error.log”中也可以看到错误信息，如图 1-50 所示。

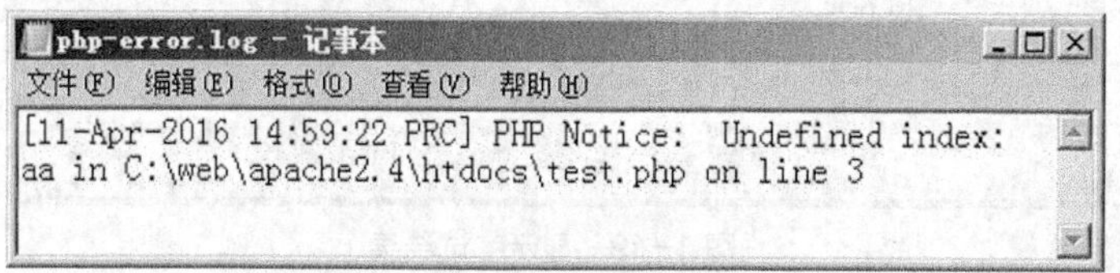

图 1-50　错误日志信息

课后练习　手机端答题

在线考试系统开发完成后，既可以在电脑的浏览器上答题，也可以在手机等移动设备的浏览器上答题。当网站在局域网内上线后，手机可以通过 Wi-Fi 连接到局域网中访问。需要注意的是，如果网页按照传统的方式设计，在手机浏览器中访问可能会出现排版问题，为此可以将网页设计成响应式布局。接下来请动手实现在线考试系统的手机端答题，通过响应式布局使页面符合手机端的浏览体验。

【中级篇】 项目二 内容管理系统

项目综述

在熟练掌握 PHP 语法基础后，开始学习 MySQL，深入了解网站数据库方面的技术。PHP 内容管理系统是本书中的第 2 个项目，在难易度上属于中级项目。通过这个项目，读者可以学会开发一个基于 PHP+MySQL 的网站系统，学会数据库和数据表的创建，学会对数据进行增加、删除、修改和查询等基本操作。另外，为了加强网站的功能，还会学到一些网站常用功能的开发。例如，排序、搜索、分页、文件操作、用户登录、缩略图、验证码、在线编辑器等。同时还要兼顾网站的执行效率和安全性，防御一些常见的安全漏洞。

开发背景

新一代信息技术的发展，逐渐打破了地域、时间和空间的限制，加快了信息传播的速度。人们获取信息的主要渠道不再是传统的电视、广播和报纸，而是更多地关注互联网。利用互联网及时、快速地获取信息，已经成为人们生活中不可缺少的重要组成部分。

为了满足人们发布信息、获取信息的需求，保证信息共享的及时和准确，通常使用内容管理系统（Content Management System，CMS）对信息进行分类管理，将时时变换、杂乱无章的信息，有序、及时地呈现在网络用户面前，使信息的共享更加快捷和方便。

CMS 系统的应用非常广泛，对于不同的需求会有不同的用途。例如，在企业网站进行消息传递，提高办事效率；政府机关通过信息整合，加强政府与公众的沟通等。在网络中，常见的门户、新闻、博客、文章等类型的网站都可以利用 CMS 系统进行搭建。

项目预览

项目前台文章列表

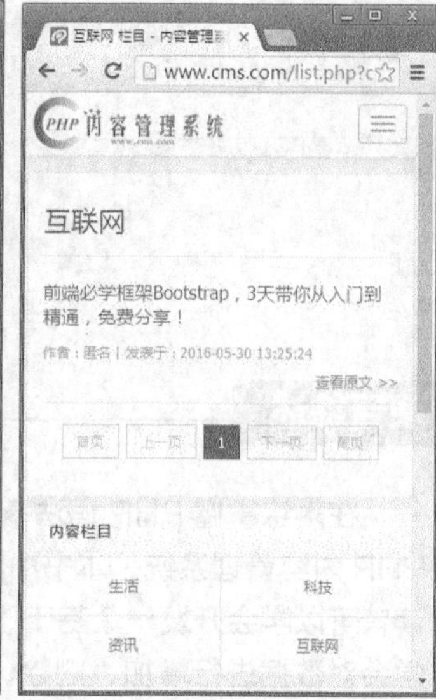

响应式布局

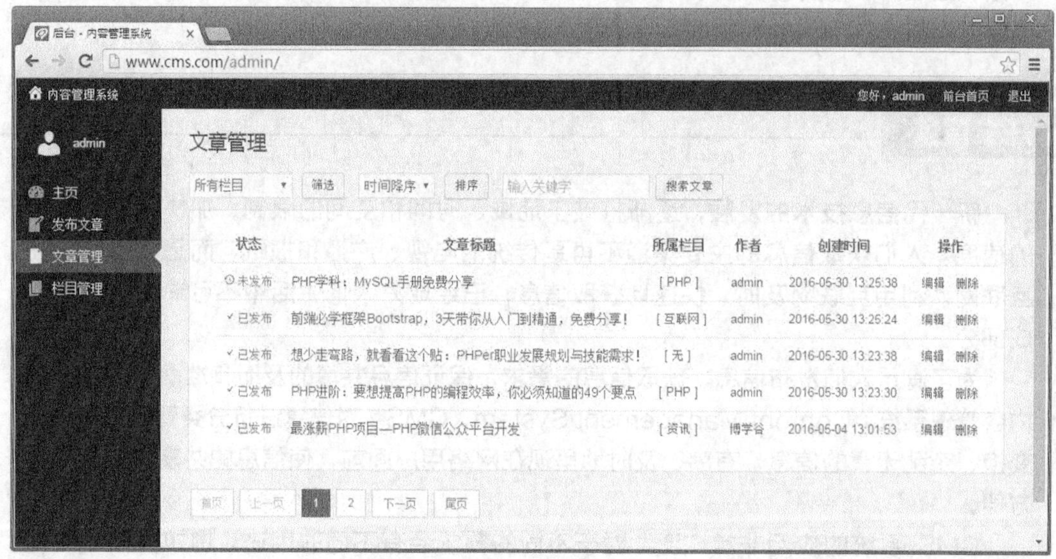

项目后台文章管理

模块一　开发前准备

在项目开发的准备阶段，有一些必需的工作需要完成。首先，根据用户的要求进行需求分析，确定系统具体的功能；然后，对项目的前台和后台进行项目系统架构分析，制订功能结构图；最后，学习网站数据库方面的基本概念，学会安装和部署 MySQL 数据库，完成开发环境搭建。

通过本模块的学习，要求完成以下目标。

- 熟悉需求分析和系统分析，能完成项目的整体架构布局。
- 熟悉 MySQL 数据库，了解数据库的基本概念。
- 掌握 MySQL 的安装与配置，学会开发环境的搭建。
- 掌握 MySQL 数据库管理工具，学会使用 phpMyAdmin。

任务一　需求分析

虽然 CMS 系统的应用非常广泛，但其核心功能离不开对内容的管理。在互联网中，新闻、文章、视频、音乐等信息都是网站可以提供的内容，而文章是最具有代表性的内容，因此这里的内容管理系统，将围绕文章的管理进行开发。

通过调查和分析，为满足 CMS 用户的基本诉求，要求本系统具有以下功能。

- 利用 MySQL 数据库完成对系统功能的设计。
- 系统分为前台和后台，前台用于展示文章，后台用于发布文章。
- 后台需要管理员登录才能进行访问，在登录时要求输入用户名、密码和验证码。
- 后台提供文章管理和栏目管理两个模块，提供文章和栏目的编辑、删除功能。
- 每篇文章都可以设置其所属的栏目。
- 在管理栏目时，可以设置每个栏目的显示顺序。
- 可以为栏目添加子栏目，可以根据栏目或子栏目查看文章列表。
- 可以对文章列表进行排序与搜索，并提供分页导航功能。
- 文章列表默认根据发表时间排序，支持自定义排序。
- 查看文章时，可以进行上下篇切换。
- 显示文章浏览的历史记录和热门文章列表。

任务二　系统分析

1. 项目模块划分

在需求分析中，内容管理系统分为前台和后台两个平台，不同的平台具有不同的功能。为了更清晰地看到项目所要开发的功能，下面通过项目结构划分图进行展示，如图 2-1 所示。

从图 2-1 中可以看出，内容管理系统的后台用于管理员发布、管理内容，而前台用于网站的访客浏览内容。无论是前台还是后台，其访问数据是相同的，即文章和栏目。

在内容管理系统中，文章和栏目是项目中的核心数据，项目的功能都是围绕数据的增加、查找、修改、删除等操作进行的。因此，在项目中使用数据库可以更好地管理数据。在项目中使用了数据库之后，PHP 程序和数据库的关系如图 2-2 所示。

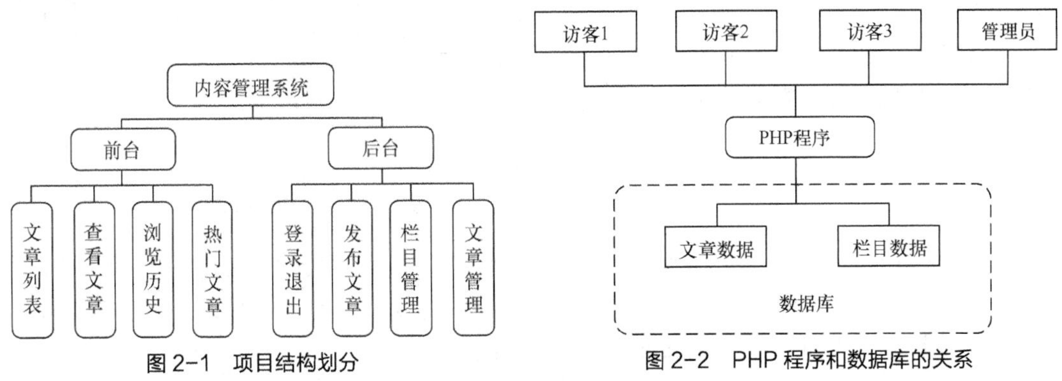

图 2-1　项目结构划分

图 2-2　PHP 程序和数据库的关系

从图 2-2 中可以看出，当用户（包括访客和管理员）访问系统时，PHP 程序会对这些用户的请求进行处理。项目中的具体数据（文章、栏目）是保存在数据库中的，如果用户访问的某个功能需要用到这些数据，PHP 程序会到数据库中读取，再返回给用户。

2. 认识数据库

数据库（Database，DB）是按照数据结构来组织、存储和管理数据的仓库。其本身可看作电子化的文件柜，用户可以对文件中的数据进行增加、删除、修改、查找等操作。下面将从数据库的产品、存储结构及结构化查询语言 3 个方面对数据库进行全面的介绍。

（1）数据库产品

随着数据库技术的不断发展，数据库产品越来越多，常见的有 Oracle、SQL Server、MySQL 等，它们各自的特点如下。

① Oracle

Oracle 数据库是 Oracle 公司推出的数据库管理系统，在数据库领域一直处于领先地位，同时也是目前世界上流行的关系型数据库管理系统之一。它的优势在于移植性好、使用方便、功能性强，适用于各类大、中、小、微机环境。对于要求高效率、吞吐量大的项目而言是一个不错的选择。

② SQL Server

SQL Server 是 Microsoft 公司推出的关系型数据库管理系统，广泛应用于电子商务、银行、保险、电力等行业。因其易操作、界面良好等特点深受广大用户喜爱，但由于其只能在 Windows 平台上运行，并对操作系统的稳定性要求较高，因此很难满足用户数量增加带来的需求增长。

③ MySQL

MySQL 数据库是开放源码的关系型数据库管理系统，采用通用公共许可证（General Public License，GPL）协议发布，这表示用户可以根据自己的需求进行修改。MySQL 还具有跨平台性，不仅可以在 Linux 系统上使用，还可以在 Windows、Mac OS 等系统上使用。相对其他数据库而言，MySQL 具有方便、快捷、免费等特点。

（2）数据库存储结构

数据库是存储和管理数据的仓库，如果要管理一个仓库，就要规划仓库的内部结构，将物品井然有序地放入仓库中。同样，如果想要合理、高效地存储数据，就要理解数据库的存储结构。

在一个数据库服务器中，可以管理多个数据库。一个数据库中又可以有多个数据表，数据是保存在数据表中的。关于数据库的存储结构如图 2-3 所示。

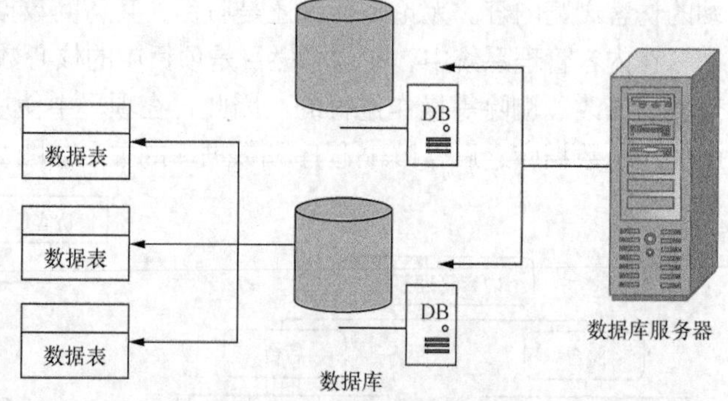

图 2-3　数据库存储结构

数据库中的数据表是用于保存数据的，那么在数据表中数据是如何进行存储的呢？接下来通过图 2-4 进行演示数据表的存储结构。

在图 2-4 中，数据表的横向被称为“行”，纵向被称为“列”，行列交叉处的数据被称为“值”。数据表中的每一行内容被称为“记录”，每一列的列名称被称为“字段”。因此，在图 2-4 所示的数据表中，共有 id、name、age 三个字段和“1, Tom, 13”“2, Jimmy, 24”两条记录。

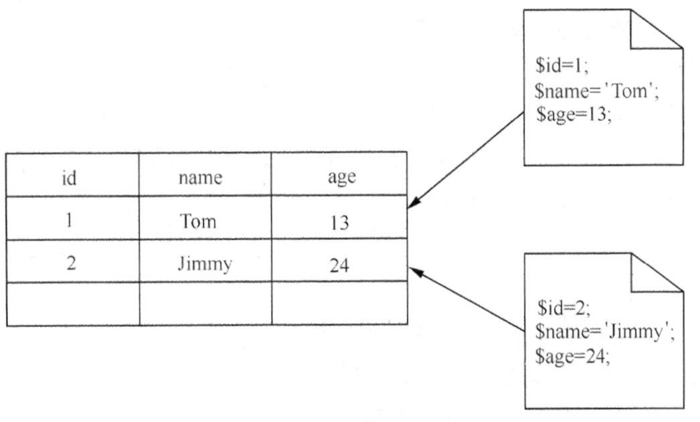

图 2-4 数据表中的数据

（3）SQL 语言

结构化查询语言（Structured Query Lanaguage，SQL）是一种数据库查询语言和程序设计语言，它是 IBM 公司于 1975~1979 年开发出来的。在 20 世纪 80 年代，SQL 被美国国家标准学会（American National Standards Institute，ANSI）和国际标准化组织（International Organization for Standardization，ISO）定义为关系型数据库语言的标准。SQL 是由 4 部分组成的，具体如表 2-1 所示。

表 2-1 SQL 的组成部分及作用

组成部分	功能说明
数据定义语言（DDL）	用于定义数据库、表等，其中包括 CREATE 语句、ALTER 语句和 DROP 语句
数据操作语言（DML）	用于对数据库进行添加、修改和删除操作，其中包括 INSERT 语句、UPDATE 语句和 DELETE 语句
数据查询语言（DQL）	用于查询数据，也就是指 SELECT 语句
数据控制语言（DCL）	用于控制用户的访问权限，其中包括 GRANT 语句、REVOKE 语句、COMMIT 语句和 ROLLBACK 语句

数据库中的主要操作都是通过 SQL 语句来完成的，如数据的插入、修改、删除、查询等。因此，如果要在 PHP 程序中完成对数据库的操作，就需要利用 SQL 语句来实现。

3. 认识 MySQL

MySQL 是一个关系型数据库管理系统，由瑞典 MySQL AB 公司开发，先后被 Sun 公司、Oracle 公司收购。尽管如此，MySQL 依然是最受欢迎的关系型数据库之一。尤其是在 Web 开发领域，MySQL 依然占据着举足轻重的地位。

MySQL 之所以受到大多数企业和开发人员的喜爱，是因为它具有以下几个关键特性。

① 低成本：MySQL 是开源的，开发人员可根据需求自由进行修改，降低了开发成本。

② 跨平台：不仅可在 Windows 平台上使用，还可在 Linux、Mac OS 等多达 14 种平台上使用。

③ 高性能：多线程及 SQL 算法的设计，使其可以充分利用 CPU 资源和提高查询速度。

④ 上手快：MySQL 使用标准的 SQL 数据语言形式，方便用户操作。

⑤ API 接口：提供多种编程语言的 API，方便操作数据库，如 Java、C、C++、PHP 等。

因此，对于内容管理系统而言，使用 MySQL 数据库是一个理想的选择。在后面的任务中，将会详细讲解 MySQL 数据库的安装和使用。

4. 数据库建模

数据库设计的主要目的，是为了将现实世界中的“事物”及“联系”用数据模型（Data Model）来描述，即信息数据化。数据模型是现实世界中数据特征的抽象，能够比较真实地模拟现实世界，从而易于理解，便于计算机实现。

通常可以使用实体—联系（E–R）模型图来描述数据库的设计。在使用 E–R 模型进行建模前，需要了解几个重要的模型术语，具体如下。

① 实体（Entity）：客观存在并可以区分的事物。

② 属性（Attribute）：实体所具有的某一特性。

③ 键（Key）：能唯一标识实体的属性集合。

④ 联系（Relationship）：实体集合间存在的相互联系。

下面就从计算机角度出发来对数据进行建模，利用 E–R 图对内容管理系统进行结构图形化表示，其设计步骤如下。

（1）确定所有实体集合

在 E–R 图中，实体使用矩形方框表示，方框内标注实体名称。根据需求分析，关键实体如下。

① 文章：系统中展示的相关内容信息。

② 栏目：系统中文章分类的依据。

③ 管理员：管理文章和栏目的用户。

（2）确定实体集包含的属性

属性通常情况下都是名词，使用椭圆表示，椭圆内标注属性名称。在数据建模中，实体相关属性的确定是难点，需要综合考虑系统的功能要求和现实情况。下面根据需求分析确定各实体的属性如下。

① 文章：需要记录文章编号、所属栏目编号、文章标题、内容、作者、创建时间、关键字、内容简介、封面图，以及是否在前台发布的标识。

② 栏目：需要记录栏目编号、栏目名称、上级栏目编号和排序值。

③ 管理员：需要记录管理员编号、用户名和密码。

（3）确定实体集之间的联系

实体之间的联系通常都利用动词形容，用菱形框表示，框内标注联系名称。在内容管理系统中，各实体之间存在以下联系。

① 实体栏目与实体文章之间存在“拥有”联系。

② 实体管理员与实体栏目之间存在“管理”联系。

③ 实体管理员与实体文章之间存在“管理”联系。

（4）确定实体集的主键

主键是实体中的一个或多个属性，它的值用于唯一标识一个实体对象。在本系统中，各实体都有编号属性作为唯一标识，因此编号就是实体集的主键。

（5）确定联系的类型

实体之间的联系可以分为一对一、一对多、多对一和多对多 4 种类型。例如，一个员工配一台电脑，则员工和电脑之间就是一对一的联系；一个部门中可以有多个员工，则部门和员工之间就是一对多的联系，相反的，员工和部门之间就是多对一的联系；一个学生可以选修多门课程，一个课程又可以被多个学生选修，则学生和课程之间就形成了多对多的联系。

接下来根据内容管理系统的实际需求，确定各实体之间的联系，如下所示。

① 栏目与文章的拥有关系属于一对多联系。

② 管理员与栏目的管理关系属于一对多联系。

③ 管理员与文章的管理关系属于一对多联系。

按照上面的步骤分析，就可以得到内容管理系统的 E-R 图，具体如图 2-5 所示。

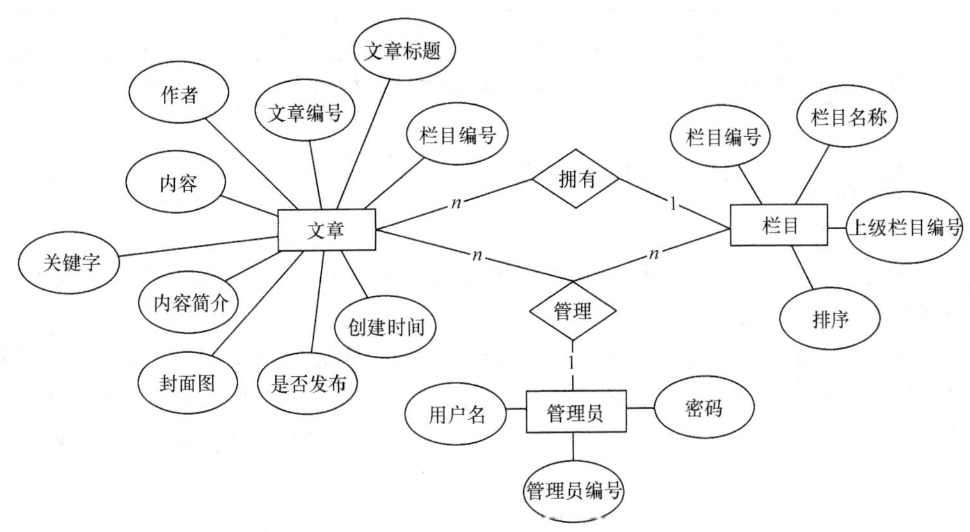

图 2-5　内容管理系统的 E-R 图

5. 数据库范式

数据库设计对数据的存储性能，还有开发人员对数据的操作都有很大的关系，所以要建立科学、规范的数据库，避免在插入、删除、更新操作时发生异常或发生存储冗余等情况。数据库的设计需要遵循一些规范，这些规范在关系型数据库中被称为范式。

目前关系数据库有 6 种范式：第一范式（1NF）、第二范式（2NF）、第三范式（3NF）、BC 范式（BCNF）、第四范式(4NF)、第五范式（5NF）。一般来说，数据库只需满足第三范式（3NF）就可以了。下面将对前三范式进行详细讲解。

（1）第一范式（1NF）

所谓第一范式（1NF），是指数据库表的每一列都是不可分割的基本数据项，同一列中不能有多个值，即实体中的某个属性不能有多个值，或不能有重复的属性。如果出现重复的属性，可能需要定义一个新的实体，新的实体由重复的属性构成，新实体与原实体之间为一对多联系。

简而言之，第一范式（1NF）遵从原子性，字段不可再分，否则就不是关系型数据库。

例如，在内容管理系统的文章数据表中，需要用到“内容”这个字段，所以直接将“内容”属性设计成表的字段，具体如表 2-2 所示。

但由于系统需要经常访问“内容”中的“标题”部分，因此，在数据库设计时，需要将这个“内容”属性拆分为“标题”和“内容”两部分进行存储，这样在对“内容”中标题操作时就会非常方便，且这样的数据库设计才算满足第一范式（1NF），具体如表 2-3 所示。

表 2-2　数据库设计

编号	内容	作者
1	《延续 40 年经典》C/C++语言发展至今已经有近 40 年……	张老师
2	《PHP 助你快速入门》你，努力前行；我，全力助你……	王老师
3	《致广大学子的一封信》找工作不易……	李老师

表 2-3　第一范式（1NF）

编号	标题	内容	作者
1	延续 40 年经典	C/C++语言发展至今已经有近 40 年……	张老师
2	PHP 助你快速入门	你，努力前行；我，全力助你……	王老师
3	致广大学子的一封信	找工作不易……	李老师

（2）第二范式（2NF）

第二范式（2NF）是在第一范式（1NF）的基础上建立起来的，即满足第二范式（2NF）必须先满足第一范式（1NF）。

第二范式（2NF）要求实体的属性完全依赖于主键。所谓完全依赖，是指不能存在仅依赖主键一部分的属性，如果存在，那么这个属性和主键的这一部分应该分离出来形成一个新的实体，新实体与原实体之间是一对多的联系。为实现区分通常需要为表加上一个列，以存储各个实体的唯一标识。

简而言之，第二范式（2NF）遵从唯一性，就是非主键字段需依赖主键。

通常在一个商品订单不仅要涉及商品名称、数量、价格等，还要包括订单编号，收件人姓名、地址、联系方式等相关信息。下面以设计商品订单为例，将这些信息都放在表 2-4 中。

表 2-4　商品订单

订单编号	商品编号	商品名称	商品价格	购买数量	收件人	收件地址	联系方式
1900125	1	铅笔	¥0.50	10	张三	传智播客	4006184000
1900126	2	橡皮	¥0.50	5	张三	传智播客	4006184000
1900127	3	笔记本	¥3.00	8	李四	传智播客	4006184000

按照这样的方式设计就会产生一个问题，在该表中商品名称和价格只与商品编号相关，而商品编号和收件人等信息又与订单编号相关。这样的设计就违反了第二范式（2NF）的设计原则。

接下来，对此数据表进行拆分，把商品信息分离到商品表中，把收件人信息分离到收件人表中，把订单信息分离到订单表中，具体如表 2-5 ~ 表 2-7 所示。

表 2-5　商品表

商品编号	商品名称	商品价格
1	铅笔	¥0.50
2	橡皮	¥0.50
3	笔记本	¥3.00

表 2-6　订单表

订单编号	商品编号	购买数量	收件人编号
1900125	1	10	1
1900126	2	5	1
1900127	3	8	2

表 2-7　收件人表

收件人编号	收件人姓名	收件地址	联系方式
1	张三	传智播客	4006184000
2	李四	传智播客	4006184000

从上述拆分设计中可以看出，遵从第二范式（2NF）在很大程度上减小了数据库的冗余。如果要获取订单的商品信息，使用商品编号到商品信息表中查询即可。

（3）第三范式（3NF）

第三范式（3NF）是在第二范式（2NF）的基础上建立起来的，即满足第三范式（3NF）必须先满足第二范式（2NF）。第三范式（3NF）要求一个数据表中每一列数据都和主键直接相关，而不能间接相关。简而言之，第三范式就是非主键字段不能相互依赖。

例如，在设计内容管理系统的文章数据表时，由于每篇文章需要根据其栏目进行存储，所以需要使用栏目编号与文章数据表建立联系，而不应该再添加其他栏目信息，如栏目名称等。

表 2-8 和表 2-9 就是满足第三范式（3NF）的数据表设计。通过这种设计，如果要获取某一栏目下的所有文章，只需获取相应栏目编号，到文章表中查询即可，在很大程度上减小了数据冗余。

表 2-8　文章表

编号	标题	内容	作者	栏目编号
1	延续 40 年经典	C/C++语言发展至今已经有近 40 年……	张老师	1
2	PHP 助你快速入门	你，努力前行；我，全力助你……	王老师	1
3	致广大学子的一封信	找工作不易……	李老师	2

表 2-9　栏目表

栏目编号	栏目名称
1	学科介绍
2	技术交流

任务三　搭建开发环境

1. 创建项目

（1）配置域名

通过配置 Apache 虚拟主机和更改 hosts 文件，创建一个域名为“www.cms.com”的虚拟主机，接下来将在该主机下创建项目。

（2）创建项目

打开 NetBeans 开发工具，创建一个新的项目，选择语法检查版本为 PHP 5.4（从而确保代码兼容 5.4 版本），并配置域名为“www.cms.com”。项目创建后，效果如图 2-6 所示。

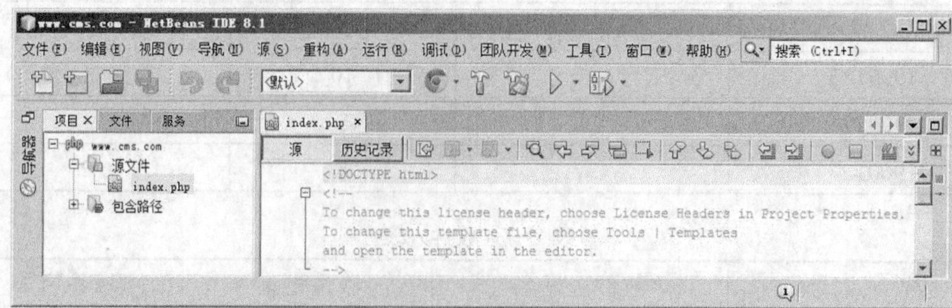

图 2-6 创建项目

2. 安装 MySQL

（1）获取 MySQL

在项目创建完成后，接下来开始安装 MySQL 数据库软件。MySQL 的官方网站（www.mysql.com）提供了软件的下载，在网站中找到“downloads”下载页面，即可看到 MySQL 的各种版本和下载地址，如图 2-7 所示。

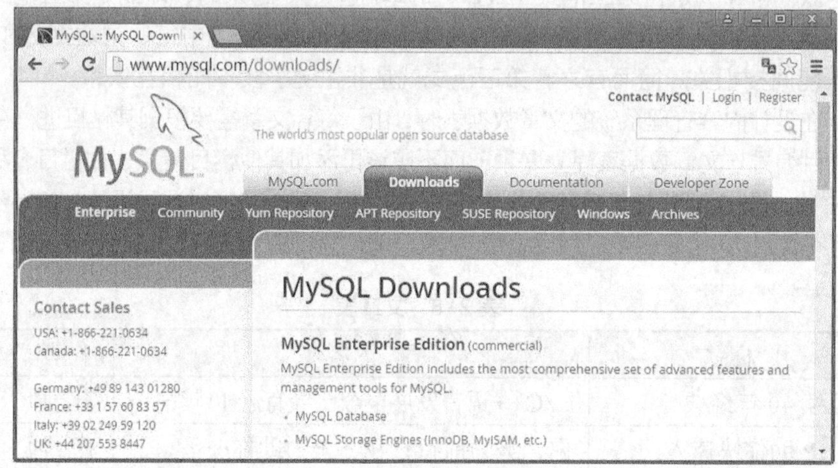

图 2-7 获取 MySQL

MySQL 在下载页面主要提供了 3 种版本可选，分别是企业版（MySQL Enterprise Edition）、集群版（MySQL Cluster CGE）和社区版（MySQL Community Edition）。其中社区版是通过 GPL 协议授权的开源软件，可以免费使用，而另外两种是需要收费的商业软件。本书将基于 MySQL 社区版进行讲解。

在下载页面找到 MySQL 社区版中的“MySQL Community Server”服务器版本进行下载，如图 2-8 所示。从图中可以看出，MySQL 提供了 MSI（安装版）和 ZIP（压缩包）两种打包的版本，本书以 ZIP 版本为例进行讲解。

（2）解压文件

首先创建“C:\web\mysql5.7”作为 MySQL 的安装目录，然后打开“mysql-5.7.12-win32.zip”压缩包，将里面的“mysql-5.7.12-win32”目录中的文件解压到“C:\web\mysql5.7”路径下，如图 2-9 所示。

在图 2-9 中，读者需要重点关注的是“bin”目录和“my-default.ini”文件。“bin”是 MySQL 的应用程序目录，保存了 MySQL 的服务程序“mysqld.exe”、命令行工具“mysql.exe”等；而

“my-default.ini”是 MySQL 的默认配置文件，用于保存默认设置。

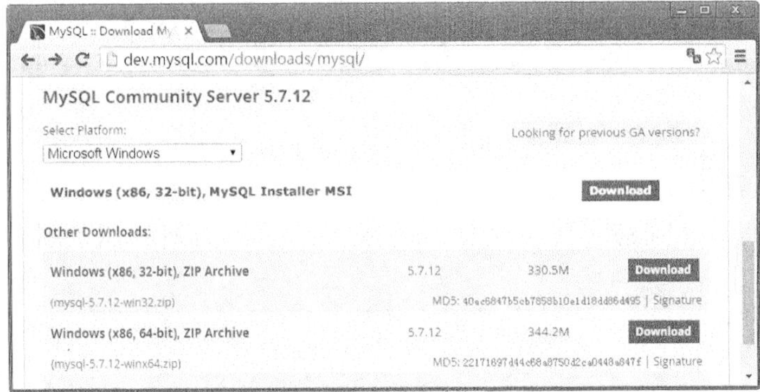

图 2-8　下载 MySQL

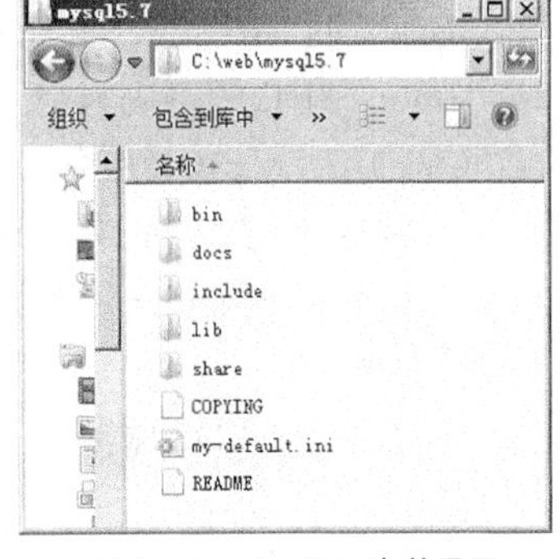

图 2-9　MySQL 安装目录

（3）配置 MySQL

在安装 MySQL 前，先进行基本的配置。将默认配置文件“my-default.ini”复制一份，命名为“my.ini”。然后打开“my.ini”，找到如下配置项进行修改。

```
basedir = c:/web/mysql5.7
datadir = c:/web/mysql5.7/data
port = 3306
```

在上述配置中，“basedir”表示 MySQL 的安装目录，“datadir”表示数据库文件的保存目录，“port”表示访问 MySQL 服务的端口号。MySQL 数据库的默认端口号为 3306。值得一提的是，在没有上述配置的情况下，MySQL 也可以自动检测安装目录、数据文件目录，并使用默认端口号 3306。

（4）开始安装

MySQL 的安装是指将 MySQL 安装为 Windows 系统的服务项，可以通过 MySQL 的服务程序“mysqld.exe”来进行，具体步骤如下。

① 启动命令行工具

执行【开始】菜单→【所有程序】→【附件】，找到【命令提示符】并单击鼠标右键，选择【以管理员身份运行】方式，启动命令行窗口。

② 在命令模式下，切换到 MySQL 安装目录下的 bin 目录。

```
cd c:\web\mysql5.7\bin
```

③ 输入以下命令开始安装。

```
mysqld.exe -install
```

在上述命令中，“mysqld.exe -install”为安装命令，“c:\web\mysql5.7\bin”为可执行文件“mysqld.exe”所在的目录。默认情况下，MySQL 将自动读取安装目录下的“my.ini”配置文件。安装效果如图 2-10 所示。

④ 如果需要卸载 MySQL，可以使用“mysqld.exe -remove”命令进行卸载。

（5）初始化数据库

在安装 MySQL 后，数据文件目录“c:\web\mysql5.7\data”还没有创建，因此接下来通过 MySQL 的初始化功能，自动创建数据文件目录，具体命令如下。

```
mysqld.exe --initialize-insecure
```

在上述命令中，“--initialize”表示初始化数据库，“-insecure”表示忽略安全性。当省略“-insecure”时，MySQL 将自动为默认用户“root”生成一个随机的复杂密码；而加上“-insecure”时，“root”用户的密码为空。

（6）启动 MySQL 服务

将 MySQL 安装后，就可以作为 Windows 的服务项进行启动或关闭了。可以通过 Windows 系统的【控制面板】→【管理工具】→【服务】命令对 MySQL 服务进行管理，也可以使用如下命令实现。

① 启动 MySQL 服务。

```
net start MySQL
```

② 停止 MySQL 服务。

```
net stop MySQL
```

当 MySQL 服务成功启动后，运行结果如图 2-11 所示。

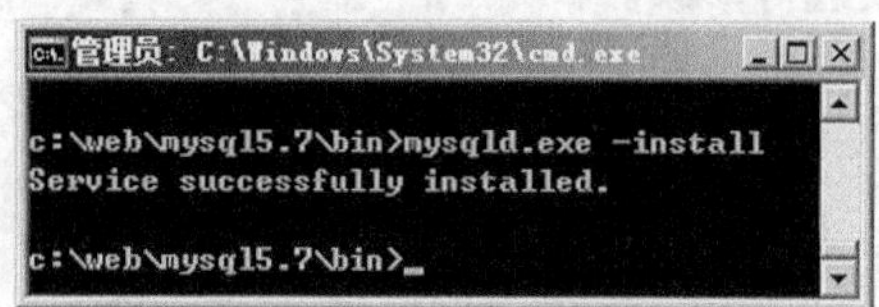

图 2-10　通过命令行安装 MySQL

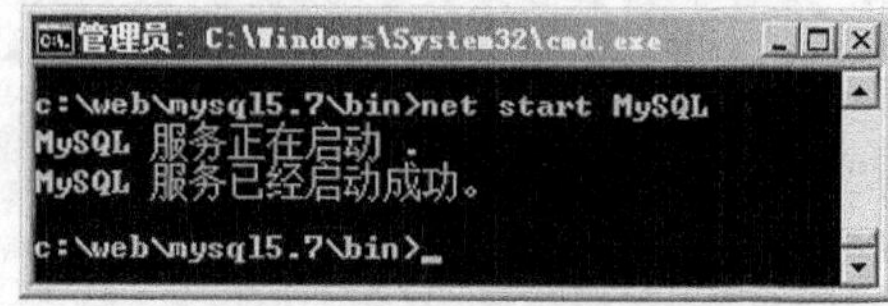

图 2-11　启动 MySQL 服务

（7）访问 MySQL

在 MySQL 的“bin”目录中，“mysql.exe”是 MySQL 提供的命令行工具，用于访问数据库。在访问前，需要先登录 MySQL 服务器，具体命令如下。

```
mysql -h localhost -u root
```

在上述命令中，“-h localhost”表示登录的服务器主机地址为 localhost（本地服务器），也可以换成服务器的 IP 地址，如 127.0.0.1；“-u root”表示以“root”用户的身份登录。值得一提的是，“-h localhost”可以省略，MySQL 在默认情况下会自动访问本地服务器。

成功登录 MySQL 服务器后，运行效果如图 2-12 所示。

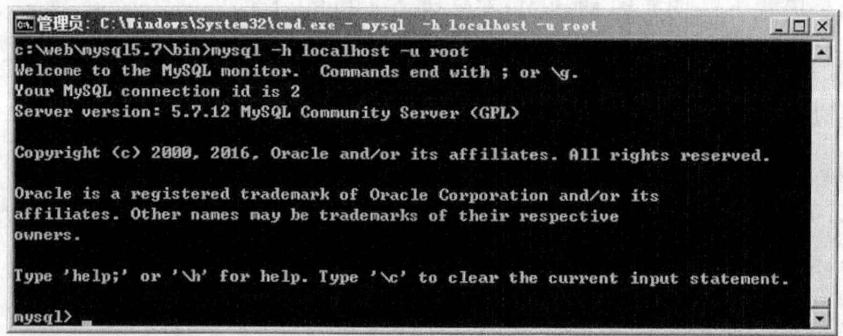

图 2-12　登录 MySQL 数据库

（8）设置密码

在前面的安装步骤中，没有对“root”用户设置密码，就可以完成对 MySQL 服务器的登录。但出于对数据库安全的保护，需要给“root”用户设密码。登录 MySQL 服务器后，执行以下命令即可。

```
SET PASSWORD FOR 'root'@'localhost' = PASSWORD('123456');
```

上述命令表示为“localhost”主机中的“root”用户设置密码，密码为“123456”。当设置密码后，输入“exit”退出 MySQL，然后重新登录时，就需要输入刚才设置的密码。

在登录有密码的用户时，需要使用的命令如下。

```
mysql -h localhost -u root -p123456
```

在上述命令中，“-p123456”表示使用密码“123456”进行登录。如果在登录时不希望被直接看到密码，可以省略“-p”后面的密码，然后按回车键，MySQL 会提示输入密码，并且在输入时不会显示。

3. 安装 phpMyAdmin

phpMyAdmin 是一个以 PHP 为基础的 MySQL 数据库管理工具。该工具为 Web 开发人员提供了图形化的数据库操作界面，通过该工具可以很方便地对 MySQL 数据库进行管理操作。本小节将对 phpMyAdmin 的安装与使用进行讲解。

（1）下载 phpMyAdmin

在 phpMyAdmin 的官方网站“http://www.phpmyadmin.net”提供了该软件的下载，下载后解压到 Apache 虚拟主机“C:\web\www.admin.com\phpmyadmin”目录中即可，如图 2-13 所示。

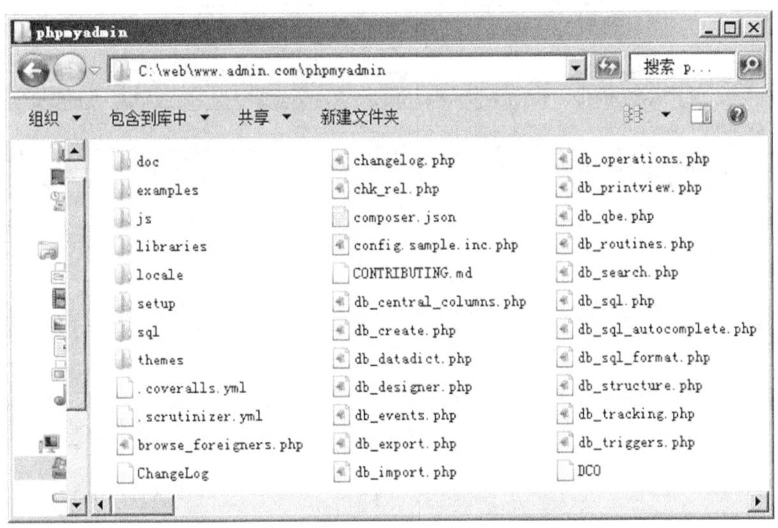

图 2-13　部署 phpMyAdmin

（2）访问 phpMyAdmin

然后在浏览器中访问“http://www.admin.com/phpmyadmin”，即可看到 phpMyAdmin 的登录页面，如图 2-14 所示。在 phpMyAdmin 的登录页面中输入 MySQL 服务器的用户名“root”和密码“123456”进行登录即可。

需要注意的是，在使用 phpMyAdmin 之前，必须已经开启了 PHP 的 mbstring、mysqli 扩展。如果此时 phpMyAdmin 无法启动并提示缺少上述扩展，则修改 php.ini 文件开启扩展即可。

（3）使用 phpMyAdmin

在登录后，即可看到 phpMyAdmin 的主界面，如图 2-15 所示。phpMyAdmin 有中文语言界面，管理数据库非常简单和方便，可以进行 SQL 语句的调试、数据导入导出等操作。本书后面会对 MySQL 数据库进行详细讲解，此处读者只需简单了解即可。

图 2-14　登录 phpMyAdmin

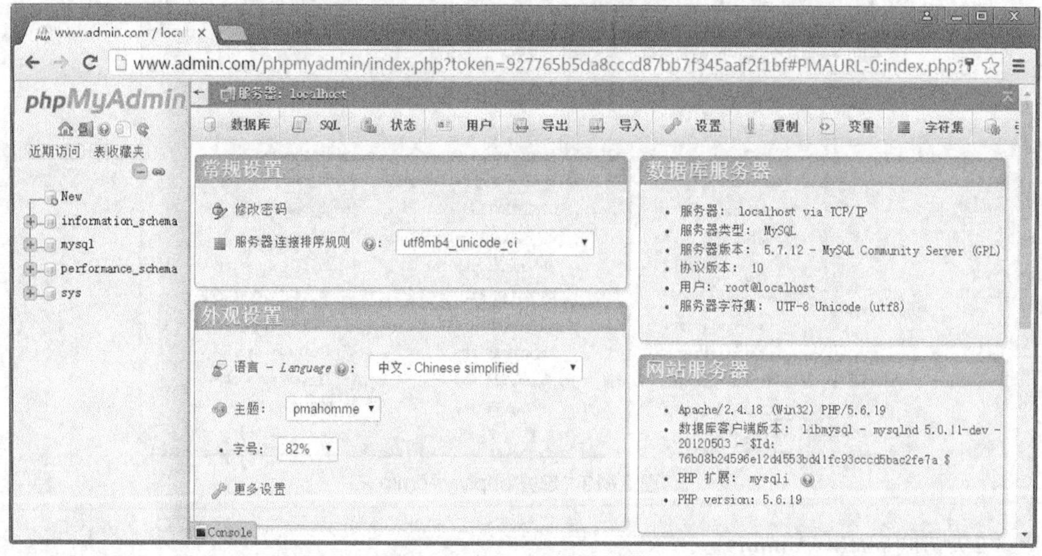

图 2-15　使用 phpMyAdmin

模块二　数据库基础

对于内容管理系统来说，数据是很宝贵的资源。因此，不论从安全可靠，还是从后期维护等方面考虑，数据库的使用是必不可少的。但是在使用数据库前，只有掌握了 SQL 语句的操作，才可以在项目中轻松实现对数据的管理，如数据资源的增加、删除、修改、查看等。

通过本模块的学习，读者对于知识的掌握需达到如下程度。

- 掌握数据库的基本操作，如增、删、改、查等。
- 掌握 MySQL 的存储引擎和数据类型分类及各自的特点。
- 掌握数据表的基本操作，如增、删、改、查等。
- 掌握表的约束，学会使用不同的约束操作数据表。
- 掌握单表查询，如字段、条件、聚合函数查询。
- 熟悉多表操作，如连接查询和子查询。

任务一　数据库基本操作

在项目开发时，若要使用数据库存储数据，掌握数据库的基本操作是首要任务。接下来将对数据库的创建、查看、选择和删除进行详细的讲解。

1. 创建数据库

创建数据库就是在数据库系统中划分一块存储数据的空间，基本语法格式如下。

```
CREATE DATABASE 数据库名称;
```

下面创建一个名称为 itcast 的数据库，具体 SQL 语句如下。

```
CREATE DATABASE `itcast`;
```

需要注意的是，为了避免用户自定义的名称与系统命令冲突，最好使用反引号（` `）包裹数据库名称、字段名称和数据表名称。运行效果如图 2-16 所示。

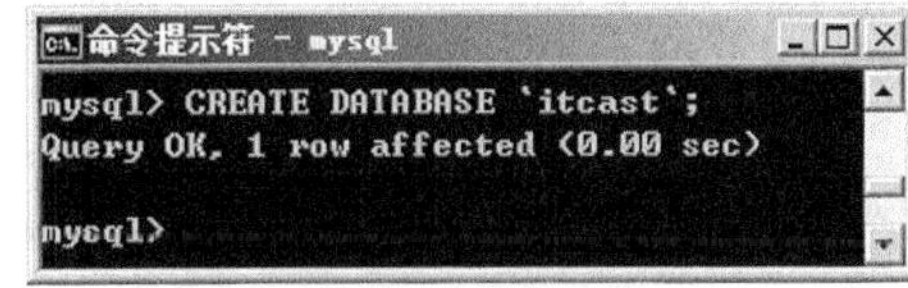

图 2-16　创建数据库

值得一提的是，如果创建的数据库已存在，则程序会报错。因此，为了防止此情况的发生，在创建数据库时可以使用“IF NOT EXISTS”，具体示例如下。

```
CREATE DATABASE IF NOT EXISTS `itcast`;
```

上述 SQL 语句表示，若 MySQL 数据库服务器中不存在名称为 itcast 的数据库时，创建该数据库，否则不执行创建数据库 itcast 的操作。

2. 查看数据库

在完成创建数据库后，若要查看该数据库的信息，可以使用如下命令。

```
SHOW CREATE DATABASE 数据库名称;
```

接下来使用此命令查看前面创建的数据库 itcast，SQL 语句如下。

```
SHOW CREATE DATABASE `itcast`;
```

执行完上述 SQL 语句后，结果如图 2-17 所示。

```
命令提示符 - mysql
mysql> SHOW CREATE DATABASE `itcast`;
+----------+------------------------------------------------------------------+
| Database | Create Database                                                  |
+----------+------------------------------------------------------------------+
| itcast   | CREATE DATABASE `itcast` /*!40100 DEFAULT CHARACTER SET latin1 */ |
+----------+------------------------------------------------------------------+
1 row in set (0.00 sec)

mysql> _
```

图 2-17　查看 itcast 数据库信息

从图 2-17 可以看出，数据库的名称为 itcast，默认编码方式为 latin1。

当需要查看 MySQL 数据库服务器中已经存在的数据库时，可以使用如下语句。

```
SHOW DATABASES;
```

执行完上述 SQL 语句后，结果如图 2-18 所示。从图中可以看出，数据库服务器中已有 5 个数据库。其中，除了“itcast”数据库是手动创建的数据库外，其他数据库都是 MySQL 安装时自动创建的。

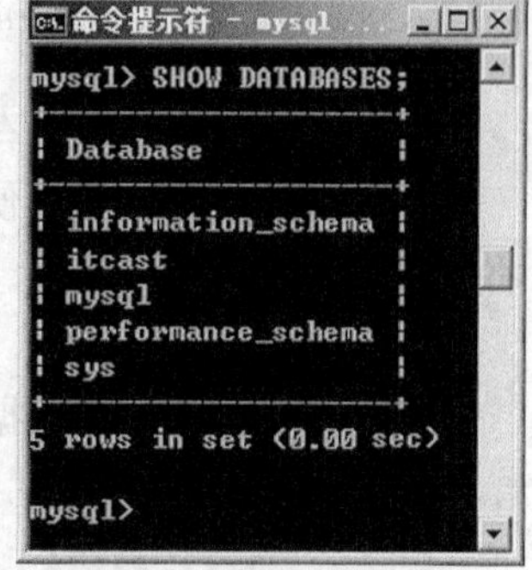

图 2-18 查看数据库

注意

由于 MySQL 命令行工具在简体中文版 Windows 系统中是运行在 GBK 编码环境的，而 MySQL 服务器默认并非使用这种编码，为了避免不同编码导致的问题，推荐读者在登录 MySQL 后执行“SET NAMES gbk;”语句告诉 MySQL 服务器使用 GBK 编码进行通信。其中，SET NAMES 命令只对本次访问有效，如果退出访问，下次还需要再次输入此命令。

3. 选择数据库

数据库服务器中可能存在多个数据库，在存取数据前，需要进行选择，命令如下。

```
USE 数据库名称;
```

接下来选择数据库 itcast 进行操作，SQL 语句如下。

```
USE `itcast`;
```

4. 删除数据库

若要删除 MySQL 数据库服务器中的某个数据库，可以使用以下 SQL 命令。

```
DROP DATABASE 数据库名称;
```

值得一提的是，数据库的删除操作不仅会删除里面的数据，还会回收原来分配的存储空间。

接下来删除数据库 itcast，SQL 语句如下。

```
DROP DATABASE `itcast`;
```

其中，在使用“DROP DATABASE”命令删除数据库时，若待删除数据库不存在，MySQL 服务器会报错。因此，可以在删除数据库时，使用“IF EXISTS”，示例如下：

```
DROP DATABASE IF EXISTS `itcast`;
```

在上述 SQL 语句中，若 MySQL 数据库服务器中存在数据库 itcast，则删除该数据库，否则不执行删除数据库 itcast 的操作。

任务二　数据表基本操作

1. 数据类型

数据表在创建时，需为每个字段选择数据类型，而数据类型的选择则决定着数据的存储格式、有效范围和相应的限制。如一个需要 10 个字符宽度的字段，若将其宽度设为 2 个，则数据在存储时会发生错误；若将其宽度设为 100，则会剩余 90 个字符的宽度。因此，选择合适的数据类型对数据库的优化也很重要。

MySQL 提供了多种数据类型，主要分为 3 类：数值类型、字符串类型、日期与时间类型。下面将针对这些数据类型进行详细的讲解。

（1）数值类型

MySQL 提供了很多数值类型，大体可以分为整数类型和浮点类型。而整数类型根据取值范围又分为 INT、SMALLINT 等，常见的整数类型如表 2-10 所示；浮点类型又分为 FLOAT、DECIMAL 等，常见的浮点类型如表 2-11 所示。

表 2-10　整数类型

数据类型	字节数	取值范围	说明
TINYINT	1	有符号：-128～127 无符号：0～255	最小的整数
SMALLINT	2	有符号：-32 768～32 767 无符号：0～65 535	小型整数
MEDIUMINT	3	有符号：-8 388 608～8 388 607 无符号：0～16 777 215	中型整数
INT	4	有符号：-2 147 483 648～2 147 483 647 无符号：0～4 294 967 295	常规整数
BIGINT	8	有符号：-9 223 372 036 854 775 808～9 223 372 036854 775 807 无符号：0～18 446 744 073 709 551 615	较大的整数

表 2-11　浮点类型

数据类型	字节数	取值范围	说明
FLOAT	4	负数：-3.402 823 466E+38~-1.175 494 351E-38 非负数：0 和 1.175 494 351E-38~3.402 823 466E+38	单精度
DOUBLE	8	负数：-1.797 693 134 862 315 7E+308~-2.225 073 858 507 201 4E-308 非负数：0 和 2.225 073 858 507 201 4E-308 ~1.797 693 134 862 315 7E+308	双精度
DECIMAL(M,D)	-	总位数（M）最多为 65，小数位数（D）最多为 30，整数位数为 M-D	定点数

在表 2-11 中，DECIMAL 类型的有效取值范围是由 M 和 D 决定的。其中，M 表示数据长度，D 表示小数点后的长度。例如，数据类型设为 DECIMAL(4,1)，将 3.1415926 插入到数据库后，显示的结果为 3.1。

（2）字符串类型

项目开发时，需要存储的数据多数是字符串格式的，因此 MySQL 提供了许多用于存储字符串的数据类型。表 2-12 列举了常见的字符串类型。

表 2-12　字符串类型

数据类型	取值范围	说明
CHAR	$0\sim2^8-1$(字符)	用于表示固定长度的字符串
VARCHAR	$0\sim2^8-1$(字符)	用于表示可变长度的字符串
TINYBLOB	$0\sim2^8-1$(字节数)	用于表示二进制大数据（较小的）
TINYTEXT	$0\sim2^8-1$(字节数)	用于表示大文本数据（较小的）
BLOB	$0\sim2^{16}-1$(字节数)	用于表示二进制大数据（常规的）
TEXT	$0\sim2^{16}-1$(字节数)	用于表示大文本数据（常规的）
MEDIUMBLOB	$0\sim2^{24}-1$(字节数)	用于表示二进制大数据（中等的）
MEDIUMTEXT	$0\sim2^{24}-1$(字节数)	用于表示大文本数据（中等的）
LONGBLOB	$0\sim2^{32}-1$(字节数)	用于表示二进制大数据（较大的）
LONGTEXT	$0\sim2^{32}-1$(字节数)	用于表示大文本数据（较大的）
ENUM	$0\sim2^{16}-1$(字节数)	表示枚举类型，只能存储一个枚举字符串值

在表 2-12 中，BLOB 和 TEXT 都是用于存储大量数据的，但二者的区别在于，对于存储的数据进行排序和比较时，BLOB 是区分大小写的，而 TEXT 是不区分大小写的。

（3）日期与时间类型

为方便在数据库中存储日期和时间，MySQL 提供了几种相关的数据类型，这些数据类型可以根据实际开发灵活选择，具体如表 2-13 所示。

表 2-13　日期与时间类型

数据类型	功能说明
DATE	用于存储日期，存储格式为 YYYY-MM-DD 例如，2008-12-24
TIME	用于存储时间，存储格式为 HH:MM:SS 例如，14:25:10
DATETIME	用于存储日期和时间，存储格式为 YYYY-MM-DD HH:MM:SS
TIMESTAMP	用于存储时间戳，存储格式为 YYYY-MM-DD HH:MM:SS
YEAR(M)	用于存储年份，M 用于指定年份的长度，其值为 2 或 4 中的一种

2. 存储引擎

在数据库中，数据表设计得是否合理直接影响着数据库的功效，而在设计数据表时存储引擎的选择，则决定着数据表具有哪些功能。因此，接下来将对 MySQL 常用存储引擎及其作用进行介绍。

（1）InnoDB 存储引擎

InnoDB 存储引擎自 MySQL 5.5 版本起被指定为默认的存储引擎，用于完成事务、回滚、崩溃修复和多版本并发控制的事务安全处理。同时也是 MySQL 中第一个提供外键约束的表引擎，尤其对事务处理的能力，是 MySQL 其他存储引擎所无法与之比拟的。

InnoDB 存储引擎的优势在于提供了良好的事务管理、崩溃修复能力和并发控制，缺点是其读写效率一般。

（2）MyISAM 存储引擎

MyISAM 存储引擎是基于 ISAM 存储引擎发展起来的，它不仅解决了 ISAM 的很多不足，还增加了很多有用的扩展。其中，对于使用 MyISAM 存储引擎的数据表，会被存储成 3 个文件，文件名与表名相同，文件扩展名分别为.frm、.myd 和.myi，具体描述如表 2-14 所示。

表 2-14 MyISAM 存储引擎的相关文件

扩展名	功能说明
frm	用于存储表的结构
myd	用于存储数据，是 MyData 的缩写
myi	用于存储索引，是 MyIndex 的缩写

相比 InnoDB 存储引擎，MyISAM 的优点是处理速度快，缺点是不支持事务的完整性和并发性。

（3）MEMORY 存储引擎

MEMORY 存储引擎，是 MySQL 中的一类特殊的存储引擎。在 MEMORY 存储引擎的表中，所有数据都保存在内存中，因此数据的处理速度快，但不能持久保存（程序出错或关机时会丢失数据），而且不能存储太大的数据。对于需要很快的读写速度，但数据量小、不需要持久保存的数据来说，MEMORY 存储引擎是一个理想的选择。

（4）ARCHIVE 存储引擎

ARCHIVE 存储引擎适合保存数量庞大、长期维护但很少被访问的数据。对于使用 ARCHIVE 存储引擎的数据表，数据存储时会利用 zlib 压缩库进行压缩，在记录被请求时会实时进行解压。需要注意的是，ARCHIVE 存储引擎仅仅支持查询和插入操作，且由于不支持数据索引，查询效率比较低。

若要查看 MySQL 当前支持哪些存储引擎，可以使用以下 SQL 命令进行查看。

```
SHOW ENGINES;
```

执行完上述 SQL 语句后，结果如图 2-19 所示。

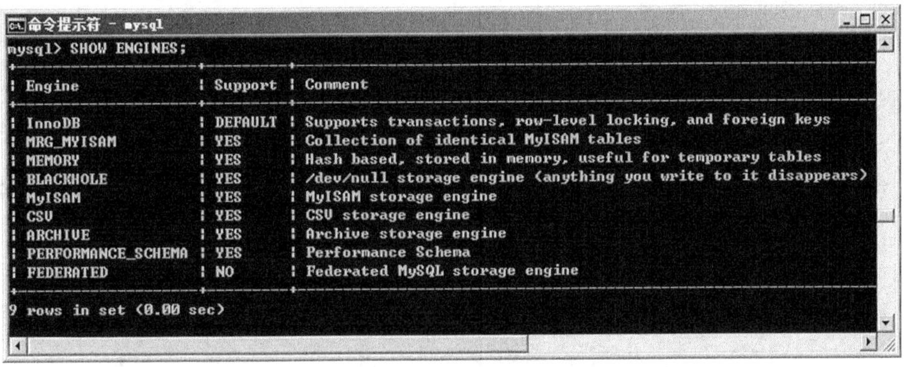

```
命令提示符 - mysql
mysql> SHOW ENGINES;
+--------------------+---------+----------------------------------------------------------------+
| Engine             | Support | Comment                                                        |
+--------------------+---------+----------------------------------------------------------------+
| InnoDB             | DEFAULT | Supports transactions, row-level locking, and foreign keys     |
| MRG_MYISAM         | YES     | Collection of identical MyISAM tables                          |
| MEMORY             | YES     | Hash based, stored in memory, useful for temporary tables      |
| BLACKHOLE          | YES     | /dev/null storage engine (anything you write to it disappears) |
| MyISAM             | YES     | MyISAM storage engine                                          |
| CSV                | YES     | CSV storage engine                                             |
| ARCHIVE            | YES     | Archive storage engine                                         |
| PERFORMANCE_SCHEMA | YES     | Performance Schema                                             |
| FEDERATED          | NO      | Federated MySQL storage engine                                 |
+--------------------+---------+----------------------------------------------------------------+
9 rows in set (0.00 sec)
```

图 2-19 查看存储引擎

在图 2-19 所示语句中，Engine 字段表示储存引擎的名称；Support 字段表示 MySQL 是否支持该类引擎；Comment 字段是对该引擎的评论与描述。

从查询结果中可以看出，InnoDB 是 MySQL 的默认储存引擎。但在应用中，需要根据实际情况分析决定具体使用哪种存储引擎。

3. 数据表操作

在数据库中，表是最基本的数据对象，用于存放数据。若要对数据表进行基本的操作，如创建数据表、修改表结构、数据表更名或删除数据表等，则需先选择数据库；否则，数据库服务器会提示“No database selected”错误。下面将对表的基本操作进行详细的讲解。

（1）创建数据表

在 MySQL 数据库中，使用 CREATE TABLE 语句创建数据表，其基本语法格式如下。

```
CREATE [TEMPORARY] TABLE [IF NOT EXISTS] 数据表名
[(
col_name  type [完整性约束条件],
col_name  type [完整性约束条件],
…
)][table_options] [select_statement];
```

在上述语法格式中，“[]”表示可选项；“完整性约束条件”指的是字段的某些特殊约束条件。关于表的约束，将会在数据约束部分进行详细讲解，此处读者了解语法格式即可。

CREATE TABLE 语句的参数说明如表 2-15 所示。

表 2-15　CREATE TABLE 语句的参数说明

参数名称	功能说明
TEMPORARY	如果使用该关键字，表示创建一个临时表
IF NOT EXISTS	如果表已经存在则不执行创建操作
col_name	字段名
type	字段类型
table_options	表的一些特性参数
select_statement	用于根据 SELECT 语句的查询结果创建表

以上就是创建数据表的基本格式，看似十分复杂，但是在实际应用中却非常方便简单。下面就通过实际操作进行演示。

① 在数据库中创建一个 itcast 数据库，SQL 语句如下。

```
CREATE DATABASE `itcast`;
USE `itcast`;
```

② 创建用户表 user，该表中有字段编号 id、用户名 user、密码 password，具体 SQL 如下。

```
CREATE TABLE IF NOT EXISTS `user`(
  `id` INT UNSIGNED COMMENT '编号',
  `name` VARCHAR(32) COMMENT '用户名',
  `password` VARCHAR(32) COMMENT '密码'
)DEFAULT CHARSET=utf8;
```

上述 SQL 语句中，UNSIGNED 用于设置字段数据类型是无符号的，COMMENT 表示注释内容，“DEFAULT CHARSET=utf8”用于设置该表的默认字符编码为“utf8”。

值得一提的是，在对数据表进行操作时，表名的位置也可以写成“数据库.表名”的形式，通过这种形式，将不需要使用“USE”选择数据库。

（2）查看数据库中的表

在选择数据库之后，如果想要查看某数据库中存在哪些数据表，可以使用如下 SQL 语句。

```
SHOW TABLES;
```

上述语句运行执行后，结果如图 2-20 所示。可以看出，当前数据库中只有 user 一张数据表。

（3）查看表结构

对于已经创建的数据表，如果要查看表的结构，MySQL 提供了 3 种方法，分别为 SHOW CREATE TABLE、DESCRIBE、SHOW COLUMNS，具体使用示例如下。

① SHOW CREATE TABLE

此种方式可以查看数据表的创建语句和表的字符编码，下面以查看 user 表为例，具体 SQL 如下。

```
SHOW CREATE TABLE `user`\G
```

在上述 SQL 语句中，“\G”用于将显示结果纵向排列，执行结果如图 2-21 所示。

图 2-20 查看数据库中的表

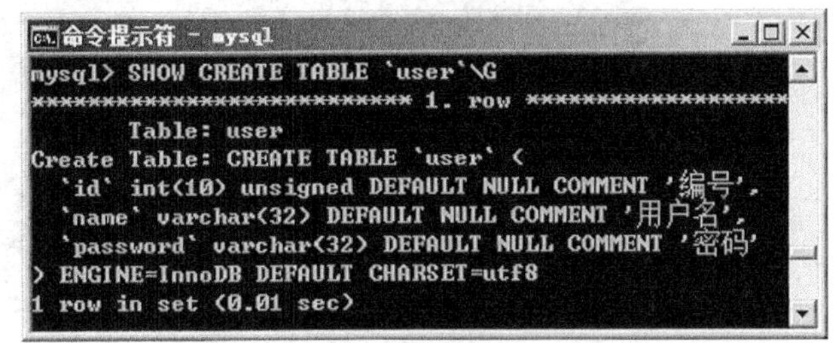

图 2-21 查看数据表创建语句

② DESCRIBE

在 MySQL 中，DESCRIBE 语句以简写成 DESC，用于查看表的字段信息，语法格式如下。

```
DESCRIBE 数据表名;
```

在查看时，还可以指定查看某一列的信息，语法格式如下。

```
DESCRIBE 数据表名 列名;
```

以查看数据表 user 中的所有字段，和指定字段 name 为例，SQL 语句如下。

```
DESC `user`;
DESC `user` `name`;
```

执行 SQL 语句后，运行结果如图 2-22 所示。

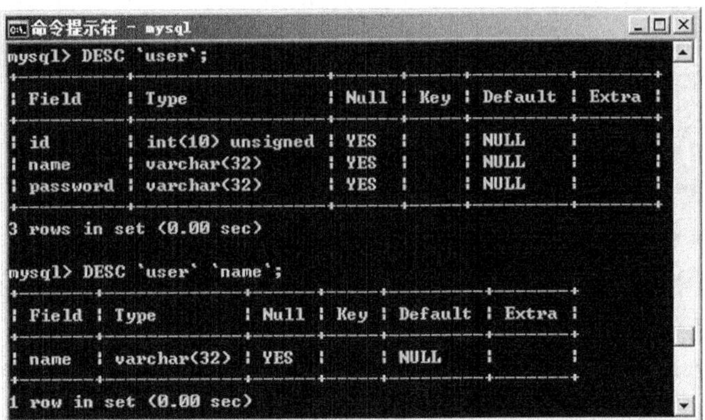

图 2-22 使用 DESC 查看表结构

③ SHOW COLUMNS

使用 MySQL 数据库中的 SHOW COLUMNS 语句也可以查看表结构，具体语法格式如下。

```
# 语法格式 1
SHOW [FULL] COLUMNS  FROM 数据表名 [FROM 数据库名];
# 语法格式 2
SHOW [FULL] COLUMNS  FROM 数据库名.数据表名;
```

上述语法格式中，以“#”开始部分是注释；FULL 是可选项，加上 FULL 表示显示详细内容。下面使用 SHOW COLUMNS 语句查看 user 表的结构，SQL 语句如下。

```
SHOW COLUMNS FROM `user`;
```

执行 SQL 运行结果如图 2-23 所示。

```
mysql> SHOW COLUMNS FROM `user`;
+----------+------------------+------+-----+---------+-------+
| Field    | Type             | Null | Key | Default | Extra |
+----------+------------------+------+-----+---------+-------+
| id       | int(10) unsigned | YES  |     | NULL    |       |
| name     | varchar(32)      | YES  |     | NULL    |       |
| password | varchar(32)      | YES  |     | NULL    |       |
+----------+------------------+------+-----+---------+-------+
3 rows in set (0.00 sec)
```

图 2-23　SHOW COLUMNS 查看表结构

（4）修改表结构

对于创建好的数据表，有时会根据项目要求对其结构进行修改。修改表结构是指增加或者删除字段、修改字段名称或者字段类型、修改表名等，具体语法格式如下。

```
ALTER TABLE 数据表名
ADD [COLUMN] create_definition [FIRST | AFTER column_name ]    # 添加新字段
  |  CHANGE [COLUMN] old_col_name new_col_name  type           # 修改字段名称及类型
  |  MODIFY [COLUMN] create_definition                         # 修改子句定义字段
  |  DROP [COLUMN] col_name                                    # 删除字段
  |  RENAME [AS] new_tbl_name                                  # 更改表名
```

在上述语法中，ALTER TABLE 语句允许指定多个动作，动作间使用英文逗号（,）分隔，每个动作表示对表的一个修改。

为了便于读者理解，下面对数据库 itcast 中的 user 数据表进行修改操作。

① 添加新的字段

为 user 数据表添加描述字段 desc，要求数据类型为 CHAR(100)，具体 SQL 语句如下。

```
ALTER TABLE `user` ADD `desc` CHAR(100);
```

② 修改字段名称及类型

将 user 数据表中的描述字段 desc 的名称修改为 description，数据类型修改为 VARCHAR(100)，具体 SQL 语句如下。

```
ALTER TABLE `user` CHANGE `desc` `description` VARCHAR(100);
```

需要注意的是，在使用“CHANGE”时，必须为新字段名称设置数据类型，即使与原来的数据类型相同，也必须进行重新设置。此外，当修改后的数据类型无法容纳原有数据时，修改将会失败。

③ 修改字段数据类型

修改 user 数据表中的 description 字段，将其数据类型由 VARCHAR(100)改为 VARCHAR(255)，具体 SQL 语句如下。

```
ALTER TABLE `user` MODIFY `description` VARCHAR(255);
```

④ 删除字段

删除 user 数据表中的字段 description，具体 SQL 语句如下。

```
ALTER TABLE `user` DROP `description`;
```

⑤ 更改表名称

将数据表 user 的名称修改为 new_user，具体 SQL 语句如下。

```
ALTER TABLE `user` RENAME `new_user`;
```

（5）重命名表

MySQL 中还提供了 RENAME TABLE 语句，用于修改数据表的名称，具体语法格式如下。

```
RENAME TABLE 原数据表名 TO 新数据表名;
```

在上述语法中，该语句可以同时对多个数据表进行重命名，多个表之间以逗号“,”分隔。下面将数据表“new_user”重命名为“user”，具体 SQL 语句如下。

```
RENAME TABLE `new_user` TO `user`;
```

（6）删除表

删除数据表使用 DROP TABLE 语句即可实现，语法格式如下。

```
DROP TABLE [IF EXISTS] 数据表名;
```

在上述语法中，可选项“IF EXISTS”用于在删除一个不存在的数据表时，防止产生错误。下面以删除数据表“user”为例进行演示，SQL 语句如下。

```
DROP TABLE IF EXISTS `user`;
```

在开发时，应谨慎使用数据表删除操作，因为数据表一旦被删除，表中的所有数据都将被清除。

4. 数据约束

在 MySQL 中，为了减少输入错误和保证数据的完整性，可以对字段设置约束。所谓约束就是一种命名规则和机制，通过对数据的增、删、改操作进行一些限制，以保证数据库中数据的完整性。常见的表约束有 5 种，分别为主键约束、非空约束、默认约束、唯一约束和外键约束。

MySQL 提供了两种定义约束的方式：列约束和表约束。列约束定义在一个列上，只能对该列起约束作用，表约束一般定义在一个表的多个列上，要求被约束的列满足一定的关系。

接下来将对这几种常用的数据约束进行详细的讲解。其中，由于外键约束的使用比较复杂，涉及多表操作，将在后面的项目中讲解。

（1）非空约束 NOT NULL

非空约束就是指被约束的当前字段的值不能为空值 NULL。在 MySQL 中，非空约束是通过 NOT NULL 定义的，其基本语法格式如下。

```
字段名 数据类型 NOT NULL;
```

在 MySQL 中，所有数据类型的值都可以是 NULL，包括 INT、FLOAT 等数据类型。需要注意的是，空字符串和 0 皆不属于空值 NULL。

例如，创建数据表 user，指定表中的 name 字段不能为空，具体 SQL 语句如下。

```
CREATE TABLE `user`(
  `id` INT NOT NULL,
  `name` VARCHAR(20) NOT NULL
)DEFAULT CHARSET=utf8;
```

从上述示例中可以看出，同一个数据表中可以定义多个非空字段。

（2）唯一约束 UNIQUE

唯一约束用于保证数据表中字段的唯一性，即表中字段的值不能重复出现。唯一约束是通过 UNIQUE 定义的，其基本的语法格式如下。

```
# 列级约束
字段名 数据类型 UNIQUE;
# 表级约束
UNIQUE(字段名 1, 字段名 2,……);
```

从上述语法可知，唯一约束既支持列约束也支持表约束。其中，在创建唯一约束时，虽然不允许出现重复的值，但是可以出现多个空值 NULL。同一个表中可以有多个唯一约束。

例如，创建数据表 user，要求用户名 name 字段不能为空，且不能重复，具体 SQL 语句如下。

```
CREATE TABLE `user`(
  `id` INT,
  `name` VARCHAR(20) NOT NULL UNIQUE
)DEFAULT CHARSET=utf8;
```

（3）主键约束 PRIMARY KEY

在创建数据表时，通常利用 PRIMARY KEY 定义主键约束，用于唯一标识表中的记录，类似指纹、身份证用于标识人的身份一样。

主键约束相当于唯一约束和非空约束的组合，要求被约束字段不允许重复，也不允许出现空值；每个表最多只允许含有一个主键，建立主键约束可以在列级别创建，也可以在表级别上创建，其基本的语法格式如下。

```
# 列级约束
字段名 数据类型  PRIMARY KEY
# 表级约束
PRIMARY KEY (字段名 1,字段名 2,……)
```

从上述语法可以看出，主键约束可以由一个字段构成单字段主键，也可以由多个字段组成复合主键。

例如，创建数据表 user，要求编号 id 是无符号整型、自动增长的主键，具体 SQL 语句如下。

```
CREATE TABLE `user`(
  `id` INT UNSIGNED PRIMARY KEY AUTO_INCREMENT,
  `name` VARCHAR(20) NOT NULL UNIQUE
)DEFAULT CHARSET=utf8;
```

在上述 SQL 语句中，id 字段中的 UNSIGNED 表示无符号，AUTO_INCREMENT 表示该字段是自动增长的。

（4）默认约束 DEFAULT

默认约束用于指定数据表中字段的默认值，即当在表中插入一条新记录时，如果没有给这个字段赋值，会自动使用默认值。默认值是通过 DEFAULT 关键字定义的，其基本的语法格式如下。

```
字段名 数据类型 DEFAULT 默认值;
```

例如，创建数据表 user，指定 area 字段默认值为空字符串，具体 SQL 语句如下。

```
CREATE TABLE `user`(
  `id` INT UNSIGNED PRIMARY KEY AUTO_INCREMENT,
  `name` VARCHAR(20) NOT NULL UNIQUE,
  `area` VARCHAR(100) DEFAULT ''
)DEFAULT CHARSET=utf8;
```

任务三　项目数据库创建

前面已经学习了数据库、数据表的基本操作和数据约束的使用。下面以设计内容管理系统数据库为例，讲解在实际项目中如何创建数据库和数据表，具体步骤如下。

（1）创建并选择数据库

创建内容管理系统项目的数据库，将数据库命名为“itcast_cms”，SQL 语句如下。

```
# 创建数据库
CREATE DATABASE `itcast_cms`;
# 选择数据库
USE `itcast_cms`;
```

（2）创建管理员表

管理员表用于保存项目的后台管理员信息，SQL 语句如下。

```
CREATE TABLE `cms_admin`(
  `id` INT UNSIGNED PRIMARY KEY AUTO_INCREMENT,
  `name` VARCHAR(10) NOT NULL UNIQUE COMMENT '用户名',
  `password` VARCHAR(32) NOT NULL COMMENT '密码'
)DEFAULT CHARSET=utf8;
```

从上述 SQL 语句可以看出，管理员表的表名为“cms_admin”，表中有 id、name、password 3 个字段。

（3）创建栏目表

栏目表用于保存文章所属的栏目，SQL 语句如下。

```
CREATE TABLE `cms_category`(
  `id` INT UNSIGNED PRIMARY KEY AUTO_INCREMENT,
  `pid` INT UNSIGNED NOT NULL COMMENT '父级 ID',
  `name` VARCHAR(15) NOT NULL COMMENT '名称',
  `sort` INT NOT NULL COMMENT '排序'
)DEFAULT CHARSET=utf8;
```

在上述 SQL 语句中，共有 id、pid、name、sort 四个字段。其中 pid 表示该栏目的上级栏目 ID，当为一个栏目添加子栏目时，子栏目的 pid 保存父栏目的 ID；sort 是栏目的排序值，数值越小表示排列顺序越靠前，在查询栏目列表时将根据此字段进行排序。

（4）创建文章表

文章表用于保存项目中所有的文章信息，SQL 语句如下。

```
CREATE TABLE `cms_article`(
  `id` INT UNSIGNED PRIMARY KEY AUTO_INCREMENT,
  `cid` INT UNSIGNED NOT NULL COMMENT '栏目 ID',
  `title` VARCHAR(80) NOT NULL COMMENT '标题',
  `author` VARCHAR(15) NOT NULL COMMENT '作者',
  `thumb` VARCHAR(255) NOT NULL COMMENT '封面图',
  `show` ENUM('yes','no') DEFAULT 'yes' NOT NULL COMMENT '是否发布',
  `views` INT UNSIGNED DEFAULT 0 NOT NULL COMMENT '点击量',
  `time` TIMESTAMP DEFAULT CURRENT_TIMESTAMP NOT NULL COMMENT '创建时间',
  `content` TEXT NOT NULL COMMENT '内容',
  `keywords` VARCHAR(150) NOT NULL COMMENT '关键字',
  `description` VARCHAR(255) NOT NULL COMMENT '内容简介'
)DEFAULT CHARSET=utf8;
```

在上述 SQL 中，id 是表的主键；cid 是文章所属栏目的 ID；show 表示文章是否发布，是枚举类型的字段，其值只有 yes 和 no 两种，默认是 yes；time 表示创建时间，默认值是当前时间。

完成项目数据库的创建后，在后面的项目代码实现步骤中，会直接使用这里创建的数据库。

任务四　数据的管理

通过前两个任务的学习，对于数据库和数据表的基本操作已经有了一定的了解。项目开发时，对数据的操作是必不可少的，例如，插入数据、查询数据、更新数据及删除数据。接下来就开始讲解如何对存储在数据库中的数据进行管理。

1. 插入记录

在对数据库进行管理时，若想要操作数据，需要先保证数据表中存在数据。MySQL 使用 INSERT 语句向数据表中添加数据，其基本语法格式如下。

```
INSERT INTO 表名 (字段名 1, 字段名 2, ……) VALUES (值 1, 值 2, ……);
```

在上述语法格式中，“字段名 1,字段名 2,……”表示数据表中的字段名称，此处既可以是表中所有字段的名称也可以是表中指定字段的名称；“值 1,值 2,……”表示每个字段的值，每个值的顺序与类型必须与其对应的字段相互匹配。其中，若一次插入多条记录，各个记录值列表之间以逗号“,”分隔即可。

为了便于掌握，下面以操作内容管理系统的栏目表 cms_category 为例，演示插入记录的各种使用方法。具体示例如下。

（1）为所有字段插入记录

在 MySQL 中，为所有字段插入记录时，有两种写法，一种是在插入时带上字段列表，另一种是省略字段列表，具体 SQL 语句如下。

① 带字段列表

```
INSERT INTO `cms_category`(`id`, `pid`, `name`, `sort`)
VALUES (1, 1, '社科', 0);
```

在上述字段列表中字段名称的书写顺序可以随意更改，只要保证值列表中的数据与其相对应即可。例如，上述 SQL 语句也可以改成如下形式。

```
INSERT INTO `cms_category`(`name`, `id`, `pid`, `sort`)
VALUES ('社科', 1, 1, 0);
```

② 省略字段列表

```
INSERT INTO `cms_category` VALUES (2, 1, '文艺', 0);
```

当省略字段列表执行插入操作时，则必须严格按照数据表定义字段时的顺序，在值列表中为字段指定相应的数据。

执行上述两种 SQL 语句，运行结果如图 2-24 所示。

（2）为指定字段插入记录

在数据表 cms_category 中，id 字段是一个自动增加的整数，因此在执行时可以不对其进行插入操作，具体 SQL 语句如下。

```
INSERT INTO `cms_category`(`pid`, `name`, `sort`) VALUES (1, '生活', 0);
```

为了查看已添加的数据，以及 id 字段值的变化，可以使用 SELECT 语句查看数据表中的所有记录，具体 SQL 语句如下：

```
SELECT * FROM `cms_category`;
```

在上述 SQL 语句中，"*"表示查询数据表中的所有字段，关于 SELECT 查询语句的相关知识将会在后面的任务中进行讲解，这里简单了解即可。SQL 语句执行后，结果如图 2-25 所示。

```
mysql> INSERT INTO `cms_category`(`id`, `pid`, `name`, `sort`)
    -> VALUES (1, 1, '社科', 0);
Query OK, 1 row affected (0.00 sec)

mysql> INSERT INTO `cms_category` VALUES (2, 1, '文艺', 0);
Query OK, 1 row affected (0.00 sec)

mysql>
```

图 2-24　为所有字段插入记录

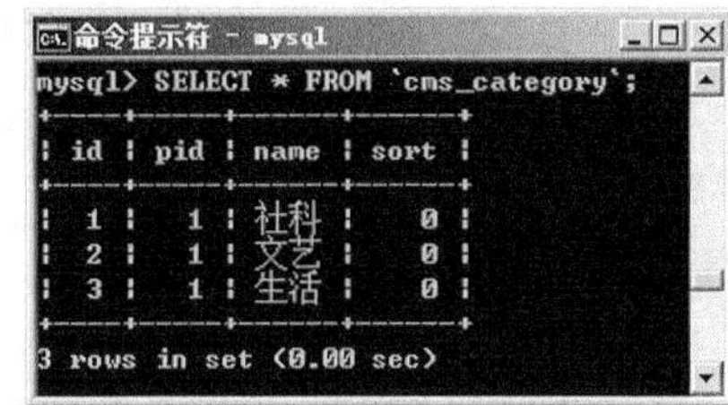

图 2-25　查看记录

除了上述的方式外，在 MySQL 中，INSERT 语句还有一种语法格式，可以为表中指定的字段或者全部字段添加数据，其语法格式如下。

```
INSERT INTO 表名 SET 字段名 1=值 1 [, 字段名 2=值 2,……];
```

在上述的语法格式中，"字段名 1""字段名 2"表示待添加数据的字段名称，"值 1""值 2"表示添加的数据。若在 SET 关键字后，为表中多个字段指定数据，每对"字段名=值"之间使用逗号（,）分隔，具体示例如下。

```
INSERT INTO `cms_category` SET `pid`=1, `name`='学术', `sort`=0;
```

（3）同时添加多条记录

对于需要同时添加多条记录而言，按照以上两种方式逐条添加数据非常麻烦。因此，可以使用一条 INSERT 语句添加多行记录，具体 SQL 语句如下。

```
INSERT INTO `cms_category` VALUES
(NULL, 1, '传记', 0),
(NULL, 1, '科普', 1),
```

```
(NULL, 3, '励志', 0),
(NULL, 3, '教育', 2);
```

在上述语句中，由于省略了字段列表，因此添加数据时，需要按照表的定义顺序插入。其中，id 字段是自动增长的字段，如果使用 NULL 值，MySQL 会自动为其填入一个值。执行 SQL 语句后，使用 SELECT 查询的结果如图 2-26 所示。

2. 修改记录

修改记录是数据库中常见的操作。例如，栏目表中的分类变更名称，就需要对其记录中的 name 字段值进行修改。MySQL 中使用 UPDATE 语句来更新表中的记录，其语法格式如下。

```
UPDATE 表名
SET 字段名 1 = 值 1 [,字段名 2 = 值 2,……]
[WHERE 条件表达式]
```

上述语法格式中，“字段名 1”“字段名 2”用于指定待更新的字段名称，“值 1”“值 2”用于设置字段更新后的新值；“WHERE 条件表达式”是可选的，用于指定哪些记录需要被更新。否则，数据表中的所有记录都将被更新。

下面以操作内容管理系统的栏目数据表 cms_category 为例，演示有条件更新记录和无条件更新记录的使用，具体如下。

（1）有条件更新数据

有条件更新记录，就是利用 WHERE 子句来指定更新表中的某一条或者某几条记录。例如，修改表 cms_category 中 id=7 的记录，将其 name 字段的值更改为“生活”，具体 SQL 语句如下。

```
UPDATE `cms_category` SET `name`='生活' WHERE id=7;
```

从 SELECT 查询结果可以看出，利用 UPDATE 修改记录成功，如图 2-27 所示。需要注意的是，如果表中有多条记录满足 WHERE 子句中的条件表达式，则满足条件的记录都会发生更新。

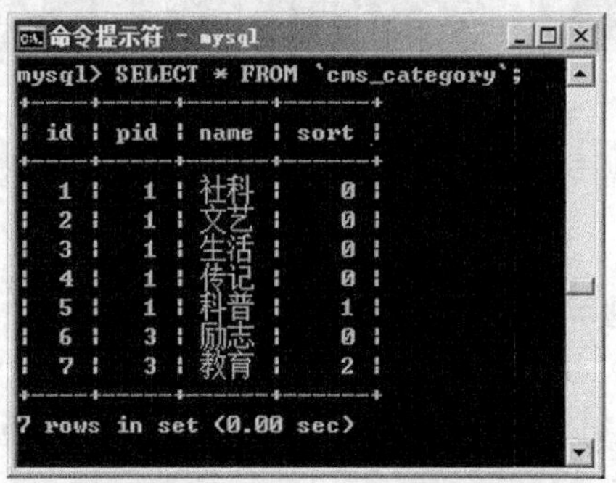

```
命令提示符 - mysql
mysql> SELECT * FROM `cms_category`;
+----+-----+------+------+
| id | pid | name | sort |
+----+-----+------+------+
|  1 |   1 | 社科 |    0 |
|  2 |   1 | 文艺 |    0 |
|  3 |   1 | 生活 |    0 |
|  4 |   1 | 传记 |    0 |
|  5 |   1 | 科普 |    1 |
|  6 |   3 | 励志 |    0 |
|  7 |   3 | 教育 |    2 |
+----+-----+------+------+
7 rows in set (0.00 sec)
```

图 2-26　同时添加多条记录

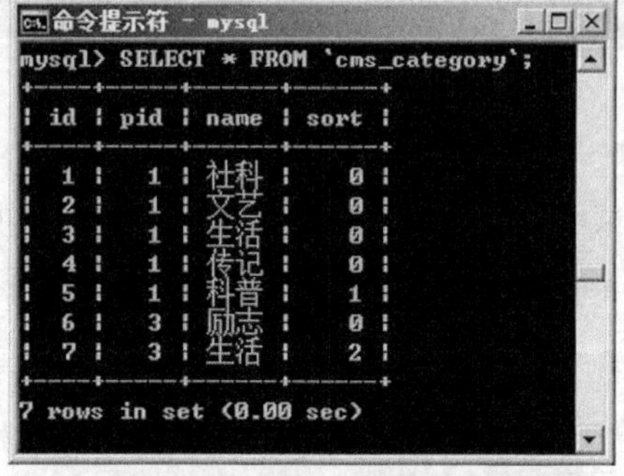

```
命令提示符 - mysql
mysql> SELECT * FROM `cms_category`;
+----+-----+------+------+
| id | pid | name | sort |
+----+-----+------+------+
|  1 |   1 | 社科 |    0 |
|  2 |   1 | 文艺 |    0 |
|  3 |   1 | 生活 |    0 |
|  4 |   1 | 传记 |    0 |
|  5 |   1 | 科普 |    1 |
|  6 |   3 | 励志 |    0 |
|  7 |   3 | 生活 |    2 |
+----+-----+------+------+
7 rows in set (0.00 sec)
```

图 2-27　有条件更新数据

（2）无条件更新数据

在执行 UPDATE 语句时，若没有使用 WHERE 子句，则会更新表中所有记录的指定字段。例如，修改表 cms_category 的排序字段 sort，将表中所有记录的字段值都更新为 50，具体 SQL 语句如下。

```
UPDATE `cms_category` SET `sort`= 50;
```

从 SELECT 查询结果可以看出，利用 UPDATE 修改所有记录成功，如图 2-28 所示。

3. 删除记录

在数据库中，若有些数据已经失去意义或者错误时，就需要将它们删除。此时，可以使用 MySQL 中提供的 DELETE 语句来删除表中的记录，其语法格式如下。

```
DELETE FROM 表名 [WHERE 条件表达式]
```

在上面的语法格式中，“表名”指的是待执行删除操作的表，WHERE 子句为可选参数，用于指定删除的条件，满足条件的记录才会被删除。

下面以操作内容管理系统的栏目数据表 cms_category 为例，演示删除部分数据和删除全部数据的使用，具体操作如下。

（1）删除部分数据

删除部分数据是指根据 WHERE 子句指定的判断条件，删除表中符合要求的一条或者某几条记录。例如，删除 cms_category 表中 pid=1 的记录，具体 SQL 语句如下。

```
DELETE FROM `cms_category` WHERE `pid`=1;
```

从执行结果可以看出，成功地删除了 5 条记录，利用 SELECT 语句查看执行后的结果，如图 2-29 所示。

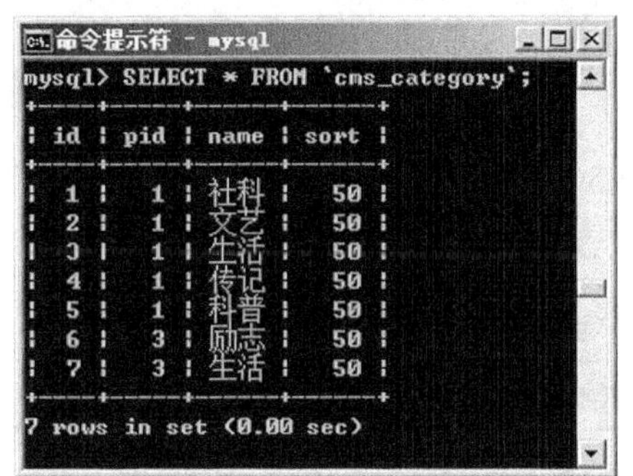

图 2-28　无条件更新数据

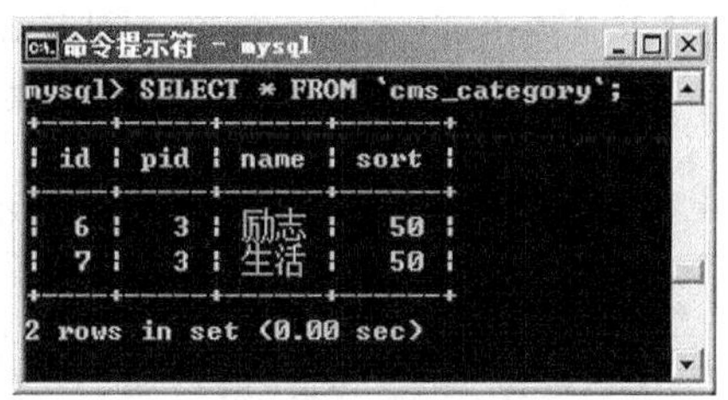

图 2-29　删除部分数据

（2）删除全部数据

删除全部数据就是在 MySQL 数据库中执行 DELETE 操作时，不设置 WHERE 子句判断条件。例如，删除 cms_category 表中所有的记录，具体 SQL 语句如下。

```
DELETE FROM `cms_category`;
```

从 SELECT 查询结果可以看到记录为空，说明表中所有的记录都被成功删除，如图 2-30 所示。需要注意的是，在实际开发中要慎重执行删除全部数据的操作，因为数据一旦被删除，就不可被恢复。

图 2-30　删除全部数据

除此之外，在 MySQL 数据库中，还有一种方式可以用来删除表中所有的记录，这种方式需要用到一个关键字 TRUNCATE，其语法格式如下。

```
TRUNCATE [TABLE] 表名
```

TRUNCATE 的语法格式很简单，只需要通过“表名”指定要清空的表即可，示例如下。

```
TRUNCATE `cms_category`;
```

对于同样用于删除数据表的操作，TRUNCATE 关键字与 DELETE 语句也有一定的区别，具体如下。

① DELETE 语句是 DML 语句，TRUNCATE 语句通常被认为是 DDL 语句。

② DELETE 语句后面可以跟 WHERE 子句，通过指定 WHERE 子句中的条件表达式只删除满足条件的部分记录，而 TRUNCATE 语句只能用于清空表中的所有记录。

③ 使用 TRUNCATE 语句删除表中的数据后，再次向表中添加记录时，自动增加字段的默认初始值重新由 1 开始，而使用 DELETE 语句删除表中的记录时，不影响自动增长值。

因此，在实际开发时具体使用哪种方式执行删除操作，需要根据实际需求进行合理的选择。

任务五　单表查询

1. 查询语句

SELECT 语句用于从数据表中查询数据，还可以利用查询条件完成不同的项目需求，其基本语法格式如下。

```
SELECT  [DISTINCT] *|{字段名 1, 字段名 2, 字段名 3,……}
FROM 表名
[WHERE 条件表达式 1]
[GROUP BY 字段名 [HAVING 条件表达式 2]]
[ORDER BY 字段名 [ASC|DESC]]
[LIMIT [OFFSET] 记录数]
```

从上述语法可知，SELECT 语句相对之前学过的 SQL 语句来说比较复杂。它由多个子句组成，关于各子句的含义如表 2-16 所示。

表 2-16　SELECT 子句说明

组成部分	功能说明
DISTINCT	可选参数，用于剔除查询结果中重复的数据
*	通配符，表示表中所有字段
{字段名 1,……}	指定查询列表，与“*”为互斥关系，两者任选其一
FROM	用于指定待查询的数据表
WHERE	可选参数，用于指定查询条件
GROUP BY	可选参数，用于将查询结果按照指定字段进行分组，“HAVING”也是可选参数，用于对分组后的结果进行过滤
ORDER BY	可选参数，用于将查询结果按照指定字段进行排序。ASC 表示升序，DESC 表示降序
LIMIT	可选参数，用于限制查询结果的数量。第 1 个参数表示偏移量，第 2 个参数设置返回查询记录的条数

以上就是 SELECT 语句的基本语法结构，此处了解即可。为了使读者更好地掌握这些功能，后面将根据不同的查询方式对 SELECT 语句的使用进行详细讲解。

2. 字段查询

根据实际需求，通过字段可以实现所有字段或是指定字段的查询。下面以内容管理系统的栏目表 cms_category 为例，演示单表字段的查询。

（1）准备测试数据

在查询前，需要先向数据表 cms_category 中插入几条记录，SQL 语句如下。

```
INSERT INTO `cms_category` VALUES
(NULL, 0, '资讯', 2),  (NULL, 0, '科技', 1),    (NULL, 0, '书城', 0),
(NULL, 1, '新闻', 0),  (NULL, 2, '互联网', 0),  (NULL, 3, 'PHP', 0),
(NULL, 3, 'Java', 1), (NULL, 3, 'Android', 2);
```

（2）查询所有字段

在查询所有字段时，可以使用通配符（*），其语法格式如下。

```
SELECT * FROM 表名;
```

利用通配符（*）查询出的数据，只能按照字段在表中定义的顺序显示，具体示例如下。

```
SELECT * FROM `cms_category`;
```

上述 SQL 语句的查询结果如图 2-31 所示。

需要注意的是，在项目开发时，除非需要获取表中所有字段的数据，否则最好不要使用通配符（*）进行数据查询，因为获取的数据过多会降低查询的效率。

（3）查询指定字段

查询数据时，最常用的是根据需求指定要查询的字段，这种方式只针对部分字段进行查询，不会查询所有字段，其语法格式如下。

```
SELECT 字段名 1, 字段名 2, …… FROM 表名;
```

在上述语法中，多个字段名称之间使用逗号“,”进行分隔，且查询出字段的顺序与表的定义顺序无关，只与查询时字段的编写顺序有关。

例如，查询数据表 cms_category 中的 id、name 和 pid 字段，SQL 语句如下。

```
SELECT `id`, `name`, `pid` FROM `cms_category`;
```

上述 SQL 语句的查询结果如图 2-32 所示。

```
命令提示符 - mysql
mysql> SELECT * FROM `cms_category`;
+----+-----+---------+------+
| id | pid | name    | sort |
+----+-----+---------+------+
|  1 |   0 | 资讯    |    2 |
|  2 |   0 | 科技    |    1 |
|  3 |   0 | 书城    |    0 |
|  4 |   1 | 新闻    |    0 |
|  5 |   2 | 互联网  |    0 |
|  6 |   3 | PHP     |    0 |
|  7 |   3 | Java    |    1 |
|  8 |   3 | Android |    2 |
+----+-----+---------+------+
8 rows in set (0.00 sec)
```

图 2-31　查询所有字段

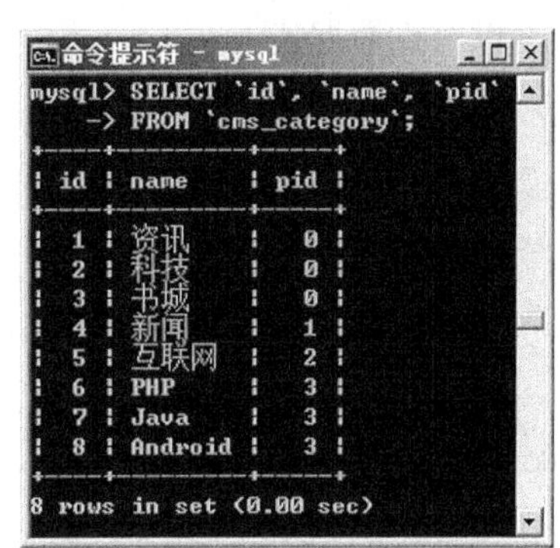

图 2-32　查询指定字段

在通过指定字段查询数据时，有时字段名称过长。为方便查询，可以通过 AS 子句来定义查询字段的别名，其语法如下。

```
SELECT 字段名称 [AS] 别名, 字段名 2 [AS] 别名, …… FROM 表名;
```

在上述语法中，若别名是纯数字，或含有空格等特殊字符时，必须使用反引号“`”包裹。且在为字段定义别名时，AS 可以省略，使用空格代替，示例如下。

```
SELECT `id` `i`, `name` AS `n` FROM `cms_category`;
```

上述 SQL 语句的查询结果如图 2-33 所示。

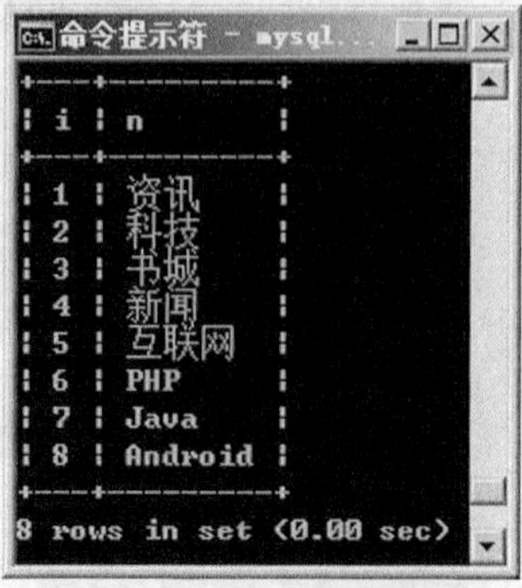

图 2-33　查询时指定别名

在编写 SQL 语句时，也可以使用同样的方式为数据表设置别名。例如，在对于多个表进行操作时，为了区别每个表的字段，则需要以“数据表.字段”的方式获取相关数据，而通过别名可以简化这种书写方式。

3. 条件查询

数据库中包含大量的数据，很多时候需要根据需求获取指定的数据，或者对查询的数据重新进行排列组合，这时就要在 SELECT 语句中指定查询条件对查询结果进行过滤，接下来将对 SELECT 语句中使用的条件查询进行详细讲解。

（1）比较运算符

在 MySQL 中提供了一系列的比较运算符，用于 WHERE 子句的条件判断，完成对数据的过滤。常见的比较运算符如表 2-17 所示。

表 2-17　比较运算符

比较运算符	含义	举例
=	等于	id = 9
<>	不等于	id <> 9
!=	不等于	id != 9
<	小于	id < 9
<=	小于等于	id <= 9
>	大于	id > 9
>=	大于等于	id >= 9

下面以查询数据表 cms_category 中 name 字段值为 PHP 的分类为例，SQL 语句如下。

```
SELECT * FROM `cms_category` WHERE `name` = 'PHP';
```

上述 SQL 语句的查询结果如图 2-34 所示。需要注意的是，MySQL 在查询字符串时，对于英文字母是不区分大小写的。

值得一提的是，在使用 WHERE 进行查询时，也可以同时判断多列条件，示例 SQL 语句如下。

```
SELECT * FROM `cms_category` WHERE (`pid`, `sort`) = (2, 0);
```

上述 SQL 语句表示查询同时满足 pid 值为 2，sort 值为 0 的记录。

（2）带 DISTINCT 关键字查询

DISTINCT 关键字用于去除查询结果中重复的记录，基本语法如下。

```
SELECT [DISTINCT] *|{字段名 1, 字段名 2, 字段名 3, ……} FROM 表名
```

例如，查询数据表 cms_category 中所有的 pid，且去掉重复的记录，具体 SQL 语句如下。

```
SELECT DISTINCT `pid` FROM `cms_category`;
```

上述 SQL 语句的查询结果如图 2-35 所示。

图 2-34 比较运算符查询

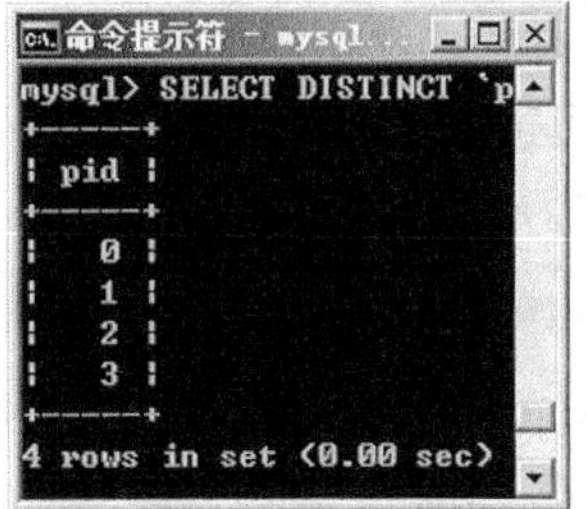

图 2-35 DISTINCT 去除重复记录

DISTINCT 还可以作用于多个字段，且仅一条记录中多个字段的值与另一条记录中对应字段的值都相同时，才被认为是重复记录。例如，利用 DISTINCT 作用于数据表 cms_category 中的 pid 和 sort 字段，具体 SQL 语句如下。

```
SELECT DISTINCT `pid`, `sort` FROM `cms_category`;
```

上述 SQL 语句的查询结果如图 2-36 所示。

（3）带 IN 关键字查询

IN 关键字用于判断某个字段的值是否在指定集合中。若字段的值在集合中，则满足条件，该字段所在的记录将被查询出来。否则，不满足条件则不会被查询出来，其基本语法格式如下。

```
SELECT  *|{字段名 1, 字段名 2, 字段名 3,……}
FROM 表名
WHERE [NOT] IN(元素 1, 元素 2,……)
```

在上述语法中，“元素 1,元素 2,……”用于指定查询的集合范围，当查询条件满足集合中任何一个值时都会被查询出。其中，NOT 是可选参数，用于表示不在集合中，则满足查询条件。

例如，查询数据表 cms_category 中 pid 值为 0 和 3 的记录，具体 SQL 语句如下。

```
SELECT * FROM `cms_category` WHERE `pid` IN (0, 3);
```

上述 SQL 语句的查询结果如图 2-37 所示。

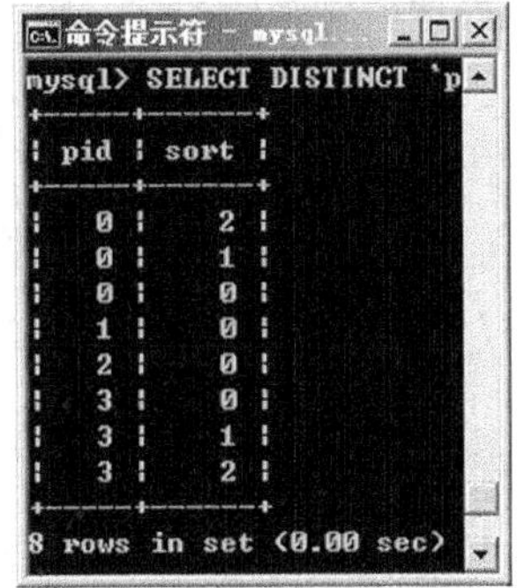

图 2-36 DISTINCT 作用于多个字段

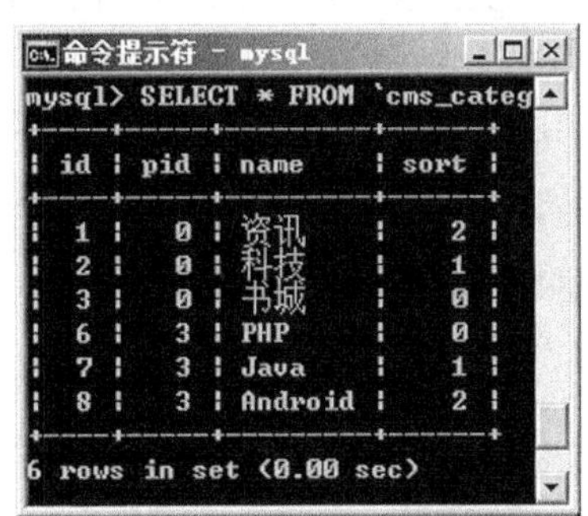

图 2-37 带 IN 关键字

（4）带 BETWEEN AND 范围查询

BETWEEN AND 用于判断某个字段的值是否在指定的范围之内，如果字段的值在指定范围内，则满足条件，该字段所在的记录将被查询出来，反之则不会被查询出来，其语法格式如下。

```
SELECT *|{字段名 1, 字段名 2, ……}
FROM 表名
WHERE 字段名 [NOT] BETWEEN 值 1 AND 值 2
```

在上面的语法格式中，“值 1”表示范围条件的起始值，“值 2”表示范围条件的结束值。NOT 是可选参数，使用 NOT 表示查询指定范围之外的记录。

例如，查询数据表 cms_category 中 pid 值在 0 到 1 的记录，具体 SQL 语句如下。

```
SELECT * FROM `cms_category` WHERE `pid` BETWEEN 0 AND 1;
```

上述 SQL 语句的查询结果如图 2-38 所示。

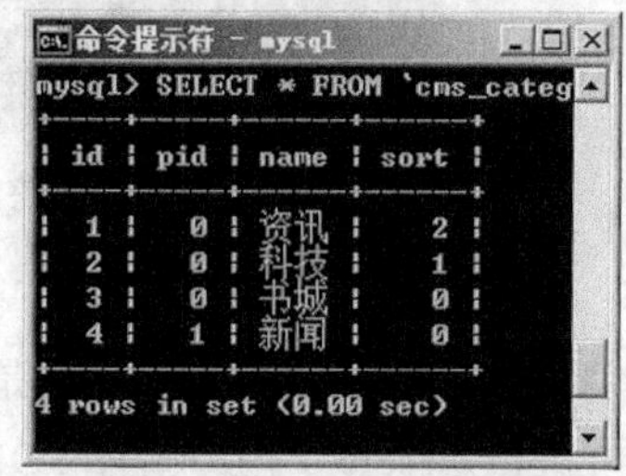

图 2-38　BETWEEN AND 范围查询

（5）带 LIKE 的字符匹配查询

在进行数据搜索时，更多的是对字符串进行模糊查询，例如，查询 cms_category 表中 name 字段值中含有“书”的记录，为了完成这种功能，MySQL 中提供了 LIKE 关键字，LIKE 关键字可以判断两个字符串是否相匹配，其基本语法格式如下。

```
SELECT *|{字段名 1, 字段名 2, ……}
FROM 表名
WHERE 字段名 [NOT] LIKE '匹配字符串';
```

在上面的语法格式中，“匹配字符串”指定用来匹配的字符串，其值可以是一个普通字符串，也可以是一个含有通配符的字符串。关于通配符的内容如表 2-18 所示。其中，NOT 是可选参数，表示查询与指定字符串不匹配的记录。

表 2-18　通配符“%”和“_”

通配符	说明
%	可以匹配一个字符或多个字符，可代表任意长度的字符串，长度可以为 0。例如，“书%”表示以“书”开头的字符串
_	仅可以匹配一个字符。例如，“书_”表示匹配字符串长度为 2，以书开始的字符串

从表 2-18 可知，通配符包含百分号（%）和下划线（_）两种。其中，百分号（%）适用于不定长的模糊查询，下划线（_）适用于定长的查询。而具体使用哪种通配符，还需要根据实际需求具体确定。

下面以查询数据表 cms_category 中 name 字段中含有 a 的记录为例，具体 SQL 语句如下。

```
SELECT * FROM `cms_category` WHERE `name` LIKE '%a%';
```

上述 SQL 语句的查询结果如图 2-39 所示。从图中可以看出，MySQL 在查询时不区分大小写。

（6）带 AND 的多条件查询

有时根据项目开发需要，为了使查询结果更加精确，需同时满足多个查询条件。MySQL 中提供的 AND 关键字可以用于连接两个或者多个查询条件，只有满足所有条件的记录才会被返回，其语法格式如下。

```
SELECT *|{字段名 1, 字段名 2, ……}
FROM 表名
WHERE 条件表达式 1 AND 条件表达式 2 […… AND 条件表达式 n];
```

从上述语法可知，对于需要同时满足的条件，WHERE 关键字后面的各表达式之间使用 AND 关键字分隔。

接下来，在 cms_category 数据表中查询 pid 在 1 和 3 之中，name 字段值中以“P”开始的记录，具体 SQL 语句如下。

```
SELECT * FROM `cms_category` WHERE `pid` IN (1, 3) AND `name` LIKE 'P%';
```

上述 SQL 语句的查询结果如图 2-40 所示。

图 2-39 LIKE 模糊查询

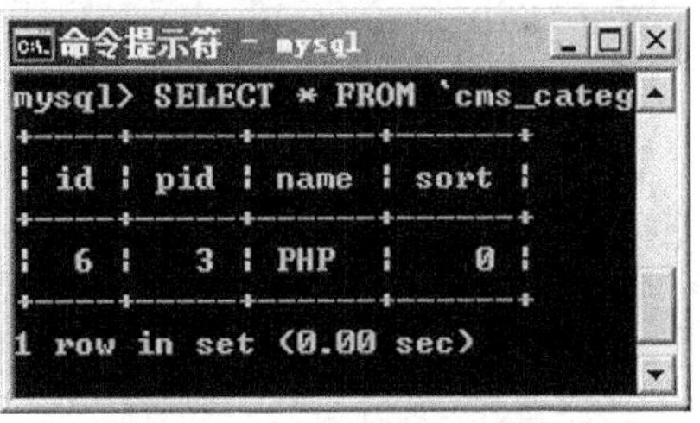

图 2-40 AND 多条件查询

（7）带 OR 的多条件查询

OR 关键字也可以连接多个查询条件，但与 AND 的不同之处在于，使用 OR 关键字时，只要记录满足任意一个条件就会被查询出来，其语法格式如下。

```
SELECT *|{字段名 1, 字段名 2, ……}
FROM 表名
WHERE 条件表达式 1 OR 条件表达式 2 […… OR 条件表达式 n];
```

例如，在 cms_category 数据表中，查询 pid 字段等于 3，或 name 字段值以 P 开始的记录，具体 SQL 语句如下。

```
SELECT * FROM `cms_category` WHERE `pid`=3 OR `name` LIKE 'P%';
```

上述 SQL 语句的查询结果如图 2-41 所示。

4. 排序与限量

（1）ORDER BY 排序查询

从表中查询出来的数据可能是无序的，或者其排列顺序不是用户期望的。为了使查询结果满足用户的要求，可以使用 ORDER BY 对查询结果进行排序，其语法格式如下。

```
SELECT 字段名 1, 字段名 2, ……
FROM 表名
ORDER BY 字段名 1 [ASC | DESC] [, 字段名 2 [ASC | DESC]……];
```

在上面的语法格式中，指定的字段名 1、字段名 2 等是对查询结果排序的依据。当有多个字段进行排序时，首先按照字段名 1 进行排序，当遇到字段 1 值相同时，再按照字段 2 进行排序。其中，参数 ASC 表示按照升序进行排序，DESC 表示按照降序进行排序。默认情况下，按照 ASC 方式进行排序。

下面对数据表 cms_category 进行 sort 字段降序、name 字段升序排序，具体 SQL 语句如下。

```
SELECT * FROM `cms_category` ORDER BY `sort` DESC, `name` ASC;
```

上述 SQL 语句的查询结果如图 2-42 所示。

（2）LIMIT 限量查询

对于一次性查询出的大量记录，不仅不便于阅读查看，还会浪费系统效率。为此，MySQL 中提供了一个关键字 LIMIT，可以指定查询结果从哪一条记录开始，以及每次查询出的记录数量，其语法格式如下。

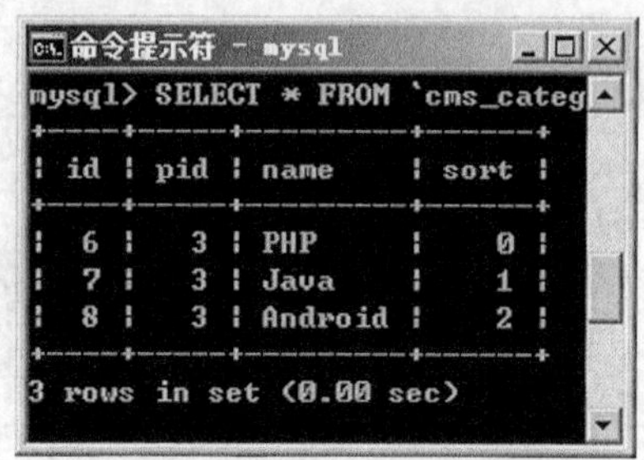

图 2-41　OR 多条件查询

图 2-42　ORDER BY 的排序查询

```
SELECT 字段名 1, 字段名 2, ……
FROM 表名
LIMIT [OFFSET, ] 记录数;
```

在上面的语法格式中，LIMIT 后面可以跟 2 个参数，第 1 个参数为可选值，默认值为 0，用于表示偏移量，如果偏移量为 0 则从查询结果的第 1 条记录开始，偏移量为 1 则从查询结果的第 2 条记录开始，以此类推；第 2 个参数“记录数”表示返回查询记录的条数。

例如，从数据表 cms_category 中第 2 条记录开始，查询出 4 条记录，SQL 语句如下。

```
SELECT * FROM `cms_category` LIMIT 1, 4;
```

上述 SQL 语句的查询结果如图 2-43 所示。需要注意的是，查询结果中记录的数量可以少于或等于设定的记录数。

图 2-43　LIMIT 限量查询

5. 聚合函数与分组

（1）聚合函数

聚合函数就是把数据聚合起来的函数。通过聚合函数可以对查询结果进行数量统计、求和、求平均值等操作。MySQL 中常用的聚合函数如表 2-19 所示。

表 2-19　聚合函数

函数名	作用
COUNT()	计算表中记录的个数或者列中值的个数
SUM()	获取符合条件所有结果的和
AVG()	计算一列中数据值的平均值
MAX()	获取查询数据中的最大值
MIN()	获取查询数据中的最小值

为了更好地掌握聚合函数的使用，下面通过具体的 SQL 语句进行演示。

```
# 统计表中 pid = 0 的记录数
SELECT COUNT(*) FROM `cms_category` WHERE `pid`=0;
```

```
# 计算表中 sort 字段值的和
SELECT SUM(`sort`) FROM `cms_category`;
# 计算表中 id 大于 1 且小于 5 的记录中 sort 字段的平均值
SELECT AVG(`sort`) FROM `cms_category` WHERE `id`>1 AND `id`<5;
# 查询表中 sort 字段的最大值
SELECT MAX(`sort`) FROM `cms_category`;
# 查询表中 sort 字段的最小值
SELECT MIN(`sort`) FROM `cms_category`;
```

（2）GROUP BY 分组查询

在对表中数据进行统计时，也可能需要按照一定的类别进行统计。例如，统计 cms_category 表中具有相同 pid 的分类各有多少个。在 MySQL 中，可以使用 GROUP BY 按某个字段或者多个字段中的值进行分组，字段中值相同的为一组，其语法格式如下。

```
SELECT 字段名 1, 字段名 2, ……
FROM 表名
GROUP BY 字段名 1 [, 字段名 2, …… [HAVING 条件表达式]];
```

在上面的语法格式中，指定的字段名 1、字段名 2 等是对查询结果分组的依据。HAVING 关键字指定条件表达式对分组后的内容进行过滤。

值得一提的是，HAVING 与 WHERE 虽然作用相同，但是它们还是有一定的区别，HAVING 关键字后可以跟聚合函数，而 WHERE 则不可以。通常情况下，HAVING 关键字与 GROUP BY 一起使用，对分组后的结果进行过滤。

例如，对数据表 cms_category 以 pid 进行分组查询，并完成对每个组数量的统计，具体 SQL 语句如下。

```
SELECT `pid`, COUNT(*) FROM `cms_category` GROUP BY `pid`;
```

SQL 语句的查询结果如图 2-44 所示。需要注意的是，使用 GROUP BY 直接进行分组查询后，显示的结果是分组后的第 1 条记录的值。因此，搭配 COUNT()或 GROUP_CONCAT()等聚合函数一起使用，才能获得每个组的查询结果。

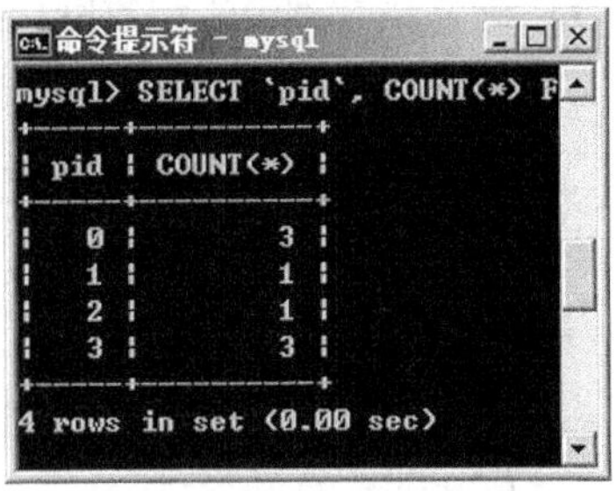

```
命令提示符 - mysql
mysql> SELECT `pid`, COUNT(*) F
+-----+----------+
| pid | COUNT(*) |
+-----+----------+
|   0 |        3 |
|   1 |        1 |
|   2 |        1 |
|   3 |        3 |
+-----+----------+
4 rows in set (0.00 sec)
```

图 2-44 GROUP BY 的分组查询

任务六 多表查询

在实际开发中，除了单表查询，还会经常遇到多表查询的需求。例如，文章和栏目是两张表，如果要求查询结果中既有文章标题又有栏目名称，就需要对两张表进行查询。接下来，本任务将对多表查询的相关内容进行详细讲解。

1. 合并查询

合并查询就是将多个 SELECT 语句的查询结果合并到一起，其基本语法格式如下。

```
SELECT ……
UNION [ALL | DISTINCT]
SELECT ……
```

```
[UNION [ALL | DISTINCT]
SELECT ……
……];
```

在上述语法中，ALL 用于将查询结果简单地合并到一起；DISTINCT 是默认值，可以省略，表示将所有的查询结果合并到一起，并去除相同的记录。

此外，在使用 UNION 执行合并查询时，有以下几点需要注意的地方。

① 查询结果集中的字段名称总是与第 1 个 SELECT 语句中的字段名称相同。

② 每个 SELECT 语句必须拥有相同数量的字段，以及相似的数据类型。另外，每条 SELECT 语句中相同数据类型的字段顺序也必须相同。

为了更好地掌握合并查询，接下来通过实际操作进行演示，具体步骤如下。

（1）准备数据

在 itcast 数据库中创建栏目表（category）和文章表（article），这两张表是内容管理系统中的数据表的简化版，具体 SQL 语句如下。

```
# 栏目表
CREATE TABLE `category`(
  `cid` INT UNSIGNED PRIMARY KEY AUTO_INCREMENT,
  `cname` VARCHAR(32) NOT NULL COMMENT '栏目名称'
)DEFAULT CHARSET=utf8;
# 文章表
CREATE TABLE `article`(
  `id` INT UNSIGNED PRIMARY KEY AUTO_INCREMENT,
  `cid` INT NOT NULL  COMMENT '所属栏目 ID',
  `name` VARCHAR(32) NOT NULL COMMENT '栏目名称'
)DEFAULT CHARSET=utf8;
```

在完成数据表的创建后，接下来插入测试数据，具体 SQL 语句如下。

```
# 添加栏目测试数据
INSERT INTO `category` VALUES (1, '资讯'), (2, '科技'), (3, '生活');
# 添加文章测试数据
INSERT INTO `article` (`cid`, `name`) VALUES
(1, '资讯文章 1'), (2, '科技文章 1'), (2, '科技文章 2'),
(3, '生活文章 1'), (3, '生活文章 2');
```

（2）实现合并查询

查询 cid 为 1 的文章标题和所属分类的名称，具体 SQL 语句如下。

```
SELECT `cid`, `name` FROM `article` WHERE `cid` = 1
UNION
SELECT `cid`, `cname` FROM `category` WHERE `cid` = 1;
```

上述 SQL 语句的查询结果如图 2-45 所示。

值得一提的是，当使用 UNION 连接的多个查询结果中存在相同的记录时，会自动合并成一条记录。如果不需要合并可以使用 UNION ALL 进行合并查询。

2. 连接查询

在项目开发中，根据业务需求，利用两个或多个表中存在的相同意义字段，便可以通过这些字段对不同的表进行连接查询。MySQL 中的连接查询主要包括交叉连接查询、内连接查询和外连接查询。接下来将针对连接查询进行详细讲解。

（1）交叉连接

所谓交叉连接（CROSS JOIN），就是被连接的两个表中所有数据行的笛卡儿积。也就是返回第 1 个表中符合查询条件的数据行与第 2 个表中符合查询条件的数据行的乘积。例如，栏目表中有 3 个栏目，文章表中有 5 篇文章，那么交叉连接的结果就有 3*5=15 条数据。

在 MySQL 中，交叉连接的基本语法格式如下。

```
SELECT 查询字段 from 表1 CROSS JOIN 表2;
```

下面对文章表和栏目表进行交叉连接查询，具体 SQL 语句如下。

```
SELECT a.`id`, a.`name`, a.`cid`, c.`cname` FROM `article` a
CROSS JOIN `category` c WHERE a.`cid`=c.`cid`;
```

执行上述 SQL 语句，效果如图 2-46 所示。从图中可以看出，经过交叉连接查询后，成功取出了每篇文章和所属栏目的信息。另外，读者也可以尝试去掉 WHERE 条件，观察交叉连接的结果。

图 2-45　合并查询

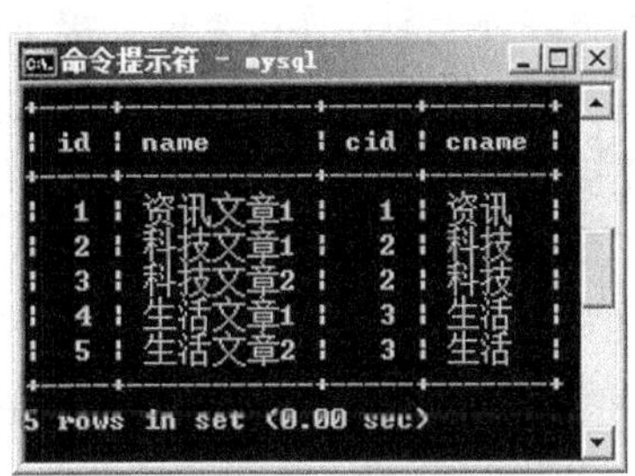

图 2-46　查询结果

值得一提的是，在 SQL 中还有一种多表查询的语法，与交叉连接等价，示例 SQL 语句如下。

```
SELECT a.`id`, a.`name`, a.`cid`, c.`cname`
FROM `article` a, `category` c WHERE a.`cid`=c.`cid`;
```

上述 SQL 语句的执行结果与图 2-46 所示相同。

（2）内连接

内连接（INNER JOIN）又称简单连接或自然连接，是一种常见的连接查询。在连接时，使用 ON 关键字指定连接条件，并返回满足条件的记录数据，基本语法格式如下。

```
SELECT 查询字段 FROM 表1 [INNER] JOIN 表2 ON 表1.关系字段=表2.关系字段 WHERE 条件;
```

在上述语法中，ON 与 WHERE 虽然都是用于连接查询条件，但是它们的使用是有区别的。ON 用于过滤两表连接的条件，WHERE 用于过滤中间表的记录数据。其中，由于内连接查询是默认的连接方式，因此可以省略 INNER 关键字。

下面对文章表和栏目表进行内连接查询，具体 SQL 语句如下。

```
SELECT a.`id`, a.`name`, a.`cid`, c.`cname` FROM `article` a
JOIN `category` c ON a.`cid`=c.`cid`;
```

上述 SQL 语句的执行结果与图 2-46 所示相同。

值得一提的是，在内连接查询中还有一种特殊的查询：自连接查询。它是指相互连接的表在物理上为同一个表，但逻辑上分为两个表。例如，要查询 id 为 2 的文章的所属分类下还有哪些文章，就可以使用自连接查询，具体SQL语句如下。

```
SELECT a1.* FROM `article` a1 JOIN `article` a2
ON a1.`cid`=`a2`.`cid` WHERE a2.`id`=2;
```

上述SQL语句的运行结果如图2-47所示。

（3）外连接

与内连接不同的是，外连接（OUTER JOIN）生成的结果集不仅可以包括符合连接条件的数据记录，而且还可以包括左表、右表或两表中所有的数据记录。根据使用需求不同，外连接可以分为左连接“LEFT (OUTER) JOIN”、右连接查询“RIGHT (OUTER) JOIN”。外连接的基本语法格式如下。

```
SELECT 所查字段 FROM 表1 LEFT|RIGHT [OUTER] JOIN 表2
ON 表1.关系字段 = 表2.关系字段 WHERE 条件
```

在上述语法格式中，关键字“LEFT|RIGHT [OUTER] JOIN”左边的表（表1）被称为左表，关键字右边的表（表2）被称为右表。其中，OUTER在查询时可以省略。

为了更好地学习外连接查询，接下来就针对左连接、右连接查询分别进行讲解。

① 左连接查询（LEFT JOIN或LEFT OUTER JOIN）

左连接查询用于返回左表中的所有记录，以及右表中符合连接条件的记录。当左表的某行记录在右表中没有匹配的记录时，右表中相关的记录将设为空值。

下面为文章表添加一条记录，具体SQL语句如下。

```
INSERT INTO `article` (`cid`, `name`) VALUES (999, '测试文章');
```

然后利用左外连接对文章表和栏目表进行查询，具体SQL语句如下。

```
SELECT a.`id`, a.`name`, a.`cid`, c.`cname` FROM `article` a
LEFT JOIN `category` c ON c.`cid` = a.`cid`;
```

执行上述SQL语句，效果如图2-48所示。从图中可以看出，新插入的文章记录，由于没有对应的栏目记录，栏目名称的值为NULL。

图2-47　自连接查询

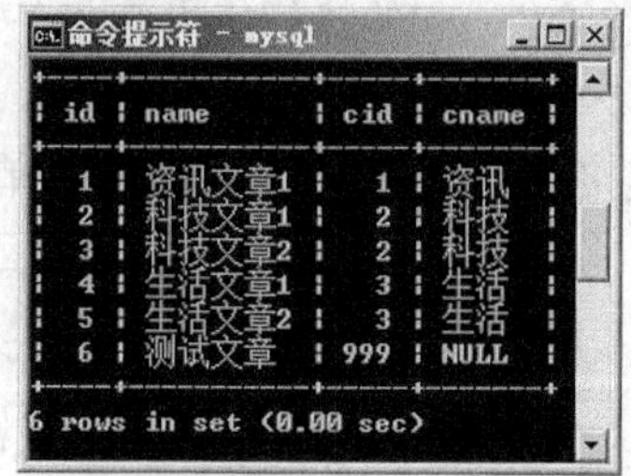

图2-48　外连接查询

② 右连接查询（RIGHT JOIN 或 RIGHT OUTER JOIN）

右连接与左连接相反，它返回右表中的所有记录，以及左表中符合连接条件的记录。如果左表中没有与右表匹配的记录，则将左表相关的记录设为空值。

下面利用右连接对栏目表和文章表进行查询，具体SQL语句如下。

```
SELECT a.`id`, a.`name`, a.`cid`, c.`cname` FROM `category` c
RIGHT JOIN `article` a ON c.`cid` = a.`cid`;
```

在上述SQL语句中，左表是栏目表，右表是文章表。执行SQL语句，其运行结果与图

2-48 所示相同。

3. 子查询

子查询就是包含在一条 SQL 语句中的 SELECT 语句。当遇到多层子查询时，首先会从最里层的子查询开始执行，然后将返回的结果作为外层查询的过滤条件。需要注意的是，子查询必须书写在括号内。

使用子查询时，外层语句的 WHERE 后面除了比较运算符外，还可以使用 IN、EXISTS、ANY、ALL 等操作符。接下来将对子查询的使用进行讲解。

（1）单行子查询

单行子查询，就是将一个 SELECT 查询语句的结果作为另一个查询语句的 WHERE 条件，示例 SQL 语句如下。

```
SELECT * FROM `article` WHERE `cid`=
(SELECT `cid` FROM `category` WHERE `cname`='生活');
```

上述 SQL 语句表示通过栏目名称查找栏目 cid，然后到文章表中根据 cid 查找该栏目下的文章记录。

（2）带 IN 关键字的子查询

使用 IN 关键字时，子查询将返回一个结果集，作为外层 SQL 语句的判断条件。下面根据栏目表和文章表，查询栏目名称为“科技”“生活”的文章，具体 SQL 语句如下。

```
SELECT * FROM `article` WHERE `cid` IN
(SELECT `cid` FROM `category` WHERE `cname` IN('科技', '生活'));
```

执行上述 SQL 语句，结果如图 2-49 所示。

（3）带 EXISTS 关键字的子查询

EXISTS 关键字后面连接的子查询语句不返回查询记录，而是返回一个真假值。当子查询语句查询到满足条件的记录时，就返回 TRUE，执行外层 SQL 语句；否则返回 FALSE，不执行外层的 SQL 语句。

例如，当栏目表中存在 cid 为 999 的栏目时，修改文章表中 cid 为 999 的文章标题，SQL 语句如下。

```
UPDATE `article` SET `name`='修改标题' WHERE `cid`=999 AND
EXISTS (SELECT 1 FROM `category` WHERE `cid`=999);
```

由于栏目表中没有 cid 为 999 的栏目，因此外层 SQL 语句不会执行。当需要相反的操作时，还可以使用 NOT EXISTS 查询，当子查询满足条件时返回 FALSE 时，执行外层 SQL 语句，否则不执行。

（4）带 ANY 关键字的子查询

使用 ANY 关键字时，只要其后的子查询满足其中任意一个判断条件，就返回结果作为外层 SQL 语句的执行条件。例如，到文章表中查询与栏目表相对应的记录，SQL 语句如下。

```
SELECT * FROM `article` WHERE `cid` = ANY (SELECT `cid` FROM `category`);
```

上述 SQL 语句执行后，查询出了在栏目表中有相应记录的文章信息。如果文章表中有一些文章的 cid 在栏目表中不存在相应记录，则不会被查询出来。

（5）带 ALL 关键字的子查询

ALL 关键字在使用时，只有满足内层查询语句返回的所有结果，才可以执行外层查询语句。例如，在文章表中查询 cid 在栏目表中没有相应记录的文章，SQL 语句如下。

```
SELECT * FROM `article`
WHERE `cid` <> ALL (SELECT `cid` FROM `category`);
```

执行上述 SQL 语句，效果如图 2-50 所示。

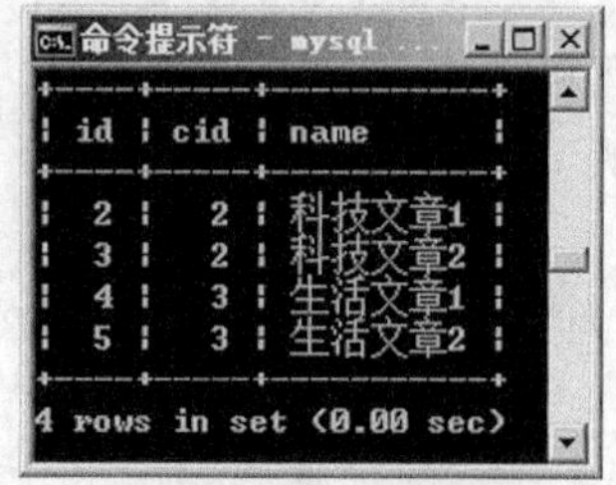

图 2-49　IN 查询结果

图 2-50　ALL 查询结果

模块三　PHP 操作数据库

在学习了 MySQL 数据库的基本使用之后，接下来通过 PHP 来对数据库进行操作。在 PHP 中，访问 MySQL 数据库有 3 种扩展，即 MySQL 扩展、MySQLi 扩展和 PDO 扩展。其中，MySQL 扩展是 PHP 中的早期扩展，从 PHP 5.5 版本开始已经不推荐使用；MySQLi 扩展是 MySQL 扩展的增强版，增加了许多新的功能，本项目将基于 MySQLi 扩展进行开发，而 PDO 扩展将会在后面进行学习。

通过本模块的学习，读者将会达到如下目标。

- 熟悉 MySQLi 扩展，认识 PHP 访问数据库的基本步骤。
- 掌握 MySQLi 扩展的基本使用，学会通过 MySQLi 扩展操作数据库。
- 掌握 MySQLi 扩展预处理语句的使用，学会通过预处理批量发送数据。

任务一　认识数据库扩展

在项目开发中，经常需要 PHP 程序对 MySQL 数据库进行操作，如增加一篇文章、修改一篇文章等，而 PHP 本身并不具备操作数据库的功能。因此，需要利用 PHP 提供的数据库扩展，才能完成 PHP 应用和 MySQL 数据库之间的数据交互。接下来将对 PHP 中常用的数据库扩展进行详细讲解。

1. PHP 数据库扩展分类

PHP 中提供了多种数据库扩展，这里只讲解其中常用的 3 种，具体如下。

（1）MySQL 扩展

MySQL 扩展是针对 MySQL 4.1.3 或更早版本设计的，是 PHP 与 MySQL 数据库交互的早期扩展。由于其不支持 MySQL 数据库服务器的新特性，且安全性差，在项目开发中不建议使用，可用 MySQLi 扩展代替。

（2）MySQLi 扩展

MySQLi 扩展是 MySQL 扩展的增强版，它不仅包含了所有 MySQL 扩展的功能函数，还可以使用 MySQL 新版本中的高级特性。例如，多语句执行和事务的支持，预处理方式完全解决了 SQL 注入问题等。MySQLi 扩展只支持 MySQL 数据库，如果不考虑其他数据库，该扩展是一个非常好的选择。

（3）PDO 扩展

PDO 是 PHP Data Objects（数据对象）的简称，它提供了一个统一的 API 接口，只要修改其中的 DSN（数据源），就可以实现 PHP 应用与不同类型数据库服务器之间的交互。关于 PDO 扩展的使用将在后面的项目中进行详细讲解，这里了解即可。

需要注意的是，PHP 中的数据库扩展在使用之前需要开启。打开 PHP 的配置文件 php.ini，去掉前面的注释符号（;），修改后如下。

```
extension=php_mysql.dll
extension=php_mysqli.dll
extension=php_pdo_mysql.dll
```

保存 php.ini 文件后，重新启动 Apache 服务器，通过 phpinfo()函数即可查看扩展是否开启。以 MySQLi 扩展为例，具体如图 2-51 所示。

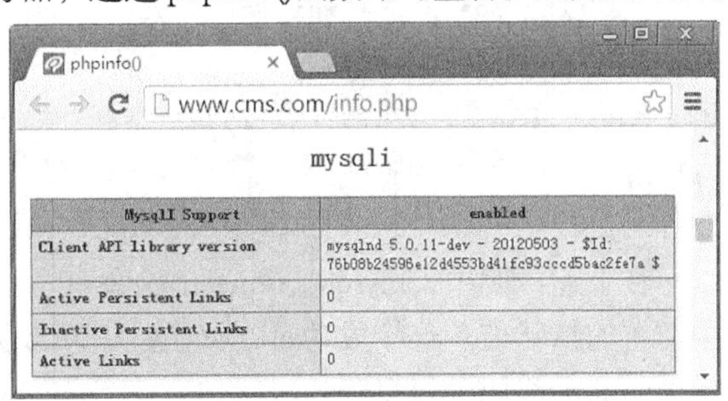

图 2-51 查看 MySQLi 扩展

2. PHP 访问 MySQL 的基本步骤

在前面的学习中，想要完成对 MySQL 数据库的操作，首先需要启动 MySQL 数据库服务器，输入相应的用户名和密码；然后选择要操作的数据库，才可以执行具体 SQL 语句，获取到结果。

同样的，在 PHP 应用中，要想完成与 MySQL 服务器的交互，也需要经过上述步骤。PHP 访问 MySQL 的基本步骤具体如图 2-52 所示。

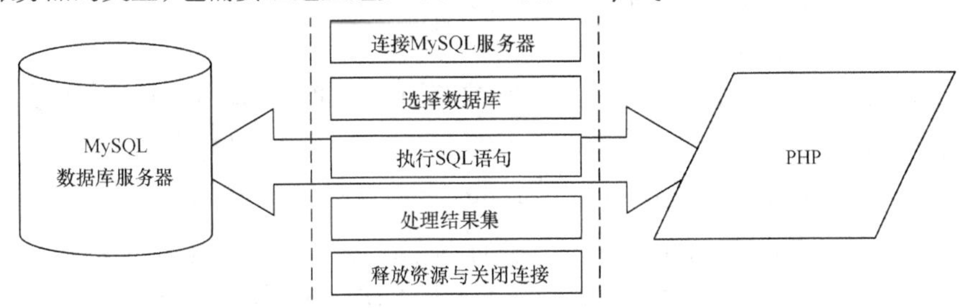

图 2-52 PHP 访问 MySQL 的基本步骤

3. 对比 MySQL 和 MySQLi 扩展

MySQLi 扩展支持两种语法，一种是面向过程语法，另一种是面向对象语法。其中，关于面向对象的相关知识将在后面项目中详细讲解，这里仅讲解与 MySQL 扩展用法非常相似的面向过程语法，即使用函数完成 PHP 与 MySQL 的交互。

下面以 PHP 操作 MySQL 的基本步骤所涉及的函数为例，对比 MySQL 扩展和 MySQLi 扩展的使用，具体如表 2-20 所示。

表 2-20 MySQL 和 MySQLi 扩展的比较

基本步骤	MySQL 扩展	MySQLi 扩展
连接和选择数据库	mysql_connect()	mysqli_connect()
执行 SQL 语句	mysql_query()	mysqli_query()
处理结果集	mysql_fetch_array()	mysqli_fetch_array()
释放结果集	mysql_free_result()	mysqli_free_result()
关闭连接	mysql_close()	mysqli_close()

表 2-20 列举的是 MySQL 扩展和 MySQLi 扩展中的常用函数。可以看出，MySQLi 扩展在函数名上保持了和 MySQL 扩展相同的风格，可以帮助只会用 MySQL 扩展的开发者也能快速上手使用 MySQLi 扩展。

任务二　连接数据库

在使用 PHP 操作 MySQL 数据库之前，需要先与 MySQL 数据库服务器建立连接。PHP 的 MySQLi 扩展可以通过 mysqli_connect()函数进行数据库连接，其声明方式如下。

```
mysqli mysqli_connect (
    string $host = ini_get('mysqli.default_host'),          //主机名或 IP
    string $username = ini_get('mysqli.default_user'),      //用户名
    string $passwd = ini_get('mysqli.default_pw'),          //密码
    string $dbname = '',                                    //数据库名
    int $port = ini_get('mysqli.default_port'),             //端口号
    string $socket = ini_get('mysqli.default_socket')       //socket 通信
)
```

在上述声明中，mysqli_connect()函数有 6 个可选参数，当省略参数时，自动使用 php.ini 中配置的默认值。连接成功时，该函数返回数据库连接；连接失败时，函数返回 false，并提示 Warning 级错误信息。参数$socket 表示 mysql.sock 文件路径（Linux 环境），通常不需要手动设置。

为了更好地掌握 mysqli_connect()函数的用法，下面进行代码演示。

（1）连接并选择数据库

若要完成数据库的连接和选择操作，在函数调用时传递参数即可，具体代码如下。

```
//连接数据库，并通过$link 保存连接
$link = mysqli_connect('localhost', 'root', '123456', 'itcast');
```

上述代码表示连接的 MySQL 服务器主机为“localhost”，用户为“root”，密码为“123456”，选择的数据库为“itcast”。由于省略了端口号，函数将使用默认端口号 3306。

（2）自定义错误信息

当数据库连接失败时，mysqli_connect()提示的错误信息并不友好，可以通过下面的方式解决。

```
//连接数据库，并屏蔽错误信息
$link = @mysqli_connect('localhost', 'root', '1') or exit('数据库连接失败');
```

上述代码中，“@”用于屏蔽函数的错误信息；“or”是比较运算符，只有左边表达式的值为 false 时，才会执行右边的表达式；“exit”用于停止脚本，同时可以输出错误信息。另外，当需要详细的错误信息时，可以通过 mysqli_connect_error()函数来获取。

（3）设置字符集

在使用 MySQL 命令行工具操作数据库时，需要使用“SET NAMES”设置字符集，同样，在 PHP 中也需要设置字符集，具体代码如下。

```
//连接数据库
$link = mysqli_connect('localhost', 'root', '123456');
//设置字符集
mysqli_set_charset($link, 'utf8');  //成功返回 true，失败返回 false
```

上述代码通过 mysqli_set_charset()函数将字符集设置为"utf8"。需要注意的是，只有保持 PHP 脚本文件、Web 服务器返回的编码、网页的<meta>标记、PHP 访问 MySQL 使用的字符集都统一时，才能避免中文出现乱码问题。

任务三　执行 SQL 语句

在完成数据库的连接后，就可以通过 SQL 语句操作数据库了。在 MySQLi 扩展中，通常使用 mysqli_query()函数发送 SQL 语句，获取执行结果。函数的声明方式如下。

```
mixed mysqli_query (
    mysqli $link,                                   //数据库连接
    string $query,                                  //SQL 语句
    int $resultmode = MYSQLI_STORE_RESULT           //结果集模式
)
```

在上述声明中，$link 表示通过 mysqli_connect()函数获取的数据库连接，$query 表示 SQL 语句。当函数执行 SELECT、SHOW、DESCRIBE 或 EXPLAIN 查询时，返回值是查询结果集，而对于其他查询，成功返回 true，失败则返回 false。

在 mysqli_query()函数中，可选参数$resultmode 表示结果集模式，其值可以是 MYSQLI_USE_RESULT 或 MYSQLI_STORE_RESULT 两种常量。MYSQLI_STORE_RESULT 模式会将结果集全部读取到 PHP 端，而 MYSQLI_USE_RESULT 模式仅初始化结果集检索，在处理结果集时进行数据读取。

为了更好地掌握 mysqli_query()函数的用法，下面通过代码进行演示。

```
//连接数据库
$link = mysqli_connect('localhost', 'root', '123456');
mysqli_query($link, 'USE `itcast`');        //选择数据库（SQL 语句方式）
mysqli_query($link, 'SET NAMES utf8');      //设置字符集（SQL 语句方式）
//执行 SQL 语句，并获取结果集
$result = mysqli_query($link, 'SHOW DATABASES');
if(!$result){
    exit('执行失败。错误信息：'.mysqli_error($link));
}
```

上述代码演示了如何通过 mysqli_query()函数执行 SQL 语句、获取结果集，以及通过 mysqli_error()函数获取错误信息。当 SQL 语句执行失败时，$result 的值为 false，因此通过判断就可以输出错误信息并停止脚本执行。

任务四　处理结果集

当通过 mysqli_query()函数执行 SQL 语句后，返回的结果集并不能直接使用，需要使用函数从结果集中获取信息，保存为数组。MySQLi 扩展中常用的处理结果集的函数如表 2-21 所示。

在表 2-21 列举函数中，mysqli_fetch_all()和 mysqli_fetch_array()的返回值支持关联数组和索引数组两种形式，函数第 1 个参数表示结果集，第 2 个参数是可选参数，表示返回的数组形式，其值有 MYSQLI_ASSOC、MYSQLI_NUM、MYSQLI_BOTH 三种常量，分别表示关联数组、索引数组，以及两者皆有，默认值为 MYSQLI_BOTH。

表 2-21　MySQLi 扩展处理结果集的函数

函数名	描述
mysqli_num_rows()	获取结果中行的数量
mysqli_fetch_all()	获取所有的结果，并以数组方式返回
mysqli_fetch_array()	获取一行结果，并以数组方式返回
mysqli_fetch_assoc()	获取一行结果，并以关联数组返回
mysqli_fetch_row()	获取一行结果，并以索引数组返回

为了更好地掌握 MySQLi 扩展处理结果集的方法，下面通过代码进行演示。

（1）获取结果集

连接并选择“内容管理系统”的数据库，查询“栏目”表中的所有记录，具体代码如下。

```
//连接数据库，选择“itcast_cms”数据库
$link = mysqli_connect('localhost', 'root', '123456', 'itcast_cms');
//设置字符集
mysqli_set_charset($link, 'utf8');
//查询“cms_category”表中所有的数据
$result = mysqli_query($link, 'SELECT * FROM `cms_category`');
```

当上述代码执行后，$result 保存了查询后的结果集。

（2）一次查询一行记录

当需要一次查询一行记录时，可以通过 mysqli_fetch_assoc()、mysqli_fetch_row()或 mysqli_fetch_array()来实现，以 mysqli_fetch_assoc()为例，具体代码如下。

```
//通过循环将结果集中所有的记录全部读取
while($row = mysqli_fetch_assoc($result)){
    echo $row['name'];  //输出“name”字段的值
}
```

上述代码中，mysqli_fetch_assoc()函数用于获取结果集中的一行，因此与 while 循环配合使用，可以将结果集中的数据全部取出来，直到该函数返回 false，跳出 while 循环。

（3）一次查询所有记录

当需要一次查询出所有的记录时，可以通过 mysqli_fetch_all()函数来实现，具体代码如下。

```
//查询所有记录，获取关联数组结果
$data = mysqli_fetch_all($result, MYSQLI_ASSOC);
//打印数组结构
var_dump($data);   //每行记录是一个数组，所有的行组成了$data 数组
```

上述代码在调用 mysqli_fetch_all()函数时传入了第 2 个参数 MYSQLI_ASSOC，表示返回关联数组结果。$data 是一个包含所有行的二维数组，当访问第 1 行记录中的“name”时，可以通过“$data[0]['name']”进行访问。使用 var_dump()函数可以查看该数组的结构。

任务五　预处理语句

1. 什么是预处理

MySQLi 扩展中有一种预处理语句的机制，其原理是预先编译 SQL 语句的模板，当执行

时只传输有变化的数据。图 2-53 演示了预处理语句和传统方式的区别。

```
[传统方式]
UPDATE `user` SET `name`='aa' WHERE `id`=1;
UPDATE `user` SET `name`='bb' WHERE `id`=2;
UPDATE `user` SET `name`='cc' WHERE `id`=3;
UPDATE `user` SET `name`='dd' WHERE `id`=4;
UPDATE `user` SET `name`='ee' WHERE `id`=5;
```

```
[预处理方式]
UPDATE `user` SET `name`=? WHERE `id`=?;
   PHP  →  ['aa', 1]  →  MySQL
   PHP  →  ['bb', 2]  →  MySQL
   PHP  →  ['cc', 3]  →  MySQL
   PHP  →  ['dd', 4]  →  MySQL
   PHP  →  ['ee', 5]  →  MySQL
```

图 2-53 预处理语句

从图 2-53 中可以看出，当 PHP 需要执行 SQL 时，传统方式是将发送的数据和 SQL 写在一起，采用这种方式时，每条 SQL 都需要经过分析、编译和优化的周期；而预处理语句只需要编译一次用户提交的 SQL 模板，在操作时，发送相关数据即可完成更新操作，这极大地提高了运行效率，而且无需考虑数据中包含特殊字符（如单引号）导致的语法问题。

2. 预处理相关函数

（1）mysqli_prepare()

mysqi_prepare()函数用于预处理一个待执行的 SQL 语句，函数声明如下。

```
mysqli_stmt mysqli_prepare ( mysqli $link , string $query )
```

在上述声明中，参数$link 表示数据库连接，$query 表示 SQL 语句模板。当函数执行后，成功时返回预处理对象，失败时返回 false。

在编写 SQL 语句模板时，其语法是将数据部分使用“?”占位符代替，示例代码如下。

```
# SQL 正常语法
UPDATE `user` SET `name`='aa' WHERE `id`=1;
# SQL 模板语法
UPDATE `user` SET `name`=? WHERE `id`=?;
```

从以上示例可以看出，将 SQL 语句修改为模板语法时，对于字符串内容，“?”占位符的两边无需使用单引号包裹。

（2）mysqli_stmt_bind_param()

mysqli_stmt_bind_param()函数用于将变量作为参数绑定到预处理语句中，函数的声明如下。

```
bool mysqli_stmt_bind_param (
    mysqli_stmt $stmt,        //预处理对象
    string $types,            //数据类型
    mixed &$var1,             //绑定变量 1（引用传参）
    [, mixed&$... ]           //绑定变量 n（可选参数，可绑定多个，引用传参）
)
```

在上述代码中，参数$stmt 表示由 mysqli_prepare()返回的预处理对象；$types 用于指定被绑定变量的数据类型，它是由一个或多个字符组成的字符串，具体参见表 2-22；后面的$var（可以是多个参数）表示需要绑定的变量，且其个数必须与$types 字符串的长度一致。该函数执行成功时返回 true，失败时返回 false。

表 2-22　参数绑定时的数据类型字符

字符	描述
i	描述变量的数据类型为 MySQL 中的 integer 类型
d	描述变量的数据类型为 MySQL 中的 double 类型
s	描述变量的数据类型为 MySQL 中的 string 类型
b	描述变量的数据类型为 MySQL 中的 blob 类型

为了更好地理解 mysqli_stmt_bind_param()函数的使用方法，下面通过代码进行演示。

```
//连接数据库、预处理 SQL 模板
$link = mysqli_connect('localhost', 'root', '123456', 'itcast');
$stmt = mysqli_prepare($link, 'UPDATE `user` SET `name`=? WHERE `id`=?');
//参数绑定（将变量$name、$id 按顺序绑定到 SQL 语句“?”占位符上）
mysqli_stmt_bind_param($stmt, 'si', $name, $id);
```

在上述代码中，SQL 语句中有两个“?”占位符，分别表示 name 字段和 id 字段，name 字段是字符串类型，id 字段是整型，因此 mysqli_stmt_bind_param()的第 2 个参数为“si”。当代码执行后，变量$name 和$id 就已经通过引用传参的方式进行了参数绑定。

（3）mysqli_stmt_execute()

在完成参数绑定后，接下来应该将数据内容发送给 MySQL 执行。mysqli_stmt_execute()函数用于执行预处理，其声明如下。

```
bool mysqli_stmt_execute ( mysqli_stmt $stmt )
```

在上述声明中，$stmt 参数表示由 mysqli_prepare()函数返回的预处理对象。当函数执行成功后，返回 true，执行失败返回 false。

接下来通过代码演示 mysqli_stmt_execute()函数的使用，具体如下。

```
//连接数据库、预处理 SQL 模板
$link = mysqli_connect('localhost', 'root', '123456', 'itcast');
$stmt = mysqli_prepare($link, 'UPDATE `user` SET `name`=? WHERE `id`=?');
//参数绑定，并为已经绑定的变量赋值
mysqli_stmt_bind_param($stmt, 'si', $name, $id);
$name = 'aa';
$id = 1;
//执行预处理（第 1 次执行）
mysqli_stmt_execute($stmt);
//为第 2 次执行重新赋值
$name = 'bb';
$id = 2;
//执行预处理（第 2 次执行）
mysqli_stmt_execute($stmt);
```

通过上述代码可以看出，MySQLi 扩展提供的预处理方式，实现了数据与 SQL 的分离。这种方式不仅提高了执行效率，也解决了直接用字符串拼接 SQL 语句带来的安全问题。

任务六 其他操作

MySQLi 扩展还提供了许多丰富的函数方便在开发中使用。表 2-23 列举了 MySQLi 扩展的其他常用函数，读者也可以参考 PHP 手册了解更多内容。

表 2-23 MySQLi 扩展其他常用函数

函数	描述
mysqli_insert_id()	获取上一次插入操作时产生的 ID 号
mysqli_affected_rows()	获取上一次操作时受影响的行数
mysqli_real_escape_string()	用于转义 SQL 语句字符串中的特殊字符
mysqli_free_result()	释放结果集
mysqli_close()	关闭先前打开的数据库连接
mysqli_error()	返回最近函数调用的错误代码

在表 2-23 列举的函数中，mysqli_free_result()和 mysqli_close()函数用于释放资源、关闭连接，由于 PHP 访问 MySQL 使用了非持久连接，因此当 PHP 脚本执行结束时会自动释放。

为了更好地掌握这些函数的使用，下面通过一个代码示例进行讲解。

```
1  //连接数据库、设置字符集
2  $link = mysqli_connect('localhost', 'root', '123456', 'itcast');
3  mysqli_set_charset($link, 'utf8');
4  // ① 执行查询操作、处理结果集
5  if(!$result = mysqli_query($link, 'SELECT * FROM `user`')){
6      exit('执行失败。错误信息：'.mysqli_error($link));  //获取错误信息
7  }
8  $data = mysqli_fetch_all($result, MYSQLI_ASSOC);
9  // ② 用完后，释放结果集
10 mysqli_free_result($result);
11 // ③ 执行插入操作，拼接 SQL 语句
12 $name = mysqli_real_escape_string($link, "单引号'测试'文本");  //转义特殊符号
13 if(!mysqli_query($link, "INSERT INTO `user` (`name`) VALUES ('".$name."')")){
14     exit('执行失败。错误信息：'.mysqli_error($link));
15 }
16 // ④ 获取最后插入的 ID
17 $id = mysqli_insert_id($link);  //获取 AUTO_INCREMENT 字段的自增值
18 // ⑤ 执行修改操作
19 if(!mysqli_query($link, "UPDATE `user` SET `name`='aa' WHERE `id`>2")){
20     exit('执行失败。错误信息：'.mysqli_error($link));
21 }
22 // ⑥ 获取受影响的行数
23 $num = mysqli_affected_rows($link);  //可获取 UPDATE、DELETE 等操作影响的行数
24 // ⑦ 关闭连接
25 mysqli_close($link);
```

在上述代码中，第 4~10 行代码演示了 mysqli_error()、mysqli_free_result()函数的使用，第

12 行代码演示了 mysqli_real_escape_string()函数的使用，第 17～25 行代码演示了 mysqli_insert_id()、mysqli_affected_rows()、mysqli_close()函数的使用，其中第 8 行代码$data 保存了查询出的数据，因此第 10 行代码释放了$result 结果集后数据依然存在。第 25 行代码关闭$link 连接后，$link 将不能继续使用。

模块四　PHP 进阶技术

在网站开发中，除了对数据库的操作，还需要开发一些常见的功能，如用户登录、图片上传、文件读写等。本模块将针对这些常用功能涉及的 PHP 进阶技术进行讲解。掌握这部分知识内容后，才能够开发功能性强的 Web 应用。通过本模块的学习，读者对于知识的掌握程度要达到如下目标。

- 了解 HTTP，学会使用 PHP 请求远程数据
- 掌握会话技术，学会 Session、Cookie 技术的使用
- 掌握文件、图像的操作，学会 PHP 文件上传、文件管理、图像处理等技术
- 掌握 PHP 函数的进阶用法，学会静态变量、可变参数等特性的使用

任务一　HTTP

在浏览器与服务器的交互过程中，如同两个国家元首的会晤过程需要遵守一定的外交礼节一样，也需遵循一定的规则，这个规则就是 HTTP。HTTP 是浏览器与服务器之间交换数据的格式，对于从事 Web 开发的人员来说，只有理解 HTTP，才能更好地开发、维护、管理 Web 应用。本任务将围绕 HTTP 的相关知识进行讲解。

1. HTTP 消息

HTTP 是一种基于请求与响应式的协议，即浏览器发送请求，服务器做出响应。例如，当用户通过浏览器访问“http://www.cms.com”地址时，浏览器会向域名为 www.cms.com 的服务器发送请求消息，而服务器接到请求后，会返回响应消息给浏览器。请求消息与响应消息统称为 HTTP 消息。

HTTP 消息主要包含“消息头”和“实体内容”。消息头保存消息时间、系统信息等内容，实体内容则保存网页或表单数据。对于普通用户而言，消息头是不可见的，但对于 Web 开发者而言，目前主流的浏览器提供了开发者工具，通过这类工具可以查看 HTTP 消息。以 Chrome 浏览器为例，在浏览器窗口中按 F12 键可以启动开发者工具，然后执行【Network】→【Headers】，如图 2-54 所示。

在图 2-54 中，浏览器的开发者工具显示了请求网址（Request URL）、请求方式（Request Method）、状态码（Status Code）、IP 地址（Remote Address），以及响应头（Response Headers）、请求头（Request Headers）等信息。其中，“请求头”是发送本次请求时的浏览器的信息，“响应头”是服务器返回的信息。

2. HTTP 请求

（1）HTTP 请求方式

HTTP 协议规定了浏览器发送请求的方式，其中最常用的是 GET 和 POST 方式。在前面 Web 交互的讲解中已经用过这两种方式。

当用户在浏览器地址栏直接输入某个 URL 地址，或者在网页上单击某个超链接进行访问

时，浏览器将使用 GET 方式发送请求。对于普通用户而言，使用 GET 方式提交的数据是可见的，因为数据就是通过 URL 地址的参数进行传递的。

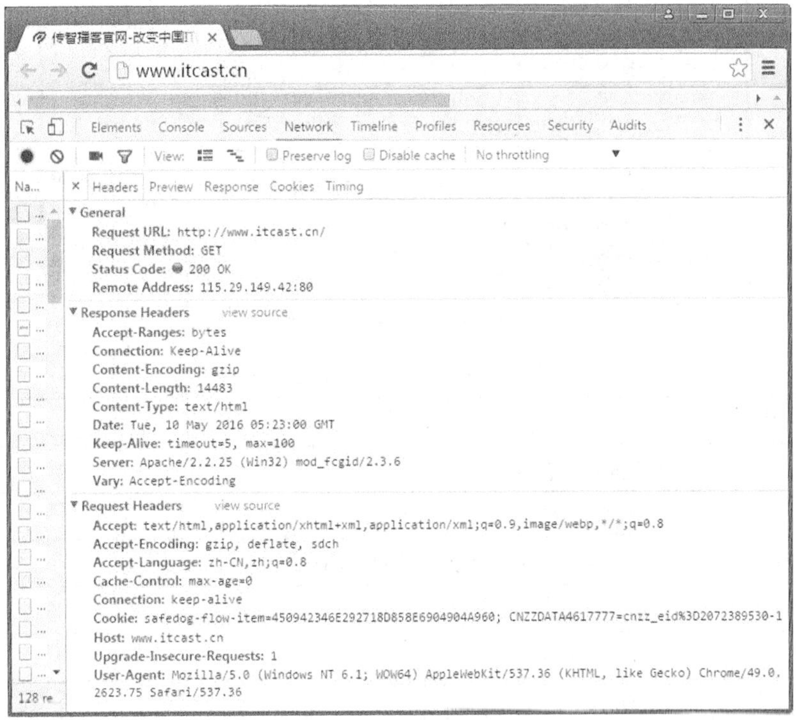

图 2-54　查看 HTTP 消息

而 POST 方式主要用于向 Web 服务器提交数据，尤其是大批量的数据，通常用于表单和文件上传。在实际开发中，通常都会使用 POST 方式提交表单，其原因主要有两个，具体如下。

① POST 方式通过实体内容传递数据，传输数据大小理论上没有限制（但服务器端会进行限制）。而 GET 方式通过 URL 参数传递数据，受限于 URL 的长度，通常不超过 1KB。

② POST 比 GET 请求方式更安全。GET 方式的参数信息会在 URL 中直接显示，而 POST 方式传递的参数隐藏在实体内容中，因此 POST 比 GET 请求方式更安全。

（2）获取请求消息

当 PHP 接收到来自浏览器端的请求后，会将相关信息保存到$_SERVER 超全局变量数组中，通过该数组即可获取请求消息，示例代码如下。

```
<pre>
<?php var_dump($_SERVER); ?>
</pre>
```

在浏览器中查看运行结果，如图 2-55 所示。从图中可以出，$_SERVER 数组保存到了本次请求的基本信息，如请求的主机（HTTP_HOST）、浏览器支持的 MIME 类型（HTTP_ACCEPT）等。

3. HTTP 响应

HTTP 分为请求和响应。在通信时，浏览器发送请求消息，服务器处理完成后回送响应消息。服务器可以通过请求消息获取浏览器的基本信息。同样，浏览器也可以通过响应消息获取服务器的基本信息。常用的 HTTP 响应消息头如表 2-24 所示。

```
www.cms.com/info.php
array(34) {
  ["HTTP_HOST"]=>
  string(11) "www.cms.com"
  ["HTTP_CONNECTION"]=>
  string(10) "keep-alive"
  ["HTTP_ACCEPT"]=>
  string(74) "text/html,application/xhtml+xml,application/xml;q=0.9,image/webp,*/*;q=0.8"
  ["HTTP_UPGRADE_INSECURE_REQUESTS"]=>
  string(1) "1"
  ["HTTP_USER_AGENT"]=>
  string(108) "Mozilla/5.0 (Windows NT 6.1; WOW64) AppleWebKit/537.36 (KHTML, like Gecko)
  ["HTTP_ACCEPT_ENCODING"]=>
  string(19) "gzip, deflate, sdch"
  ["HTTP_ACCEPT_LANGUAGE"]=>
  string(14) "zh-CN,zh;q=0.8"
```

图 2-55　获取请求消息

表 2-24　HTTP 响应消息头

消息头	说明
Location	控制浏览器显示哪个页面
Server	服务器的类型
Content-Type	服务器发送内容的类型和编码类型
Last-Modified	服务器最后一次修改的时间
Date	响应网站的时间

在默认情况下，响应消息头由服务器自动发出。通过 PHP 的 header()函数可以自定义响应消息头，示例代码如下。

```
//设定编码格式
header('Content-Type:text/html;charset=utf-8');
//响应 404 消息
header('HTTP/1.1 404 Not Found');
//页面重定向
header('Location: login.php');
```

以上代码演示了 HTTP 响应消息头的发送。以重定向为例，当浏览器收到 Location 时，就会自动重定向到目标地址，如 login.php。

4. PHP 远程请求

HTTP 是一种通信协议，除了浏览器，其他软件也可以通过 HTTP 与服务器交换信息。虽然 PHP 运行于服务器端，但有时服务器也需要向另一台服务器请求数据，这时可以通过 PHP 来实现。

在 PHP 中，实现远程请求有 file_get_contents()函数和 cURL 扩展两种方式，下面分别进行讲解。需要注意的是，应确保 php.ini 中的“allow_url_fopen”配置项处于开启的状态，否则 PHP 不允许远程请求。

（1）file_get_contents()

file_get_contents()函数用于从一个文件中读取内容，返回字符串。该函数既可以读取本地文件，也可以读取远程地址文件，下面通过代码进行演示。

```
//请求远程地址
$html = file_get_contents('http://www.itcast.cn');
```

```
//获取响应消息头
var_dump($http_response_header);
//输出返回信息
echo '<hr>'.htmlspecialchars($html);
```

上述代码实现了从远程地址“http://www.itcast.cn”请求信息，当 file_get_contents()函数请求成功后，就会自动将响应消息保存到$http_response_header 变量中。执行结果如图 2-56 所示。

图 2-56 file_get_contents()远程请求

（2）cURL 扩展

使用 PHP 中提供的 cURL 扩展可以高效地进行远程请求。在使用 cURL 扩展前应确保 php.ini 中已经开启了 cURL 扩展。接下来通过代码演示 cURL 扩展的使用，具体如下。

```
//初始化一个 cURL 会话
$ch = curl_init();
//设置请求选项，包括具体的 URL
curl_setopt($ch, CURLOPT_URL, 'http://www.itcast.cn');
//设定返回的信息中包含响应消息头
curl_setopt($ch, CURLOPT_HEADER, 1);
//设定 curl_exec()函数将结果返回，而不是直接输出
curl_setopt($ch, CURLOPT_RETURNTRANSFER, 1);
//执行一个 cURL 会话
$html = curl_exec($ch);
//释放 cURL 句柄，关闭一个 cURL 会话
curl_close($ch);
//输出返回信息
echo htmlspecialchars($html);
```

cURL 扩展的功能非常强大，通过 cURL 扩展还可以向服务器发送请求消息，实现模拟表单提交、模拟用户登录等操作，具体使用可以参考 PHP 手册，这里仅简单了解即可。

任务二 会话技术

当用户通过浏览器访问网站时，通常情况下，服务器需要对用户的状态进行跟踪。例如，当用户通过用户名和密码进行登录时，如果登录成功，服务器应该记住该用户的登录状态。在 Web 开发中，服务器跟踪用户信息的技术称为会话技术。本任务将针对 PHP 中的会话技术进行讲解。

1. Cookie 技术

Cookie 是网站为了辨别用户身份而存储在用户本地终端上的数据。因为 HTTP 是无状态的，即服务器不知道用户上一次做了什么，这严重阻碍了交互式 Web 应用程序的实现。Cookie 就是解决 HTTP 无状态性的一种技术，服务器可以设置或读取 Cookie 中包含的信息，借此可以跟踪用户与服务器之间的会话状态，通常应用于保存浏览历史、保存购物车商品和保存用户登录状态等场景。

为了更好地理解 Cookie 的原理，接下来通过一张图来演示 Cookie 在浏览器和服务器之间的传输过程，具体如图 2-57 所示。当用户第一次访问服务器时，服务器会在响应消息中增加 Set-Cookie 头字段，将信息以 Cookie 的形式发送给浏览器。一旦用户接受了服务器发送的 Cookie 信息，就会将它保存到浏览器的缓冲区中。这样，当浏览器后续访问该服务器时，都会携带 Cookie 发送给服务器，从而使服务器分辨出当前请求是由哪个用户发出的。

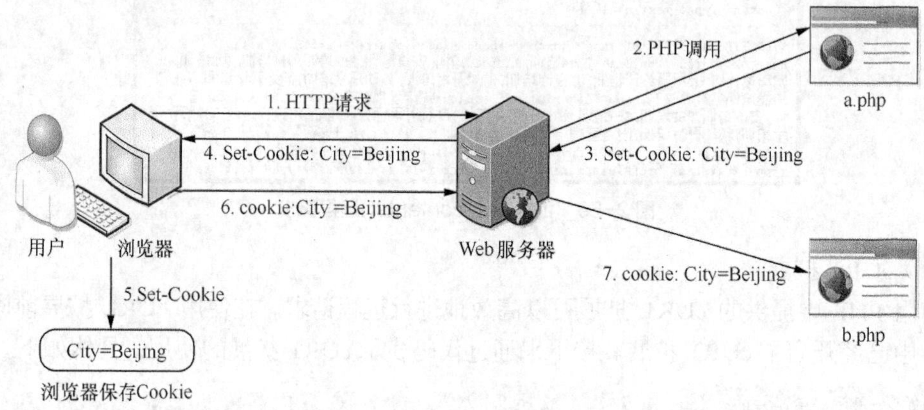

图 2-57　Cookie 的传输过程

尽管 Cookie 实现了服务器与浏览器的信息交互，但也存在一些的缺点，具体如下。

① Cookie 被附加在每个 HTTP 请求中，无形中增加了数据流量。

② Cookie 在 HTTP 请求中是明文传输的，所以安全性不高，容易被窃取。

③ Cookie 存储于浏览器，可以被窜改，服务器接收后必须先验证数据的合法性。

④ 浏览器限制 Cookie 的数量和大小（通常限制为 50 个，每个不超过 4KB），对于复杂的存储需求来说是不够用的。

2. Cookie 的使用

（1）创建 Cookie

在 PHP 中，使用 setcookie()函数可以创建或修改 Cookie，其声明方式如下。

```
bool setcookie (
    string $name                  //Cookie 名称
    string $value = '',           //Cookie 值
    int $expire = 0,              //有效期（时间戳）
    string $path = '',            //有效路径（默认为当前目录和子目录有效）
    string $domain = '',          //有效域名（可允许二级域名下访问 Cookie）
    bool $secure = false,         //是否只允许 HTTPS 安全连接访问
    bool $httponly = false        //是否只允许 HTTP 访问（可阻止 JavaScript 访问 Cookie）
)
```

在上述声明格式中，参数$name 是必需的，其他参数都是可选的。其中，$name 和$value 表示 Cookie 的名字和值，$expire 表示 Cookie 的有效期，$path 表示 Cookie 在服务器端的路径，$domain 表示 Cookie 的有效域名，$secure 用于指定 Cookie 是否通过安全的 HTTPS 连接来传输，$httponly 用于指定 Cookie 只能通过 HTTP 访问。

接下来，通过代码演示 setcookie()函数的使用，如下所示。

```
setcookie('city', '北京市');                    //未指定过期时间，在会话结束时过期
setcookie('city', '北京市', time()+1800);        //半小时后过期
setcookie('city', '北京市', time()+60*60*24);    //一天后过期
setcookie('city', '', time()-1);                //立即过期（删除 Cookie）
```

上述代码演示了如何用 setcookie()设置一个名为 city 的 Cookie，该函数的第 3 个参数是时间戳，当省略时，Cookie 仅在本次会话有效，当用户关闭浏览器时，会话就会结束。

值得一提的是，除了可以通过 PHP 操作 Cookie，使用 JavaScript 也可以操作 Cookie，如果只是保存用户在网页中的偏好设置，可以直接用 JavaScript 操作 Cookie，无需服务器进行处理。

（2）读取 Cookie

在前文中提到过，PHP 会自动将来自浏览器的外部数据保存到超全局变量中。例如，通过 GET、POST 方式传送的数据使用$_GET 和$_POST 来接收。同理，对于浏览器发送的 Cookie 数据，可以使用$_COOKIE 来接收，具体示例如下。

```
//判断 Cookie 中是否存在 city 数据
if(isset($_COOKIE['city'])){
    $city = $_COOKIE['city'];  //从 COOKIE 中获取 city 数据
}else{
    //Cookie 中的 city 不存在
}
```

从上述代码可以看出，$_COOKIE 数组的使用和$_GET、$_POST 基本相同。需要注意的是，当 PHP 第一次通过 setcookie()创建 Cookie 时，$_COOKIE 中没有这个数据；只有当浏览器下次请求并携带 Cookie 时，才能通过$_COOKIE 获取到相关信息。

（3）查看 Cookie

当服务器端 PHP 通过 setcookie()向浏览器端响应 Cookie 后，浏览器就会保存 Cookie，在下次请求时会自动携带 Cookie。对于普通用户来说，Cookie 是不可见的，但 Web 开发者可以通过 F12 键调出开发者工具查看 Cookie。在开发者工具中执行【Network】→【Cookies】，如图 2-58 所示。

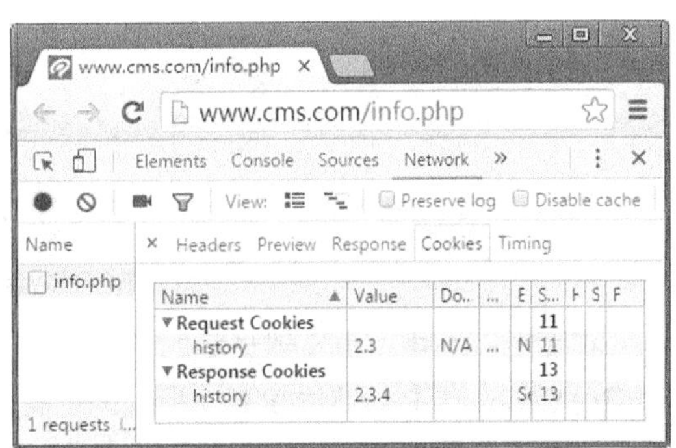

图 2-58　查看 HTTP 中的 Cookie

从图 2-58 中可以看出，当浏览器发送请求时，携带的 Cookie 为“history=2.3”，而服务器响应后，将 Cookie 修改为“history=2.3.4”。

Cookie 在用户的计算机中是以文件形式保存的，浏览器通常会提供 Cookie 管理程序。以 Chrome 浏览器为例，执行【Resource】→【Cookies】可以查看当前站点下保存的 Cookie，如图 2-59 所示。

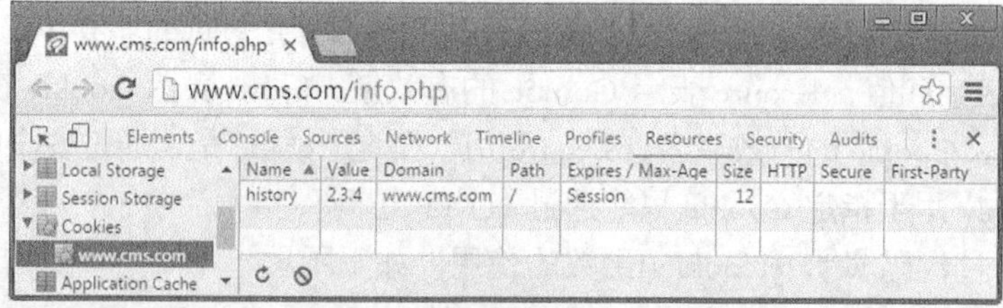

图 2-59　查看保存的 Cookie

从图 2-59 中可以看出，Cookie 在浏览器中是根据域名分开保存的，每个 Cookie 具有名称（Name）、值（Value）、域名（Domain）、路径（Path）、有效期（Expires）等属性。在访问 Cookie 时，不同路径之间是隔离的，路径可以向下继承。例如，路径为"/admin/"的 Cookie 可以在 admin 的子目录中访问，但在 admin 的上级目录中无法访问。

3. Session 技术

Session 在网络应用中称为"会话"，指的是用户在浏览某个网站时，从进入网站到关闭网站所经过的这段时间。Session 技术是一种服务器端的技术，它的生命周期从用户访问页面开始，直到断开与网站的连接时结束。Session 通常用于保存用户登录状态、保存生成的验证码等。

当 PHP 启动 Session 时，服务器会为每个用户的浏览器创建一个供其独享的 Session 文件，如图 2-60 所示。

在创建 Session 文件时，每一个 Session 都具有一个唯一的会话 ID，用于标识不同的用户。会话 ID 分别保存在浏览器端和服务器端两个位置，浏览器端通过 Cookie 保存，服务器端以文件的形式保存在指定的 Session 目录中。在浏览器中通过开发者工具可以查看 Cookie 中的会话 ID，如图 2-61 所示。

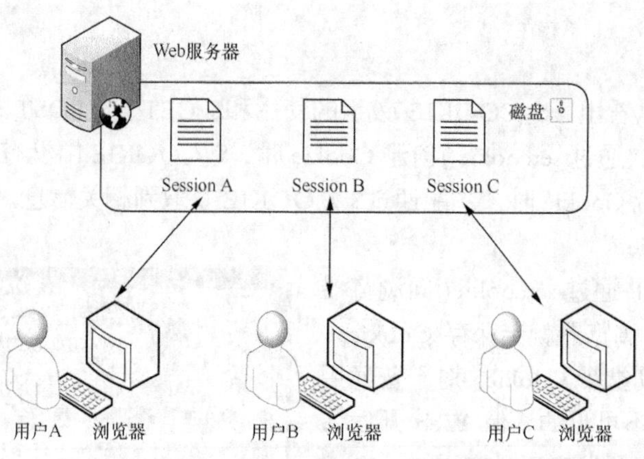

图 2-60　Session 文件的保存机制

在图 2-61 中，浏览器访问的是一个已经启动 Session 的 PHP 脚本文件，所以浏览器的 Cookie 中就保存了会话 ID，其名称为"PHPSESSID"。

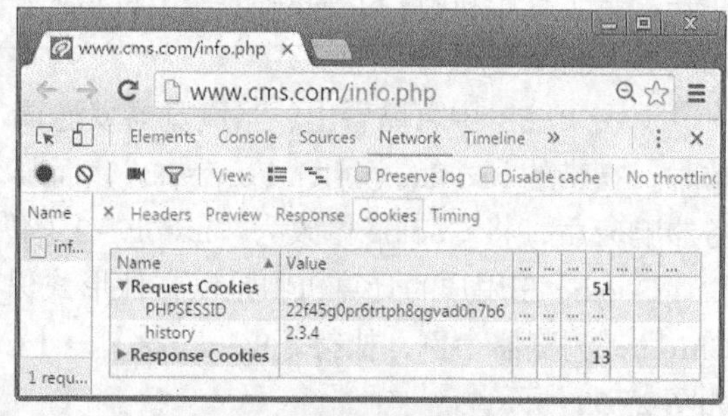

图 2-61　查看浏览器会话 ID

在 PHP 中，Session 文件的保存目录是 php.ini 中的配置项"session.save_path"指定的，其默认路径位于"C:\Windows\Temp"，打开这个目录可以查看 Session 文件，如

图 2-62 所示。

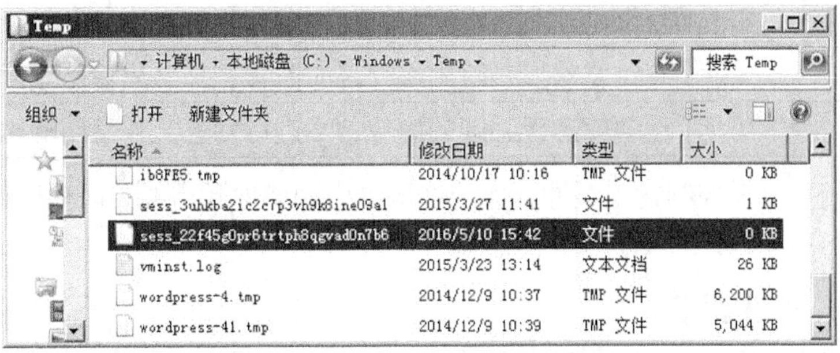

图 2-62　查看 PHPSESSID 文件

从图 2-62 中可以看出，服务器端保存了文件名为“sess_会话 ID”的 Session 文件，该文件的会话 ID 与浏览器 Cookie 中显示的会话 ID 一致，说明了这个文件只允许拥有会话 ID 的用户访问。

4. Session 的使用

在使用 Session 之前，需要先启动 Session。通过 session_start()函数可以启动 Session，当启动后就可以通过超全局变量$_SESSION 添加、读取或修改 Session 中的数据。以下代码列举了 Session 的基本使用。

```
session_start();                          //开启 SESSION
$_SESSION['username'] = '小明';           //向 SESSION 添加数据（字符串）
$_SESSION['info'] = [1, 2, 3];            //向 SESSION 添加数据（数组）
if(isset($_SESSION['test'])){             //判断 SESSION 中是否存在 test
    $test = $_SESSION['test'];            //读取 SESSION 中的 test
}
unset($_SESSION['username']);             //删除单个数据
$_SESSION = [];                           //删除所有数据
session_destroy();                        //结束当前会话
```

在上述代码中，使用“$_SESSION = [ ]”方式可以删除 Session 中的所有数据，但是 Session 文件仍然存在，只不过它是一个空文件。如果需要将这个空文件删除，可以通过 session_destroy()函数来实现。

5. 输出缓冲

在 PHP 中，输出缓冲（Output Buffer）是一种缓存机制，它通过内存预先保存 PHP 脚本的输出内容，当缓存的数据量达到设定的大小时，再将数据传输到浏览器。输出缓冲机制解决了当有实体内容输出后，再使用 header()、setcookie()、session_start()等函数无法设置 HTTP 消息头的问题，因为消息头必须在实体内容之前被发送，通过输出缓冲，可以使实体内容延缓到 HTTP 消息头的后面被发送。

输出缓冲在 PHP 中是默认开启的。在 php.ini 中，它的配置项为“output_buffering = 4096”，表示输出缓冲的内存空间为 4KB。通过 PHP 的 ob 函数可以控制输出缓冲，常用函数如表 2-25 所示。

表 2-25　常用输出缓冲函数

函数名	作用
ob_start()	启动输出缓冲
ob_get_contents()	返回当前输出缓冲区的内容

续表

函数名	作用
ob_end_flush()	向浏览器发送输出缓冲区的内容，并禁用输出缓冲
ob_end_clean()	清空输出缓冲区的内容，不进行发送，并禁用输出缓冲

通过以上函数可以控制输出缓冲，实现在脚本中动态地开启或关闭输出缓冲，以及获取输出缓冲区的内容并保存到变量中。

任务三　文件操作

在任何编程语言中，都会涉及对文件的处理，Web 编程也是一样，如文件的读写、文件的上传和下载、文件的查找和删除等。本任务将对 PHP 中的文件操作进行讲解。

1. 文件上传

（1）文件上传表单

在通过表单上传文件时，需要将表单提交方式设置为 POST 方式，并将 enctype 属性的值设置为“multipart/form-data”。在默认情况下，enctype 的编码格式为“application/x-www-form-urlencoded”，表示将表单进行 URL 编码，这种格式不能用于文件上传。而“multipart/form-data”是专门为表单提交数据设计的一种高效的编码格式。接下来演示一个典型的文件上传表单，代码如下。

```
<form method="post" enctype="multipart/form-data">
   <input type="file" name="upload" />
   <input type="submit" value="上传" />
</form>
```

当通过浏览器查看上述代码时，<input type="file" />元素就会在网页中显示一个上传文件的按钮，单击按钮就会显示文件浏览窗口，选择文件进行上传即可。默认情况下，该元素只能上传一个文件。当需要上传多个文件时，可以编写多个标签，或者为一个标签添加 multiple 属性。

（2）处理上传文件

PHP 默认将通过 HTTP 上传的文件保存到服务器的临时目录下，该临时文件的保存期为脚本的周期，即 PHP 脚本执行期间。在处理上传文件时，通过 sleep(seconds)函数延迟 PHP 文件执行的时间，可以在系统临时目录“C:\Windows\Temp”中查看临时文件，如图 2-63 所示。

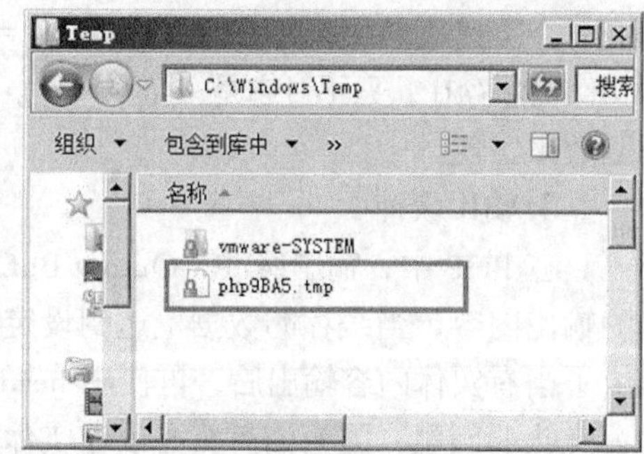

图 2-63　查看临时文件

从图 2-63 可以看出，当提交表单后，用户上传的文件会以随机生成的文件名保存在系统临时目录中。当 PHP 执行完毕后，图中方框内的临时文件就会被释放。

（3）获取文件信息

在 PHP 释放上传文件之前，在 PHP 脚本中可以用超全局变量$_FILES 来获取上传文件的信息。该变量的外层数组保存上传文件的“name”属性名，内层数组保存该上传文件的具体信息，具体代码如下。

```
//假设 PHP 收到来自<input type="file" name="upload" />上传的文件
echo $_FILES['upload']['name'];        //上传文件名称，如 photo.jpg
```

```
echo $_FILES['upload']['size'];          //上传文件大小，如 879394（单位是 Byte）
echo $_FILES['upload']['error'];         //上传是否有误，如 0（表示成功）
echo $_FILES['upload']['type'];          //上传文件的 MIME 类型，如 image/jpeg
echo $_FILES['upload']['tmp_name'];      //上传后临时文件名，如 C:\Windows\Temp\php9BA5.tmp
```


值得一提的是，$_FILES 数组中的 error 有 7 个值，分别为 0、1、2、3、4、6、7。0 表示上传成功，1 表示文件大小超过了 php.ini 中 upload_max_filesize 选项限制的值；2 表示文件大小超过了表单中 max_file_size 选项指定的值，3 表示文件只有部分被上传，4 表示没有文件被上传；6 表示找不到临时文件夹，7 表示文件写入失败。

（4）上传文件的保存

文件上传成功后会暂时保存在系统的临时文件夹中。为了将文件保存到指定的目录中，需要使用 move_uploaded_file()函数进行操作，示例代码如下。

```
//判断是否有"name=upload"的文件上传，是否上传成功
if(isset($_FILES['upload']) && $_FILES['upload']['error']==0){
    //上传成功，将文件保存到当前目录下的"uploads"目录中
    if(move_uploaded_file($_FILES['upload']['tmp_name'], './uploads/1.dat')){
        echo '文件上传成功';
    }
}
```

在上述代码中，move_uploaded_file()函数用于将上传的文件从临时文件夹移动到指定的位置。该函数在移动前会先判断文件是否是通过 HTTP 上传的，以避免读取到服务器中的其他文件，造成安全问题。需要注意的是，移动文件的目标路径"./uploads"必须是已经存在的目录，否则会移动失败。

2. 文件基本操作

（1）文件类型

文件类型主要分为文件和目录，PHP 可以通过 filetype()函数来获取文件类型，示例代码如下。

```
echo filetype('./uploads/1.jpg');     //输出结果：file
echo filetype('./uploads');           //输出结果：dir
```

值得一提的是，在 Windows 系统中，PHP 只能获得 file（文件）、dir（目录）和 unknown（未知）3 种文件类型，而在 Linux 系统中，还可以获取 block（块设备）、char（字符设备）、link（符号链接）等文件类型。

另外，在操作一个文件时，如果该文件不存在，会发生错误。为了避免这种情况发生，可以通过 file_exits()、is_file()和 is_dir()函数，来检查文件或目录是否存在，示例代码如下。

```
var_dump( file_exists('./uploads/1.jpg') );     //文件存在，输出：bool(true)
var_dump( file_exists('./uploads/2.jpg') );     //文件不存在，输出：bool(false)
var_dump( is_file('./uploads/1.jpg') );         //输出结果：bool(true)
var_dump( is_dir('./uploads') );                //输出结果：bool(true)
```

在上述代码中，file_exists()用于判断指定文件或目录是否存在，is_file()用于判断指定文件是否存在，is_dir()用于判断指定目录是否存在。对于 is_file()和 is_dir()函数，即使文件存在，如果文件类型不匹配，也会返回 false。

（2）文件属性

在操作文件时，经常需要获取文件的一些属性，如文件的大小、权限和访问时间等。PHP内置了一系列函数用于获取这些属性，如表 2-26 所示。

表 2-26　获取文件属性的函数

函数	功能
int filesize(string $filename)	获取文件大小
int filectime(string $filename)	获取文件的创建时间
int filemtime(string $filename)	获取文件的修改时间
int fileatime(string $filename)	获取文件的上次访问时间
bool is_readable(string $filename)	判断给定文件是否可读
bool is_writable(string $filename)	判断给定文件是否可写
bool is_executable(string $filename)	判断给定文件是否可执行
array stat(string $filename)	获取文件的信息

在表 2-26 中，由于 PHP 中 int 数据类型表示的数据范围有限，所以 filesize()函数对于大于 2GB 的文件，并不能准确获取其大小，需斟酌使用。

（3）文件操作

在程序开发过程中，经常需要对文件进行复制、删除及重命名等操作。针对这些功能，PHP 提供了相应的函数，具体如表 2-27 所示。

表 2-27　文件基本操作函数

函数	功能
bool copy(string $source, string $dest)	用于实现复制文件的功能
bool unlink(string $filename)	用于删除文件
bool rename(string $old_name, string $new_name)	用于实现文件或目录的重命名功能

在使用表 2-27 中的函数时需要注意，待操作的文件必须已经存在，否则程序会出现错误。建议在使用这些函数之前先通过 file_exists()、is_file()或 is_dir()函数进行判断。

（4）文件读写

在 PHP 中，对于文件的读写提供了许多函数。其中，基于文件的句柄的函数可以对大文件进行流式读写操作；而对于小文件，直接进行读写效率更高。表 2-28 列举了 PHP 中常用的文件读写函数。

表 2-28　文件读写函数

函数	功能
resource fopen(string $filename, string $mode)	打开文件，获取文件句柄
bool fclose(resource $handle)	关闭文件句柄
string fread(resource $handle, int $length)	通过句柄读取文件，获取指定长度字符串
int fwrite(resource $handle, string $string [,int $length])	通过句柄写入文件

续表

函数	功能
string fgetc(resource $handle)	通过句柄读取文件，每次读取一个字节
string fgets(resource $handle [,int $length])	通过句柄读取文件，每次读取一行内容
array file(string $filename)	将文件读取到按行分割的数组中
string file_get_contents(string $filename)	读取文件
int file_put_contents(string $filename, mixed $data)	写入文件

为了更好地掌握 PHP 中的文件读写函数，接下来通过文件下载的案例进行演示，具体代码如下。

```
1  //定义下载文件名
2  $name = 'download.zip';
3  //获取文件大小
4  $size = filesize('./data.zip');
5  //设置 HTTP 响应消息为文件下载
6  header('content-type:octet-stream');
7  header('content-length:'.$size);
8  header('content-disposition:attachment;filename="'.$name.'"');
9  //以只读方式打开文件
10 $fp = fopen('./data.zip', 'r');
11 //读取文件并输出
12 $buffer = 1024;     //读取缓冲
13 $count = 0;         //已读取的大小
14 //判断文件是否全部读取
15 while(!feof($fp) && ($size - $count > 0)){
16     echo fread($fp, $buffer);
17     $count += $buffer;
18 }
19 //关闭文件，停止脚本
20 fclose($fp);
21 exit;
```

在上述代码中，第 6～8 行代码用于设置 HTTP 响应消息，告知浏览器进行文件下载；第 10 行代码使用 fopen()函数打开文件，该函数的第 2 个参数表示打开方式，“r” 表示以只读方式，读者可参考 PHP 手册了解其他方式。第 11～18 行代码用于读取文件，为了避免文件过大占用内存，一次仅读取 1KB 的文件。第 15 行代码调用的 feof()函数，用于判断$fp 是否已经读取到文件末尾。

3. 目录基本操作

（1）创建目录

在进行文件操作时，经常需要创建目录。通过 mkdir()函数可以实现目录的创建，示例代码如下。

```
mkdir('./path');                        //在当前目录下创建一个 path 目录
mkdir('./path1/path2', 0777, true);     //在当前目录下递归创建 path1/path2 目录
```

在上述代码中，mkdir()函数的第 1 个参数表示要创建的目录，第 2 个参数表示目录权限（在 Linux 系统中，0777 表示可读、可写、可执行），第 3 个参数表示是否递归创建目录，当设置为 true 时，将自动创建不存在的目录。

（2）解析路径

在程序中经常需要对文件路径进行解析操作，如路径中的文件名和目录等。PHP 提供了一些函数实现目录的解析操作，具体如表 2-29 所示。

表 2-29　解析目录函数

函数	功能
string basename(string $path [, string $suffix])	返回路径中的文件名
string dirname(string $path)	返回路径中的目录部分
mixed pathinfo(string $path [, int $options])	以数组的形式返回路径信息，包括目录名、文件名等

需要注意的是，在使用表 2-29 中的函数处理带有中文的路径时，应注意操作系统对于文件路径的编码问题。只有 PHP 程序设置的编码与操作系统的编码统一，才能正确处理中文路径。

（3）遍历目录

在程序中经常需要对某个目录下的子目录或文件进行遍历。为此，PHP 中内置了相应的函数用于实现目录或文件的遍历，具体如表 2-30 所示。

需要注意的是，在任何一个平台遍历目录的时候，都会包括“.”和“..”两个特殊的目录，前者表示当前目录，后者则表示上一级目录。

表 2-30　遍历目录函数

函数	功能
resource opendir(string $path)	打开一个目录句柄
string readdir(resource $dir_handle)	从目录句柄中读取条目
void closedir(resource $dir_handle)	关闭目录句柄
void rewinddir(resource $dir_handle)	倒回目录句柄
array glob(string $pattern [, int $flags = 0])	寻找与模式匹配的文件路径

为了更好地掌握目录遍历函数，接下来通过统计目录大小的案例进行演示，具体代码如下。

```
function getDirSize($path){
    $size = 0;   //保存文件大小
    $handle = opendir($path);  //打开目录句柄
    while(false !== ($name = readdir($handle))){
        if($name!='.' && $name !='..'){
            $file = "$path/$name";
            $size += is_dir($file) ? getDirSize($file) : filesize($file);
        }
    }
    closedir($handle);
    return $size;
```

```
12 }
13 echo '当前目录大小：'.getDirSize('./').'B';
```

上述代码通过 getDirSize()函数实现了统计目录的大小，参数$path 表示目录的路径。在函数中，第 5 行代码用于排除遍历目录时的特殊目录；第 6 行代码用于拼接完整的文件路径，第 7 行代码用于判断路径是目录还是文件，如果是文件则记录文件大小，如果是目录则递归获取目录大小。

任务四　图像处理

在 Web 开发中，对于图像的处理十分常见，如生成缩略图、为图片添加水印等。PHP 中自带的 GD 库就是处理图像扩展中的一种，它具有使用方便、稳定性高等特点。本任务将基于 GD 库进行讲解。

1. GD 库简介

GD 库是 PHP 处理图像的扩展库，它提供了一系列用来处理图像的函数，可以实现生成缩略图、验证码和图片水印等操作。但由于不同的 GD 库版本支持的图像格式不完全一样，因此，从 PHP 的 4.3 版本开始，PHP 捆绑了其开发团队实现的 GD2 库。它不仅支持 GIF、JPEG、PNG 等格式的图像文件，还支持 FreeType、Type1 等字体库。

在 PHP 中，要想使用 GD2 库，需要打开 PHP 的配置文件 php.ini，找到“;extension= php_gd2.dll”配置项，去掉前面的分号“;”注释，然后保存文件并重启 Apache 使配置生效。通过 phpinfo()函数可以查看 GD 库是否开启成功，如图 2-64 所示。

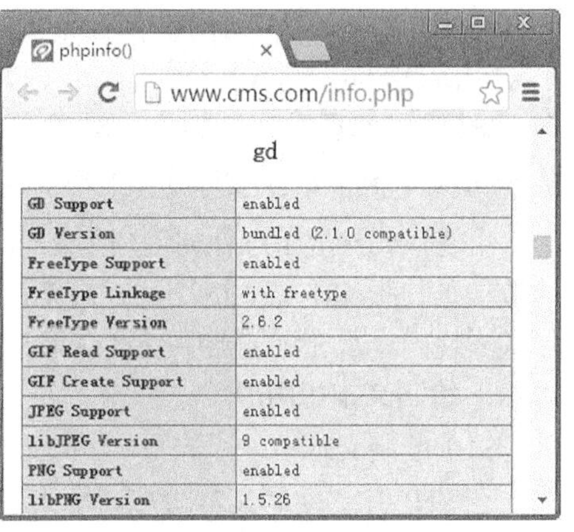

图 2-64　查看 GD 扩展库信息

2. 图像的创建与输出

（1）创建图像资源

在处理图像前，需要先创建图像资源。PHP 有多种创建图像的方式，可以基于一个已有的文件创建，也可以直接创建一个空白画布。常用的创建图像资源的函数如表 2-31 所示。

表 2-31　创建图像资源的函数

函数	功能
resource imagecreate(int $width, int $height)	创建指定宽高的空白画布图像
resource imagecreatetruecolor (int $width, int $height)	创建指定宽高的真彩色空白画布图像
resource imagecreatefromgif(string $filename)	从给定的文件路径创建 GIF 格式的图像
resource imagecreatefromjpeg(string $filename)	从给定的文件路径创建 JPEG 格式的图像
resource imagecreatefrompng(string $filename)	从给定的文件路径创建 PNG 格式的图像

表 2-31 列举的函数执行后，返回的结果是一个图像资源。通过图像资源可以进行其他操作，如填充颜色、绘制文本和图形等。

（2）填充颜色

在使用 PHP 创建空白画布的时候，并不能直接给画布指定颜色。为画布填充颜色时，可以通过 imagecolorallocate()函数来完成，示例代码如下。

```
//创建空白画布资源
$im = imagecreate(200,100);
//填充颜色（参数依次为图像资源、红色数值、绿色数值、蓝色数值）
imagecolorallocate($im, 100, 110, 204);
```

在上述代码中，变量$im 是创建好的画布资源，imagecolorallocate()函数用于为画布填充颜色，该函数的第 2~4 个参数分别表示 RGB 中的 3 种颜色。

（3）图像输出

在完成图像资源的处理后，可以将图像输出到网页中，或者保存到文件中，示例代码如下。

```
//创建空白画布并填充颜色
$im = imagecreate(200, 100);
imagecolorallocate($im, 100, 110, 204);
//设置 HTTP 响应消息，将文档类型设置为 GIF 图片
header('Content-Type: image/gif');
//将图像资源以 GIF 格式输出
imagegif($im); //该函数第 2 个参数指定图像保存路径，省略时直接输出到网页
```

上述代码实现了图像的创建与输出。在输出时应通过 header()函数告知浏览器接下来发送的数据是一张 GIF 格式的图片，否则浏览器不会以图片的形式展现内容。在浏览器中查看结果，如图 2-65 所示。

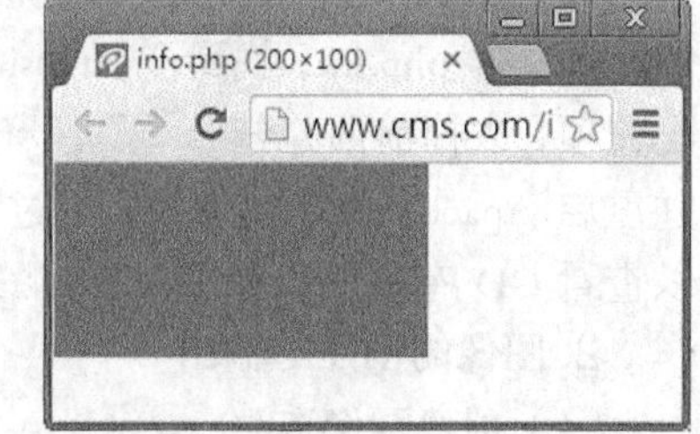

图 2-65　PHP 输出图像

3. 绘制文本和图形

（1）绘制文本

在 PHP 中，绘制文本通常用于实现验证码、文字水印等功能。通过 imagettftext()函数可以将文字写入到图像中，该函数的参数说明如下。

```
array imagettftext(
    resource $image,        //图像资源（通过 imagecreate()创建）
    float $size,            //文字大小（字号）
    float $angel,           //文字倾斜角度
    int $x,                 //绘制位置的 x 坐标
    int $y,                 //绘制位置的 y 坐标
    int $color,             //文字颜色（通过 imagecolorallocate()创建）
    string $fontfile,       //文字字体文件（即.ttf 字体文件的保存路径）
    string $text            //文字内容
);
```

在使用 imagettftext()函数时，需要给定字体文件，可以使用 Windows 系统中安装的字体文件（在 C:\Windows\Fonts 目录中），也可以通过网络获取其他字体文件放在项目目录下使用。

（2）绘制基本图形

图形的构成无论多么复杂，都离不开最基本的点、线、面。在 PHP 中，GD 库提供很多绘制基本图形的函数，通过这些函数可以绘制像素点、线条、矩形、图形等，具体如表 2-32 所示。

表 2-32　绘制基本图形的函数

函数	功能
imagesetpixel(resource $image, int $x, int $y, int $color)	绘制一个点，其中参数$x 和$y 用于指定该点的坐标，$color 用于指定颜色
imageline(resource $image, int $x1, int $y1, int $x2, int $y2, int $color)	用$color 颜色在图像$image 中从坐标（x1,y1）到（x2,y2）绘制一条线条
imagerectangle(resource $image, int $x1, int $y1, int $x2, int $y2, int $color)	用$color 颜色在$image 图像中绘制一个矩形，其左上角坐标为（x1，y1），右下角坐标为（x2，y2）
imageellipse(resource $image, int $cx, int $cy, int $w, int $h, int $color)	在$image 图像中绘制一个以坐标（cx，cy）为中心的椭圆。其中，$w 和$h 分别指定了椭圆的宽度和高度，如果$w 和$h 相等，则为正圆。成功时返回 true，失败则返回 false

表 2-32 中列举的这些函数的用法非常简单，接下来以 imagerectangle()函数为例演示矩形的绘制方法，示例代码如下。

```
//创建画布、填充颜色、创建颜色
$im = imagecreate(200, 100);                          //创建 200*100 大小的画布
imagecolorallocate($im, 255, 255, 255);              //为画布填充白色
$color = imagecolorallocate($im, 50, 50, 50);        //创建黑色
//绘制矩形
imagerectangle($im, 10, 10, 180, 90, $color);
//绘制文本（使用 Windows 自带的黑体字体）
imagettftext($im, 20, 0, 65, 60, $color, 'C:/Windows/Fonts/simhei.ttf', '矩形');
//输出图像
header('Content-Type: image/png');
imagepng($im);
```

上述代码实现了创建一张空白画布资源并绘制矩形和文本，最后以 PNG 的格式输出到浏览器中。程序的运行结果如图 2-66 所示。

图 2-66　绘制文本和图形

4. 图像缩放与叠加

在创建图像资源时，除了创建空白画布，还可以基于图片文件进行创建。当需要对图片进行缩放、叠加时，可以通过 imagecopyresampled()函数来完成。该函数的参数说明如下。

```
bool imagecopyresampled(
    resource $dst_image,            //目标图像资源
    resource $src_image,            //原图像资源
    int $dst_x,                     //目标的 x 坐标
    int $dst_y,                     //目标的 y 坐标
    int $src_x,                     //原图的 x 坐标
```

```
    int $src_y,                      //原图的 y 坐标
    int $dst_w,                      //目标图像的宽
    int $dst_h,                      //目标图像的高
    int $src_w,                      //原图像的宽
    int $src_h                       //原图像的高
)
```

从以上参数可以看出，imagecopyresampled()函数用于将原图复制到目标图像中。在复制时，从原图中获取从$src_x、$src_y 坐标点开始到$src_w、$src_h 范围内的矩形内容，复制到目标图从$dst_x、$dst_y 坐标点到$dst_w、$dst_h 的矩形范围中。如果$src_w、$src_h 和$dst_w、$dst_h 的大小不同，图片将被自动缩放。

为了更好地掌握 imagecopyresampled()函数的用法，接下来通过具体案例进行演示。

（1）图像缩放

实现图像的缩放时，先获取原图的宽高，然后将原图复制到目标画布中即可，具体代码如下。

```
//定义基本变量
$source = './1.jpg';        //原图路径
$dst_w = 200;               //目标宽度
$dst_h = 100;               //目标高度
//获取原图宽高
list($src_w, $src_h) = getimagesize($source);
//创建原图资源
$src_im = imagecreatefromjpeg($source);
//创建目标图像画布资源
$dst_im = imagecreatetruecolor($dst_w, $dst_h);
//将原图缩放到目标图像中
imagecopyresampled($dst_im, $src_im, 0, 0, 0, 0, $dst_w, $dst_h, $src_w, $src_h);
//保存到文件中（参数依次为图像资源、保存路径、JPEG 压缩质量 0~100）
imagejpeg($dst_im, './thumb_1.jpg', 100);
```

上述代码执行后，将会读取当前目录下的“1.jpg”图像，将图像缩放到 200*100 大小，然后保存为“thumb_1.jpg”文件。在代码中，getimagesize()函数用于获取图像的信息，该函数的返回值是一个数组，数组的前两个元素就是图像的宽高值。

（2）图像叠加

实现图像叠加时，可以将原图完整地叠加到目标图中，也可以只将原图的局部图像叠加到目标图中。以完整叠加为例，示例代码如下。

```
//定义基本变量
$source = './1.jpg'; //原图路径
$target = './2.jpg'; //目标图路径
//获取原图的宽高
list($src_w, $src_h) = getimagesize($source);
//创建图像资源
$src_image = imagecreatefromjpeg($source);
```

```
$dst_image = imagecreatefromjpeg($target);
//将原图叠加到目标图中
imagecopyresampled($dst_image, $src_image, 0, 0, 0, 0, $src_w, $src_h, $src_w, $src_h);
header('Content-Type: image/jpeg');
imagejpeg($dst_image);
```


上述代码执行后，当原图的尺寸小于目标图时，就可以从输出的图像中看出，原图叠加在了目标图的左上角（0，0 坐标开始的位置）。效果如图 2-67 所示。

图 2-67 图像叠加

任务五 函数进阶

在 PHP 中，函数还有许多特性可以使用，如静态变量、引用传参、可变参数。通过这些特性，可以使代码更加简洁、灵活，表现力更强。本任务将围绕函数的一些进阶使用进行讲解。

1. 静态变量

在函数中定义的局部变量，在函数执行完成后，就会被自动释放。当不希望函数中的局部变量被释放时，可以使用静态变量。下面通过代码演示静态变量的使用，具体如下。

```
function test(){
    static $a = 1;      //声明静态变量，并赋值 1
    return ++$a;        //静态变量$a 自增 1，然后返回
}
echo test();            //输出结果：2
echo test();            //输出结果：3
```

从上述代码可以看出，当为静态变量赋值后，在下次调用函数时，静态变量中的值依然存在。在实际开发中，函数执行完成后自动释放局部变量有利于节省内存空间，而静态变量会一直占用内存空间，因此在使用静态变量时一定要酌情考虑。

2. 引用传参

在变量赋值的时候，有传值赋值和引用赋值两种形式。同样，在函数进行参数传递时，也可以进行引用传参。在编写函数时，在参数的前面加上“&”引用符号即可，示例代码如下。

```
function test(&$a){
    ++$a;
}
$num = 1;
test($num);        //调用函数，引用传参
echo $num;         //输出结果：2
```

从上述代码可以看出，当 test()函数第 1 次调用时，函数内的$a 引用了函数外部的变量$num。因此在函数中对$a 进行自增运算时，$num 的值也会随之改变。在实际开发中，通过引用传参可以在函数中直接修改变量的值。

3. 可变参数

在 PHP 中，函数参数的数量可以是不固定的，可以通过 func_get_args()获取调用时传递的所有参数，这些参数以数组的形式保存，示例代码如下。

```
function test(){
   $params = func_get_args();  //获取调用时传递的参数，返回数组类型
   return implode('-', $params);
}
echo test(123, 456);               //输出结果：123-456
```

从上述代码可以看出，test()函数并没有声明参数，而调用函数时传入的 123、456 两个参数可以通过 func_get_args()函数获取到。

值得一提的是，在调用函数时，还可以使用 call_user_func_array()函数以数组的形式传递参数，示例代码如下。

```
function test($a, $b){
   return $a + $b;
}
echo call_user_func_array('test', [123, 456]);    //输出结果：579
```

在上述代码中，call_user_func_array()函数的第 1 个参数表示需要调用的函数名，第 2 个参数是传入的参数。在传参时，数组的第 1 个元素将赋值给$a，数组的第 2 个元素将赋值给$b。当被调用的函数执行后，其返回值将作为 call_user_func_array()函数的返回值进行返回。

模块五　后台功能实现

在完成 MySQL 基础、PHP 操作数据库、PHP 进阶技术等知识的学习后，下面就可以运用这些技术来开发项目了。内容管理系统后台主要功能模块需要的知识点，如图 2-68 所示。

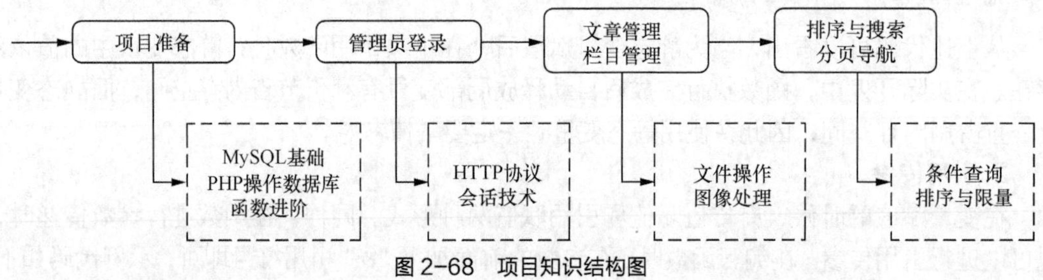

图 2-68　项目知识结构图

通过本模块的学习，读者对于知识的掌握程度要达到如下目标。

- 熟悉项目中常用函数的编写，学会在项目中使用配置文件。
- 熟悉基于 MySQLi 的数据库函数编写，学会利用函数加快开发速度。
- 掌握系统后台管理员功能的开发，学会利用 Session 实现管理员登录。
- 掌握验证码功能的开发，学会验证码的图像生成和输入验证。

● 掌握栏目管理和文章管理功能的开发，学会文件和图像技术的应用。

任务一　项目准备

1. 项目初始化

在项目开发的初始阶段，先进行项目的目录结构划分，才能合理、规范地管理项目中的各种文件。根据功能模块划分，本项目的目录结构如表 2-33 所示。

表 2-33　项目结构划分

文件	说明
common	前后台，公共文件目录
upload	前后台，上传文件目录
css	前台，CSS 样式文件目录
js	前台，JavaScript 文件目录
image	前台，图片文件目录
view	前台，HTML 模板文件目录
init.php	前台，初始化文件
index.php	前台，首页
admin	后台，文件目录
admin\css	后台，CSS 样式文件目录
admin\js	后台，JavaScript 文件目录
admin\image	后台，图片文件目录
admin\view	后台，HTML 模板文件目录
admin\init.php	后台，初始化文件
admin\index.php	后台，首页

从表 2-33 中可以看出，项目首先分成了前台和后台两个平台，并将 common 和 upload 目录作为前后台公共目录。后台相关的文件全部放到了 admin 目录中，从而在目录结构上对前后台进行了区分。

在完成目录划分后，接下来为项目的前后台创建初始化文件，为项目定义一些基础的常量，方便在项目中使用，具体步骤如下。

① 为前台创建初始化文件 init.php，代码如下。

```
<?php
//定义前台相关的常量
define('APP_DEBUG', true);                    //调试开关
define('COMMON_PATH', './common/');           //公共文件目录
define('UPLOAD_PATH', './upload/');           //上传文件目录
```

② 为后台创建初始化文件 admin\init.php，代码如下。

```
<?php
//定义后台相关的常量
define('APP_DEBUG', true);                    //调试开关
```

```
define('COMMON_PATH', '../common/');    //公共文件目录
define('UPLOAD_PATH', '../upload/');    //上传文件目录
```

在上述代码中，常量 APP_DEBUG 表示是否开启调试，当开启时将提示完整的错误信息以便于调试，否则只进行简单的错误提示。常量 COMMON_PATH 和 UPLOAD_PATH 表示公共文件目录和上传文件目录的路径，从前台进行访问时，从当前目录“./”开始；从后台进行访问时，从上级目录“../”开始。

2. 函数库与配置文件

（1）函数库

在项目开发时，有许多常用的功能可以通过函数来完成，因此应该为项目创建一个函数库，保存项目中的常用函数。在 common 目录中创建文件 function.php，编写代码如下。

```
<?php
//遇到致命错误，输出错误信息并停止运行
function E($msg, $debug=''){
    $msg .= APP_DEBUG ? $debug : '';
    exit('<pre>'.htmlspecialchars($msg).'</pre>');
}
```

上述代码编写了一个“E()”函数，函数名是英文单词“error”的首字母缩写，表示程序遇到错误。通过一个大写字母的命名风格，既书写方便，又便于程序阅读。该函数的参数$msg表示错误信息，$debug 表示调试信息，当开启调试时，显示错误信息和调试信息，而关闭调试时，只显示错误信息。

在完成编写函数库后，接下来在项目的初始化文件中载入函数库。由于函数中用到了常量 APP_DEBUG，因此载入函数的代码应该写在常量定义之后，代码如下。

```
<?php
//定义项目相关的常量
//……
//载入函数库
require COMMON_PATH.'function.php';
```

上述代码通过常量 COMMON_PATH 拼接字符串“function.php”完成了函数库的载入。通过常量表示路径，在编写代码时将不用考虑前后台的区别。

（2）配置文件

在项目中通常有一些常用的配置，如数据库连接信息，使用独立的配置文件来保存配置可以使代码更利于维护。接下来在 common 目录中创建配置文件 config.php，保存数据库的连接信息，具体代码如下。

```
<?php
//项目配置文件
return [
    //数据库连接信息
    'DB_CONNECT' => [
        'host' => 'localhost',          //服务器地址
        'user' => 'root',               //用户名
```

```
        'pass' => '123456',                //密码
        'dbname' => 'itcast_cms',          //默认数据库
        'port' => '3306',                  //端口
    ],
    'DB_CHARSET' =>   'utf8',              //数据库字符集
];
```

上述代码通过数组保存了数据库的基本连接信息，其中 DB_CONNECT 数组根据 mysqli_connect()函数的参数顺序，依次保存了数据库服务器地址、用户名、密码、默认数据库和端口号，DB_CHARSET 保存了用于 mysqli_set_charset()函数使用的字符集信息。

（3）访问配置文件

完成配置文件 common\config.php 的创建后，接下来还需要对配置文件进行访问。在函数库文件 common\function.php 中编写函数实现此功能，具体代码如下。

```
function C($name){
    static $config = null;     //保存项目中的设置
    if(!$config){              //函数首次被调用时载入配置文件
        $config = require COMMON_PATH.'config.php';
    }
    return isset($config[$name]) ? $config[$name] : '';
}
```

上述代码创建了一个“C()”函数，函数名是英文字母“config”的首字母缩写，表示访问程序的设置。参数$name 表示待访问的数组元素，如 DB_CONNECT。

在完成 C 函数的编写后，下面通过代码演示该函数的使用，具体如下。

```
//访问数据库连接信息
$config = C('DB_CONNECT');
echo $config['host'];             //输出结果：localhost
//访问数据库字符集
echo C('DB_CHARSET');             //输出结果：utf8
```

从上述代码可以看出，通过 C 函数可以快捷地访问项目中的配置。

3. 数据库函数

在基于数据库的项目中，对数据库的操作是非常频繁的，因此可以利用函数将这部分代码提取出来，以方便后续的代码编写。接下来在 common 目录中创建 db.php，保存数据库的常见操作函数，具体如下。

（1）连接数据库

PHP 访问 MySQL 数据库的第一步就是连接数据库。编写函数 db_connect()，具体代码如下。

```
<?php
//连接数据库
function db_connect(){
    static $link = null; //保存数据库连接
    if(!$link){
        if(!$link = call_user_func_array('mysqli_connect', C('DB_CONNECT'))){
```

```
            E('数据库连接失败。', mysqli_connect_error());
        }
        mysqli_set_charset($link, C('DB_CHARSET'));
    }
    return $link;
}
```

上述代码实现了连接数据库、选择数据库并设置字符集。在上述代码中，$link 保存了数据库连接，当函数第 1 次调用时进行数据库连接，函数执行后返回数据库连接$link。值得一提的是，mysqli_connect()返回的变量$link 是对象类型，对象类型的变量在赋值、函数传递时都是引用赋值的方式。

（2）执行 SQL 语句

在完成数据库连接后就可以执行 SQL 语句。由于 MySQLi 扩展提供的预处理语句更加高效和安全，因此在项目中执行 SQL 语句时，将通过预处理来实现。编写函数 db_query()和 db_bind_param()，具体代码如下。

```
//通过预处理方式执行 SQL（参数依次为 SQL 语句、数据格式、数据内容）
function db_query($sql, $type='', $data=[]){
    $link = db_connect();  //获取数据库连接
    //预处理 SQL 语句
    if(!$stmt = mysqli_prepare($link, $sql)){
        E('数据库操作失败。', mysqli_error($link)."\nSQL 语句: ".$sql);
    }
    //数据内容为空时，直接执行，否则进行参数绑定
    if($data==[]){
        mysqli_stmt_execute($stmt);
    }else{
        $data = (array)$data;                  //如果不是数组，强制转换为数组
        db_bind_param($stmt, $type, $data);    //参数绑定
        mysqli_stmt_execute($stmt);            //执行
    }
    return $stmt;
}
//自动完成参数绑定
function db_bind_param($stmt, $type, &$data){
    //准备预处理参数
    $params = [$stmt, $type];
    //遍历数据数组，创建引用
    foreach($data as &$params[]){}
    call_user_func_array('mysqli_stmt_bind_param', $params);     //参数绑定
}
```

上述代码实现了自动参数绑定和预处理方式执行 SQL。在 db_bind_param()函数中，$data 表示待绑定的参数，$params 用于保存 mysqli_stmt_bind_param()函数中的每个参数。由于参数

绑定需要引用传参，因此通过第 23 行代码为每个参数创建了引用。

为了使读者更好地理解 db_query()函数的使用，下面通过代码进行演示。

```
//准备 SQL 语句
$sql = 'INSERT INTO `cms_category` (`name`, `sort`) VALUES (?, ?)';
//执行 SQL 语句
db_query($sql, 'si', ['test', 0]);
```

从上述代码可以看出，通过 db_query()函数的第 1 个参数传入要执行的 SQL 语句模板，第 2 个参数传入参数绑定的数据类型，第 3 个参数传入数据内容，即可完成 SQL 语句的预处理和执行操作。

（3）批量操作

在 db_query()函数中，第 3 个参数用于传入数据内容，目前只支持一维数组。MySQLi 扩展的预处理机制还可以实现批量操作，因此还可以改进 db_query()函数，当传入数据内容是二维数组时，自动进行批量操作。在 db_query()函数实现参数绑定的位置进行修改，具体代码如下。

```
1    //数据内容为空时，直接执行，否则进行参数绑定
2    //以下代码写在：if($data==[]){    } else{   /* 此处 */  }
3    $data = (array)$data;                              //如果不是数组，强制转换为数组
4    is_array(current($data)) || $data = [$data];       //自动识别批量模式
5    $params = array_shift($data);                      //准备待绑定的变量
6    db_bind_param($stmt, $type, $params);              //参数绑定
7    mysqli_stmt_execute($stmt);                        //执行第 1 个
8    foreach($data as $row){                            //批量执行剩余的
9        foreach($row as $k=>$v){
10           $params[$k] = $v;  //动态更新参数值
11       }
12       mysqli_stmt_execute($stmt);
13   }
14   //……
```

在上述代码中，第 4 行代码中的 current()函数用于取出$data 数组中的第 1 个元素，如果该元素不是数组，说明$data 是一维数组，通过“$data=[$data]”转换为二维数组，后面是基于二维数组的批量模式。第 6 行代码调用 db_bind_param()函数对$params 数组进行参数绑定，绑定后通过第 7～13 行代码即可实现批量操作。

在完成 db_query()函数的修改后，下面通过代码演示如何进行批量操作，具体如下。

```
//准备 SQL 语句
$sql = 'INSERT INTO `cms_category` (`name`, `sort`) VALUES (?, ?)';
//准备数据
$data = [['aa', 1], ['bb', 12], ['cc', 30]];
//执行 SQL 语句
db_query($sql, 'si', $data);
```

从上述代码可以看出，当实现批量插入数据时，只需将 db_query()函数的第 3 个参数使用二维数组即可，在 db_query()函数中自动执行每一个插入操作。

（4）后续操作

在数据库操作中，除了执行 SQL 语句，还需要处理结果集、获取受影响行数、获取最后插入的 ID 等后续操作。接下来继续完善数据库操作函数，具体代码如下。

```
1  //定义相关常量
2  define('DB_ALL', 0);          //获得全部结果
3  define('DB_ROW', 1);          //获得 1 行结果
4  define('DB_COLUMN', 2);       //获得 1 个结果
5  define('DB_AFFECTED', 3);     //获得受影响的行数
6  define('DB_LASTID', 4);       //获得最后插入的 ID
7  //执行有结果集的 SQL
8  function db_fetch($mode, $sql, $type='', $data=[]){
9      //执行 SQL 并获取结果集
10     $stmt = db_query($sql, $type, $data);
11     $result = mysqli_stmt_get_result($stmt);
12     //根据指定格式返回数据
13     switch($mode){
14         case DB_ROW:    return mysqli_fetch_assoc($result);
15         case DB_COLUMN: return current((array)mysqli_fetch_row($result));
16         default:        return mysqli_fetch_all($result, MYSQLI_ASSOC);
17     }
18 }
19 //执行没有结果集的 SQL
20 function db_exec($mode, $sql, $type='', $data=[]){
21     $stmt = db_query($sql, $type, $data);
22     //根据指定格式返回数据
23     switch($mode){
24         case DB_LASTID: return mysqli_stmt_insert_id($stmt);
25         default:        return mysqli_stmt_affected_rows($stmt);
26     }
27 }
```

在上述代码中，第 2～6 行代码定义的常量用于表示后续的具体操作，db_fetch()和 db_exec()函数用于执行 SQL。在这两个函数中，参数$sql、$type、$data 与 db_query()函数的参数相同，参数$mode 表示后续的操作。对于 db_fetch()函数，$mode 有 DB_ALL、DB_ROW、DB_COLUMN 三个常量可选，对于 db_exec()函数，$mode 有 DB_AFFECTED、DB_LASTID 两个常量可选。

为了使读者更好地理解 db_fetch()和 db_exec()函数，接下来通过代码进行演示。

```
// ① 查询数据，获得保存所有结果的关联数组
$data = db_fetch(DB_ALL, 'SELECT * FROM `cms_category`');
var_dump($data);
// ② 插入数据，获得最后插入的 ID
$sql = 'INSERT INTO `cms_category` (`name`, `sort`) VALUES (?, ?)';
$id = db_exec(DB_LASTID, $sql, 'si', ['test', 0]);
echo $id;
```

从上述代码可以看出，通过 db_fetch()和 db_exec()函数操作数据库，不仅实现了预处理执行 SQL，而且可以使代码变得简洁、直观。

4. 输入过滤函数

在项目开发中，对于$_GET、$_POST 数组的访问是非常频繁的，但是这两个数组保存的是来自外部提交的数据，如果直接进行访问，会带来安全隐患。因此，通过函数来统一接收外部变量，可以使项目代码更加严谨和规范。接下来，在 common\function.php 中编写函数用于接收外部变量，具体代码如下。

```
//接收变量（参数依次为变量名、接收方法、数据类型、默认值）
function I($var, $method='post', $type='html', $def=''){
    switch($method){
        case 'get':    $method = $_GET;    break;
        case 'post':   $method = $_POST;   break;
    }
    $value = isset($method[$var]) ? $method[$var] : $def;
    switch($type){
        //字符串（不进行处理）
        case 'string':
            $value = is_string($value) ? $value : '';
        break;
        //字符串（进行 HTML 转义）
        case 'html':
            $value = is_string($value) ? toHTML($value) : '';
        break;
        //其他类型
    }
    return $value;
}
```

上述代码定义了“I()”函数，该函数名取自英文单词“input”的首字母，表示输入。参数$var 表示要接收的变量名；参数$method 表示接收方法（get、post）或直接传入一个数组；参数$type 表示要求的数据类型，并自动进行过滤；参数$def 表示当变量不存在时使用的默认值。

在 I()函数中，当参数$type 的值为“html”时，将自动调用 toHTML()函数为数据进行 HTML 特殊字符转义，接下来在 common\function.php 中实现该函数，具体代码如下。

```
//字符串转 HTML
function toHTML($str){
    $str = trim(htmlspecialchars($str, ENT_QUOTES));
    return str_replace(' ', ' ', $str);
}
```

上述函数执行后，将返回对参数$str 进行 HTML 特殊字符转义后的字符串。htmlspecialchars()函数的第 2 个参数 ENT_QUOTES 表示对单引号和双引号都进行转义。

在项目中，还有许多其他类型的数据，也可以在 I()函数中进行过滤。例如，整数、主键

ID、页码值等。在I()函数中继续代码实现其他类型的过滤，具体如下。

```
case 'int': $value = (int)$value; break;                    //整数
case 'id': $value = max((int)$value, 0); break;             //无符号整数
case 'page': $value = max((int)$value, 1); break;           //页码值
case 'float': $value = (float)$value; break;                //浮点数
case 'bool':  $value = (bool)$value; break;                 //布尔型
case 'array': $value = is_array($value) ? $value : []; break; //数组型
```

为了使读者更好地理解I()函数的使用，接下来通过代码进行演示。

```
// ① POST 方式
$_POST['name'] = '测试<文本>';
$name = I('name', 'post', 'html');
echo $name;                                  //输出结果：测试&lt;文本&gt;
// ② GET 方式
$_GET['id'] = '123abc';
$id = I('id', 'get', 'id');
echo $id;                                    //输出结果：123
```

从上述代码可以看出，通过I()函数接收变量，可以使代码更加直观，可读性更强。

5. 后台页面布局

下面开始进入网站后台页面的开发。在设计后台页面时，通常使用“品”字形的页面布局，此布局的具体结构如图2-69所示。

top

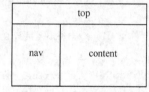

nav | content

图2-69 后台页面布局

从图2-69中可以看出，后台页面共分为top、nav、content三个部分。top是页面的顶部，通常用于显示系统名称、相关链接；nav是页面的左侧导航菜单，后台中的各个功能模块通过这个菜单进入；content是页面内容，根据当前访问的功能而改变。

接下来在admin\view目录中创建后台的布局文件layout.html，具体代码如下。

```
<!doctype html>
<html>
<head>
    <meta charset="utf-8">
    <title>后台 - 内容管理系统</title>
</head>
<body>
    <!--页面顶部-->
    <div class="top">
        <a href="../" target="_blank">前台首页</a>
        <a href="#">退出登录</a>
    </div>
    <!-- 左侧导航 -->
    <div class="nav">
        <a target="panel" href="./cp_index.php">主页</a>
```

```
        <a target="panel" href="./cp_article_edit.php">发布文章</a>
        <a target="panel" href="./cp_article.php">文章管理</a>
        <a target="panel" href="./cp_category.php">栏目管理</a>
    </div>
    <!-- 内容区域 -->
    <div class="content">
        <iframe src="./cp_index.php" name="panel"></iframe>
    </div>
</body>
</html>
```

上述代码包含了后台的顶部、左侧导航、内容区域 3 部分，其中内容区域使用了<iframe>框架，当在左侧导航中单击链接时，链接将从<iframe>框架中打开。

接下来创建后台首页 admin\index.php，载入后台初始化文件和布局文件，具体代码如下。

```
<?php
require './init.php';
require './view/layout.html';
```

当后台首页打开时，页面中的<iframe>将自动打开当前目录下的 cp_index.php 文件。接下来创建 admin\cp_index.php 文件，具体代码如下。

```
1  <?php
2  require './init.php';
3  require './view/index.html';
```

上述代码第 3 行载入了 admin\view\index.html，该文件是后台首页的 HTML 模板文件。创建该文件，具体代码如下。

```
<!doctype html>
<html>
<head>
    <meta charset="utf-8">
    <title>后台</title>
    <link rel="stylesheet" href="./css/style.css">
</head>
<body>
    <h1>后台首页</h1>
    <div>欢迎进入内容管理系统！请从左侧选择一个操作。</div>
</body>
</html>
```

上述代码是后台首页显示的具体内容。通常在网站的后台，还会显示服务器的基本信息，如操作系统、Apache、PHP、MySQL 的版本号，允许上传的文件大小等。这部分代码的实现较为简单，读者可参考本书的配套源代码。

在浏览器中访问网站后台首页，程序的运行结果如图 2-70 所示。

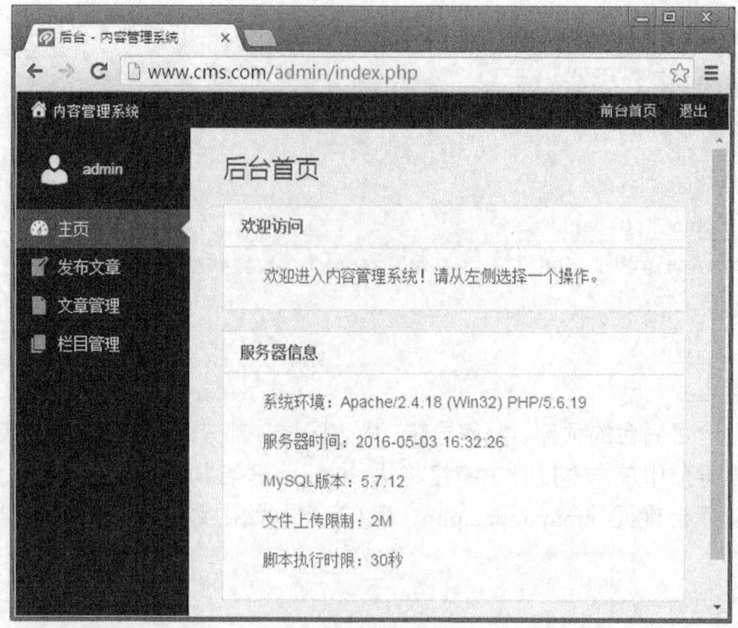

图 2-70　后台首页

任务二　管理员登录

1. 实现管理员登录

（1）添加管理员信息

在管理员表中添加初始数据，具体字段应包括 ID、用户名和密码，SQL 语句如下。

```
INSERT INTO `cms_admin` VALUES (1, 'admin', '123456');
```

在上述 SQL 语句为管理员表中添加了一个管理员信息，该管理员的 ID 为 1，用户名为 admin，密码为 123456。

（2）创建后台登录表单

在后台 admin\view 中创建后台用户登录的 HTML 表单 login.html，具体代码如下。

```
<form method="post" action="login.php">
    用户名：<input type="text" name="name">
    密　码：<input type="password" name="password">
    <input type="submit" value="登录">
</form>
```

在上述代码实现的表单中，有文本框和密码框，它们分别用于填写用户名和密码。当单击“登录”按钮后，表单将提交给 login.php，用户名以“name”名称提交，密码以“password”名称提交。

（3）载入数据库操作函数

修改前后台的初始化文件 admin\init.php，载入数据库操作函数 db.php，具体代码如下。

```
<?php
//……
//载入基础函数
require COMMON_PATH.'function.php';
```

```
//载入数据库操作函数
require COMMON_PATH.'db.php';
```

将数据库操作函数载入后，在项目中就可以使用来自 db.php 中的函数。

（4）接收登录表单

创建后台登录文件 admin\login.php，实现载入 HTML 模板显示登录页面，当接收到提交的登录表单时处理表单，具体代码如下。

```
1  <?php
2  require './init.php';
3  //处理表单
4  if($_POST){
5      $name = I('name', 'post', 'html');
6      $password = I('password', 'post', 'string');
7      //根据用户名取出密码
8      $data = db_fetch(DB_ROW, 'SELECT `id`,`name`,`password` FROM `cms_admin`
9          WHERE `name`=?', 's', $name);
10     //判断用户名和密码
11     if($data && ($password == $data['password'])){
12         //保存登录信息到 Session
13         $_SESSION['cms']['admin'] = ['id'=>$data['id'], 'name'=>$data['name']];
14         //跳转到首页
15         redirect('index.php');
16     }
17     E('登录失败：用户名或密码错误。');
18 }
19 require './view/login.html';
```

在上述代码中，当用户访问 login.php 时，如果没有提交表单，则执行第 19 行代码，显示登录表单；如果有提交表单，则执行第 4~18 行代码处理表单。在处理表单时，先接收用户填写的用户名和密码，到数据库中查询信息，然后取出密码后进行验证。如果验证通过，则将用户登录信息保存到 Session 中，然后跳转到 index.php；如果验证失败，则调用 E()函数停止程序继续执行。

接下来在 common\function.php 中编写用于实现页面跳转的 redirect()函数，具体代码如下。

```
function redirect($url){
    header("Location:$url");  //重定向到目标 URL 地址
    exit;
}
```

上述代码实现了跳转到目标 URL 地址并停止脚本继续执行。

完成 admin\login.php 的编写后，在浏览器中访问登录页面，程序的运行结果如图 2-71 所示。

2. 页面信息提示

当 PHP 处理用户提交表单时，如果在处理过程中发生了成功或失败的信息，应该以友好的提示信息在页面中显示。为了利于程序的维护，可以将载入 HTML 页面的代码放到一个函数中，通过调用函数的方式来决定程序在什么情况下显示页面。接下来将介绍如何实现这个功能。

图 2-71　后台登录

（1）编写显示页面的函数

在 admin\login.php 中编写 display()函数，将载入 HTML 模板的代码放到函数中，具体如下。

```
function display($msg=null){
    require './view/login.html';
    exit;
}
```

上述代码创建了 display()函数，该函数的参数$msg 表示在模板中显示的提示信息。

（2）在页面中输出提示信息

编辑后台登录页面 admin\view\login.html，在页面中添加<div>元素用于显示信息提示，具体如下。

```
<div class="tips"><?=tips($msg)?></div>
```

上述代码通过调用 tips()函数输出提示信息。在 common\function.php 中编写该函数，代码如下。

```
function tips($msg=null){
    if(!$msg){
        return '';  //没有提示信息时直接返回空字符串
    }
return $msg[0] ? "<div>$msg[1]</div>" : "<div class=\"error\">$msg[1]</div>";
}
```

在上述代码中，tips()函数的参数$msg 用于传入一个数组，数组的第 1 个元素表示成功或失败，第 2 个元素是表示提示信息。当省略参数$msg，或$msg 为空时，直接返回空字符串，表示没有提示信息。

（3）显示页面并提示信息

在完成信息提示功能后，修改 admin\login.php 中登录失败的提示代码，具体如下。

```
//修改前的代码：
//E('登录失败：用户名或密码错误。');
//修改后的代码：
display([false, '登录失败：用户名或密码错误。']);
```

上述代码将登录失败时调用 E()函数的代码修改为调用 display()函数，在使用时传递了数组参数，数组的第 1 个元素通过布尔值 false 表示登录失败，第 2 个元素表示错误信息。

（4）没有表单提交时显示页面

在完成创建 display()函数后，当没有表单提交时，应显示登录页面，具体代码如下。

```
if($_POST){
    //有表单提交时，处理表单……
}else{
    //没有表单提交时，显示登录页面
    display();
}
```

上述代码在没有表单提交时调用了 display()函数，并省略了参数$msg，此时页面中将不显示任何提示。

在登录页面中输入错误的用户名和密码进行测试，程序的运行结果如图 2-72 所示。

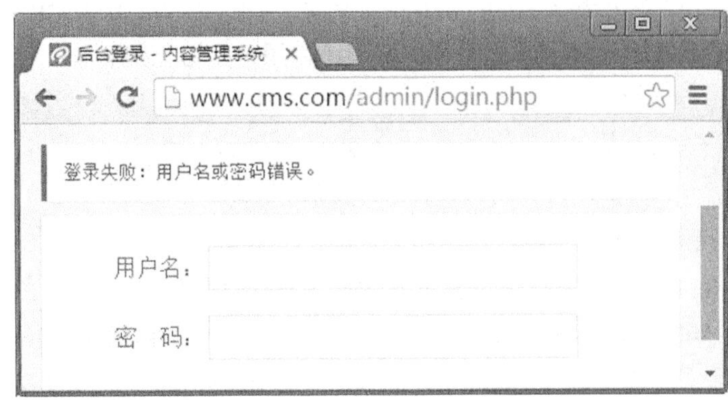

图 2-72　登录失败信息提示

3. 判断登录状态

在实现了用户登录功能后，还需要判断用户是否登录，如果没有登录则提示用户进行登录，并阻止用户访问本来的功能。实现该功能的具体步骤如下。

（1）开启 Session

在后台中，Session 操作是项目中的公共功能，为了更好地维护项目中的 Session，可以在初始化文件中统一开启 Session，并为项目中的 Session 创建前缀。修改文件 admin\init.php，新增代码如下。

```
//启动 Session
session_start();
//为项目创建 Session，统一保存到 cms 中
```

```
4  if(!isset($_SESSION['cms'])){
5      $_SESSION = ['cms' => []];
6  }
```

在上述代码中，第 4~6 行代码在$_SESSION 数组中添加了“cms”数组元素，用于将项目中所有的 Session 操作都基于“cms”数组元素，从而避免一个网站下有多个项目访问 Session 时导致的命名冲突问题。

（2）检查用户登录

接下来在 admin\init.php 中继续编写代码，实现检查用户登录，具体如下。

```
1  if(!defined('NO_CHECK_LOGIN')){
2      if(isset($_SESSION['cms']['admin'])){
3          $user = $_SESSION['cms']['admin'];  //用户已登录，取出用户信息
4      }else{
5          redirect('login.php');  //用户未登录，跳转到登录页面
6      }
7  }
```

在上述代码中，第 1 行用于判断是否已经定义了 NO_CHECK_LOGIN 常量，如果没有定义，则检查用户是否登录；如果已经定义，则不检查用户是否登录。当用户登录时，取出用户信息保存到变量$user中，如果没有登录则跳转到登录页面login.php并停止脚本继续执行。

经过对 admin\init.php 的修改，当其他脚本载入这个文件时，就会自动判断用户是否登录。如果不需要判断登录，则在载入 admin\init.php 之前，先定义 NO_CHECK_LOGIN 常量。以 admin\login.php 文件为例，通过以下代码实现不检查用户是否已经登录。

```
<?php
define('NO_CHECK_LOGIN', true);    //先定义常量，表示不检查登录
require './init.php';              //载入初始化文件
```

（3）显示当前登录的用户名

在 admin\login.php 文件中，当用户登录成功时，将用户信息（ID 和用户名）保存到了 Session 中，然后在 admin\init.php 中判断用户是否登录，如果已经登录，则从 Session 中取出用户信息，保存到$user 中。因此，当用户登录成功后进入后台首页时，可以通过输出$user 将用户名显示在页面中。

接下来，编辑 admin\view\layout.html 文件，在网页的顶部导航中输出用户名，具体代码如下。

```
您好，<?=$user['name']?>
```

修改完成后，在浏览器中访问后台首页，程序运行结果如图 2-73 所示。

图 2-73　显示当前登录的用户名

4. 登录验证码

在开发管理员登录功能时，还要考虑一个问题，就是除了浏览器，其他软件也可以向服务器提交数据。从系统安全的角度看，如果使用软件自动大批量向服务器提交表单，那么管理员的用户名、密码将会被穷举，导致管理员账号被盗取。为此，验证码就成为了一种

防御手段。

通常情况下，验证码是一张带有文字的图片，要求用户输入图中的文字。对于图片中的文字，人类识别非常容易，而软件识别则非常困难。因此，验证码是一种区分由人类还是由计算机操作的程序。接下来，就在项目中实现验证码的功能。

（1）生成验证码文本

在项目中创建 common\captcha.php，该文件用于保存验证码相关的函数。编写一个函数用于生成指定位数的验证码，具体代码如下。

```
1  <?php
2  //生成验证码（参数$count 表示生成位数）
3  function captcha_create($count=5){
4      $code = '';      //保存生成的验证码
5      $charset = 'ABCDEFGHJKLMNPQRSTUVWXYZ23456789';     //随机因子
6      //随机自动生成指定位数的验证码
7      $len = strlen($charset) - 1;
8      for($i=0; $i<$count; $i++) {
9          $code .= $charset[rand(0, $len)];
10     }
11     return $code; //返回验证码文本
12 }
```

在上述代码中，第 8~10 行代码用于从$charset 字符串中随机取出$count 个字符，保存到$code 中。该函数执行后，返回生成的验证码文本。

（2）生成验证码图像

通过 PHP 提供的 GD 库扩展，可以绘制一张图片。在绘制图片时，可以将文本写入图片中。在 common\captcha.php 中继续编写代码，实现输出验证码图像的函数，具体代码如下。

```
//输出验证码图像（参数$code 是验证码文本）
function captcha_show($code){
    //创建图片资源，随机生成背景颜色
    $im = imagecreate($x=250, $y=62);
    imagecolorallocate($im, rand(50,200), rand(0,155), rand(0,155));
    //设置字体颜色和样式
    $fontColor = imagecolorallocate($im, 255, 255, 255);
    $fontStyle = COMMON_PATH.'file/captcha.ttf';
    //生成指定长度的验证码
    for($i=0, $len=strlen($code); $i<$len; ++$i){
        imagettftext($im,
            30,                               //字符尺寸
            rand(0,20) - rand(0,25),          //随机设置字符倾斜角度
            32 + $i*40, rand(30,50),          //随机设置字符坐标
            $fontColor,                       //字符颜色
            $fontStyle,                       //字符样式
            $code[$i]                         //字符内容
```

```
        );
    }
    //添加 8 个干扰线
    for($i=0; $i<8; ++$i){
        //随机生成干扰线颜色
        $lineColor = imagecolorallocate($im, rand(0,255), rand(0,255), rand(0,255));
        //随机生成干扰线
        imageline($im, rand(0, $x), 0, rand(0, $x), $y, $lineColor);
    }
    //添加 250 个噪点
    for($i=0; $i<250; ++$i) {
        //随机生成噪点位置
        imagesetpixel($im, rand(0, $x), rand(0, $y), $fontColor);
    }
    //向浏览器输出验证码图片
    header('Content-type:image/png');   //设置发送的信息头内容
    imagepng($im);                      //输出图片
    imagedestroy($im);                  //释放图片所占内存
}
```

上述代码实现了图像的创建、将验证码文本按照一定的随机倾斜角度和将坐标写入图像中，添加了干扰线和噪点。在图像生成后，通过 header()函数告知浏览器当前内容是一张 PNG 图片，在向浏览器输出了生成的图片后，销毁图像资源，释放图像所占内存。

（3）调用验证码函数

在完成了验证码文本和图像生成的函数后，接下来在后台中调用函数显示验证码。创建文件 admin\captcha.php，编写代码如下。

```
1  <?php
2  define('NO_CHECK_LOGIN', true);
3  require './init.php';
4  require COMMON_PATH.'/captcha.php';     //载入验证码函数
5  $code = captcha_create();               //生成验证码值
6  captcha_show($code);                    //输出验证码图像
7  $_SESSION['cms']['captcha'] = $code;    //将验证码保存到 Session 中
```

在上述代码中，第 2 行代码用于跳过登录检查，第 7 行代码用于将验证码保存到 Session 中。上述代码保存后，如果在浏览器中访问，就可以看到生成的验证码图像。

（4）显示验证码

在完成验证码的调用后，接下来在后台管理员登录的表单中显示验证码。修改登录表单 admin\view\login.html，在表单中使用<img>载入验证码图片，具体代码如下。

```
验证码：<input type="text" name="captcha">
<img src="./captcha.php" alt="验证码图片">
```

上述代码保存后，在浏览器中访问用户登录表单，程序的运行结果如图 2-74 所示。

图 2-74 显示验证码

（5）判断验证码

在用户提交表单后，在判断用户名和密码之前，应该先判断验证码是否正确。如果验证码有误，则没有必要继续判断用户名和密码。修改文件 admin\login.php，判断验证码的具体代码如下。

```
$captcha = I('captcha', 'post', 'string');
//判断验证码
if(!checkCode($captcha)){
    display([false, '登录失败：验证码输入有误。']);
}
//验证码正确时，再判断用户名和密码……
```

上述代码通过 checkCode()函数判断验证码，如果函数的返回值为 false，说明用户输入的验证码有误。接下来继续编写该函数，具体代码如下。

```
1  //对验证码进行验证，参数$code 表示用户输入的验证码，正确返回 true，错误返回 false
2  function checkCode($code){
3      $captcha = $_SESSION['cms']['captcha'];
4      if(!empty($captcha)){
5          unset($_SESSION['cms']['captcha']); //清除验证码，防止重复验证
6          return strtoupper($captcha) == strtoupper($code); //不区分大小写
7      }
8      return false;
9  }
```

在上述代码中，第 3 行代码用于到 Session 中取出正确的验证码；第 5 行代码用于清除 Session 中的验证码，使验证码只能被验证一次；第 6 行代码用于比较验证码，在比较时不区分大小写。

5. 退出登录

在完成管理员登录功能后，还需要开发管理员退出功能。编辑 admin\view\layout.html 文

件，在显示用户信息的位置，添加一个退出登录的链接，具体代码如下。

```
1  您好，<?=$user['name']?>
2  <a href="../" target="_blank">前台首页</a>
3  <a href="login.php?a=logout">退出</a>
```

在上述代码中，第 3 行代码就是退出登录的链接，当点击该链接时，就会访问 login.php 并传递参数“a=logout”。接下来在 admin\login.php 中接收参数，实现退出功能，具体代码如下。

```
1  //接收操作参数
2  $action = I('a', 'get', 'string');
3  //执行操作
4  if($action=='logout'){      //退出登录
5      unset($_SESSION['cms']['admin']);      //清除 Session
6      display([true, '您已经成功退出。']);
7  }
```

上述代码第 5 行实现了清除保存用户信息的 Session，在清除后，在 init.php 中判断 Session 时，就会认为用户没有登录。这样就实现了管理员退出功能。

任务三　栏目管理

1. 读取栏目

（1）准备测试数据

在管理员登录后，就可以对栏目进行管理。在项目数据库中，为栏目表添加测试数据，用于读取栏目功能的开发。添加测试数据的 SQL 语句如下。

```
INSERT INTO `cms_category` (`id`, `pid`, `name`, `sort`) VALUES
(1, 0, 'PHP', 0), (2, 0, 'Java', 1), (3, 1, 'PHP基础', 0), (4, 1, 'PHP高级', 1);
```

上述代码在栏目表中添加了 4 条记录。其中，ID 为 1 和 2 的记录是顶级栏目，ID 为 3 和 4 的栏目是 ID 为 1 的栏目的子级栏目。

（2）读取栏目数据

在项目中，读取栏目数据的需求可能会频繁出现，因此将此功能写在函数中。在 common 目录下创建文件 module.php，该文件用于保存和数据相关的功能模块函数。在文件中编写代码如下。

```
<?php
//获取栏目列表（参数$mode表示索引方式：id 或 pid，默认返回两种格式）
function module_category($mode='all'){
    static $result = [];  //缓存查询结果
    //当第 1 次调用函数时，到数据库中获取数据
    if(empty($result)){
        $result = ['id'=>[], 'pid'=>[[]]]; //定义数组用于保存结果
        //到数据库中取出所有的栏目数据
        $data = db_fetch(DB_ALL, 'SELECT `id`,`name`,`pid`,`sort` FROM
            `cms_category` ORDER BY `pid` ASC, `sort` ASC');
        //创建数组索引，方便查找
```

```
        foreach($data as $v){
            $result['id'][$v['id']] = $v;           //基于 ID 创建数组索引
            $result['pid'][$v['pid']][] = $v;       //基于 PID 创建数组索引
        }
    }
    return isset($result[$mode]) ? $result[$mode] : $result;
}
```

上述代码实现了读取分类数据、缓存查询结果、对数组进行索引三大功能。当该函数被调用时，就可以根据参数$mode 获取所需的数据。

在编写模块文件之后，为了便于在其他脚本中使用，在前台和后台的初始化文件 init.php 中都需要载入模块文件，代码如下。

```
require COMMON_PATH.'module.php';
```

2. 编辑栏目

（1）输出已有栏目

在项目中创建 cp_category.php 文件，该文件用于读取栏目数据显示在 HTML 模板中，具体代码如下。

```
<?php
require './init.php';
//显示页面
function display($msg=null){
    $data = module_category('pid');      //从数据库取出数据
    require './view/category.html';      //载入 HTML 模板
    exit;
}
display();  //调用函数
```

接下来编写用于显示栏目的 admin\view\category.html 文件。为了提高后台管理的操作效率，可以将栏目显示、添加、修改功能都在一个页面中完成，具体代码如下。

```
<form method="post">
   <!-- 外层循环输出顶级栏目 -->
   <?php foreach($data[0] as $v): ?>
     显示顺序：<input type="text" name="save[<?=$v['id']?>][sort]"
               value="<?=$v['sort']?>">
     栏目名称：<input type="text" name="save[<?=$v['id']?>][name]"
               value="<?=$v['name']?>">
     相关操作：<a href="#">编辑</a> <a href="#">删除</a>
     <!-- 内层循环输出子级栏目 -->
     <?php if(isset($data[$v['id']])): foreach($data[$v['id']] as $vv): ?>
          <!-- 子级栏目…… -->
     <?php endforeach; endif; ?>
   <?php endforeach; ?>
   <span class="jq-add">添加新栏目</span>
```

```
15      <input type="submit" value="提交更改">
16  </form>
```

上述代码将顶级栏目数组输出到了 HTML 表单中。第 10~12 行代码用于输出子级栏目，在输出前先判断该栏目是否存在子级栏目，如果不存在则跳过。继续编写输出子级栏目的代码，具体如下。

```
显示顺序：<input type="text" name="save[<?=$vv['id']?>][sort]"
          value="<?=$vv['sort']?>">
栏目名称：<input type="text" name="save[<?=$vv['id']?>][name]"
          value="<?=$vv['name']?>">
相关操作：<a href="#">编辑</a> <a href="#">删除</a>
<span class="jq-sub-add" data-id="<?=$v['id']?>">添加子栏目</span>
```

从以上代码中可以看出，对于输出到页面中的表单元素，都使用了 save 数组作为 name 属性值。save 数组是一个二维数组，外层数组是栏目的 ID，内层数组是 sort 和 name 两个值。通过这样的数组结构，可以便于 PHP 的接收和处理。

接下来，在浏览器中访问栏目管理页面，程序的运行结果如图 2-75 所示。

图 2-75　显示已有栏目

（2）添加栏目

在完成已有栏目的输出后，还需要开发栏目添加功能，在实现栏目添加时，为了更直观地在页面中添加栏目和子栏目，这里通过 jQuery 实现了页面的灵活处理。编辑 admin\view\cp_category.html 文件，在页面底部添加如下 JavaScript 代码。

```
<script>
    var add_id = 0; //新增栏目计数
    //添加新栏目
```

```
    $(".jq-add").click(function(){
        $(this).before('<input type="text" name="add['+add_id+'][sort]">\
            <input type="text" name="add['+add_id+'][name]">\
            <input type="hidden" name="add['+add_id+'][pid]" value="0">\
            <b class="jq-cancel">取消</b>');
        ++add_id;
    });
    //添加子栏目
    //……
</script>
```

上述代码实现了顶级栏目的添加。当单击页面中的 class 属性为 jq-add 的元素时，就会触发事件程序，在该元素的前面添加 HTML 内容，内容是添加新栏目的输入框。对于添加表单的 name 属性，这里使用了名称为 add 的二维数组，其外层用于区分多个添加的内容，内层是 sort、name、pid 3 个字段。由于是顶级栏目，所以 pid 的值为 0。

下面继续编写添加子栏目的代码。在前面输出子栏目的步骤中，已经为 class 属性为 jq-sub-add 的元素添加了 data-id 属性，该属性用于保存子栏目的上级栏目 ID。因此在添加子栏目的事件函数中应该先获取到此 ID，然后保存到隐藏域的 pid 字段中，具体代码如下。

```
//添加子栏目
$(".jq-sub-add").click(function(){
    var id = $(this).attr("data-id"); //获取上级 ID
    $(this).before('<input type="text" name="add['+add_id+'][sort]">\
        <input type="text" name="add['+add_id+'][name]">\
        <input type="hidden" name="add['+add_id+'][pid]" value="'+id+'">\
        <b class="jq-cancel">取消</b>');
    ++add_id;
});
```

完成上述代码后，就实现了栏目的添加功能。在浏览器中进行测试，效果如图 2-76 所示。

图 2-76　添加栏目

3. 批量保存

（1）接收表单

在完成编辑栏目的表单后，继续编写 admin\cp_category.php，实现接收表单并处理，具体代码如下。

```
if($_POST){
    addData();              //添加栏目
    saveData();             //修改栏目
    display([true, '保存成功。']);
}
```

从上述代码可以看出，当程序收到 POST 请求后，就会调用 addData()函数添加栏目，调用 saveData()函数修改栏目。这两个函数将会在后面的步骤中实现。

（2）批量添加

在提交表单时，添加栏目的信息保存在了 add 数组中，接收数组后保存到数据库中即可。值得一提的是，db_query()函数的第 3 个参数可以传入一个二维数组进行批量操作。接下来在 admin\cp_category.php 文件中编写函数，实现栏目的批量添加，具体代码如下。

```
1  function addData(){
2      $result = [];
3      foreach(I('add', 'post', 'array') as $v){
4          $result[] = [
5              'pid' => I('pid', $v, 'id'),          //获取上级栏目 ID
6              'name' => I('name', $v, 'html'),      //获取栏目名称
7              'sort' => I('sort', $v, 'int')        //获取栏目排序值
8          ];
9      }
10     if(!empty($result)){
11     db_query('INSERT INTO `cms_category` (`pid`,`name`,`sort`) VALUES (?,?,?)',
12         'isi', $result);
13     }
14 }
```

上述代码实现了从表单中接收指定的数据，并对数据进行过滤、HTML 转义等处理。第 10 行代码用于判断接收后的数组$result 是否为空，只有不为空时才执行批量添加操作。

（3）批量修改

批量修改的实现方式和批量添加类似。在接收表单时，修改栏目的信息保存在了 save 数组中。接下来继续编辑 admin\cp_category.php，通过函数实现批量修改，具体代码如下。

```
function saveData(){
    $result = [];
    foreach(I('save', 'post', 'array') as $k=>$v){
        $result[] = [
            'name' => I('name', $v, 'html'), //获取栏目名称
            'sort' => I('sort', $v, 'int'),  //获取栏目排序值
            'id' => I(null, null, 'id', $k)  //获取栏目 ID
        ];
    }
    if(!empty($result)){
```

```
        db_query('UPDATE `cms_category` SET `name`=?, `sort`=? WHERE `id`=?',
        'ssi', $result);
    }
}
```

从上述代码可以看出，对于修改栏目功能，数组$result 中只保存了 name、sort、id 3 个字段，程序将根据 id 修改栏目的 name 和 sort 字段。目前还没有开发栏目 pid 的修改功能，该功能将在后面实现。

4. 修改层级

（1）添加编辑链接

当需要修改栏目的层级时，可以使用一个专门的栏目修改页面完成。接下来，在 admin\view\category.hml 栏目管理页面，为每个栏目添加“编辑”超链接，链接到 cp_category_edit.php 文件，并传递参数 ID，表示编辑指定 ID 的栏目，代码如下。

```
<a href="cp_category_edit.php?id=<?=$v['id']?>">编辑</a>
```

（2）取出指定栏目信息

创建栏目编辑的文件 admin\cp_category_edit.php，先取出待编辑栏目的信息，然后取出所有顶级栏目信息，具体代码如下。

```
1  <?php
2  //获取待修改的栏目 ID
3  $id = I('id', 'get', 'id');
4  //显示页面
5  function display($msg=null, $id=0){
6      //取出当前栏目数据
7      if(!$data = db_fetch(DB_ROW, 'SELECT `pid`,`name`,`sort` FROM
8       `cms_category` WHERE `id`=?', 'i', $id)){
9          E('数据不存在！');
10     }
11     //从数据库取出顶级栏目（不包括自己）
12     $category = db_fetch(DB_ALL, 'SELECT `id`,`name` FROM `cms_category`
13         WHERE `pid`=0 AND `id`<>? ORDER BY `sort` ASC', 'i', $id);
14     //载入 HTML 模板
15     require './view/category_edit.html';
16     exit;
17 }
18 display(null, $id);// 显示页面
```

上述代码第 15 行载入 HTML 模板用于显示栏目编辑页面。接下来，在 admin\view 中创建该模板文件 category_edit.html，编写代码如下。

```
<form method="post" action="?id=<?=$id?>">
    栏目名称：<input type="text" name="name" value="<?=$data['name']?>">
    上级节点：<select name="pid"><option value="0">无</option>
        <?php foreach($category as $v): ?>
```

```
5               <option value="<?=$v['id']?>" <?=($v['id']==$data['pid']) ?
6               'selected' : ''?> ><?=$v['name']?></option>
7           <?php endforeach; ?>
8       </select>
9       显示顺序： <input type="text" name="sort" value="<?=$data['sort']?>">
10      <input type="submit" value="提交更改">
11  </form>
```

上述代码用于实现在表单中显示待编辑的栏目信息。其中，第 3~8 行代码在输出上级节点时，将所有顶级栏目显示在下拉菜单中，用于修改上级栏目。

（3）保存信息

接下来在 admin\cp_category_edit.php 中接收表单数据，将信息保存到数据库中，具体代码如下。

```
1   if($_POST){
2       //处理表单
3       $input = [
4           'name' => I('name','post','html'),
5           'sort' => I('sort','post','int'),
6           'pid' =>  I('pid','post','id'),
7           'id' => $id
8       ];
9       if($input['pid'] == $id){
10          display([false, '修改失败：父节点不能选择自己。'], $id);
11      }
12      if(!db_fetch(DB_COLUMN, 'SELECT 1 FROM `cms_category` WHERE `id`=? AND `pid`=0',
13       'i', $input['pid'])){
14          display([false, '修改失败：父节点必须是顶级节点。'], $id);
15      }
16      db_query('UPDATE `cms_category` SET `name`=?,`sort`=?,`pid`=? WHERE `id`=?',
17          'siii', $input);
18      display([true, '修改成功。<a href="cp_category.php">返回列表</a>'], $id);
19  }
```

在上述代码中，第 9 ~ 11 行代码用于限制上级栏目不能为栏目本身；第 12 ~ 15 行代码用于限制上级栏目必须存在，且必须是顶级栏目。通过这样的判断，可以确保数据的严谨无误。当满足条件后，就进行保存操作。

5. 删除栏目

（1）添加删除链接

实现删除栏目功能时，在栏目列表中添加“删除”链接，将需要删除的栏目 ID 传给目标 PHP 程序。修改 admin\view\category.html，具体代码如下。

```
<a href="?a=del&id=<?=$v['id']?>" class="jq-del">删除</a>
```

上述代码向当前脚本传递了 a 和 id 两个参数，a 参数表示执行的操作，id 表示待删除的栏目。值得一提的是，在开发删除功能时，为了防止误操作，应该在执行操作前进行提示。通过 jQuery 可以实现这个功能，在页面底部添加 JavaScript 代码，具体代码如下。

```
<script>
    $(".jq-del").click(function(){
        return confirm("您确定要删除此栏目？");
    });
</script>
```

上述代码表示在 class 为 jq-del 的元素被单击时，弹出提示“您确定要删除此栏目？”，如果用户单击“是”，则执行操作，否则不执行操作。在浏览器中测试，运行结果如图 2-77 所示。

图 2-77　删除前的提示

（2）执行操作

在用户确认执行删除操作后，接下来在 admin\cp_category.php 中实现删除功能，具体代码如下。

```
1  //接收参数
2  $action = I('a', 'get', 'string');
3  //删除操作
4  if($action == 'del'){
5      $del = I('id', 'get', 'id');
6      //先判断是否有子级
7      if(db_fetch(DB_COLUMN, 'SELECT 1 FROM `cms_category` WHERE `pid`=?', 'i', $del)){
8          display([false, '该栏目下有子级栏目，不能删除。']);
9      }else{
10         db_query('DELETE FROM `cms_category` WHERE `id`=?', 'i', $del);
11     db_query('UPDATE `cms_article` SET `cid`=? WHERE `cid`=?', 'ii', [0, $del_id]);
12         display([true, '删除成功。']);
13     }
14 }
```

在上述代码中，第 7 行代码用于判断该栏目下是否有子级栏目，如果有，则不执行删除操作；如果没有，则通过第 10 行代码实现栏目删除；第 11 行代码用于将该栏目内的文章的栏目 ID 修改为 0。

（3）令牌保护

在前面实现删除功能时，通过一个 URL 地址直接实现了删除数据，然而这种方式在 Web 开发中存在安全隐患。如当管理员在登录系统的状态下进行其他操作时，若访问了其他用户恶意构造的危险 URL 地址，就会导致后台的操作被执行，这种安全漏洞称为 CSRF（跨站请求伪造）。

防御 CSRF 安全问题的一个有效措施，是为所有涉及更改数据的操作加上令牌保护，该令牌将在用户登录时随机生成，每个更改的操作都附加上令牌，没有令牌时将无法执行操作。

下面在项目的函数库文件 common\function.php 中添加实现令牌生成和验证的函数，具体代码如下。

```
//生成令牌
function token_get(){
    if(isset($_SESSION['cms']['token'])){
        $token = $_SESSION['cms']['token'];
    }else{
        $token = md5(microtime(true));
        $_SESSION['cms']['token'] = $token;
    }
    return $token;
}
//验证令牌
function token_check($token=''){
    if(!$token){ //自动取出 token
        $token = I('token', 'get', 'string');
    }
    return token_get() == $token;
}
```

在上述代码中，token_get()函数用于实现令牌的生成，同时将其保存在 Session 中。在生成时，microtime(true)用于获取一个精确到微秒的时间，md5()用于对字符串进行信息摘要计算，通过这两个函数的组合将会生成一个 32 位的随机字符串。

在 token_check()函数中验证令牌时，先从 GET 参数中取出 token，然后再与保存到 Session 中的 token 进行比较，判断是否正确。如果令牌有误，说明用户当前的操作是非法的。

接下来在 admin\init.php 中添加代码实现令牌的自动生成和验证，具体代码如下。

```
//生成 CSRF 令牌
define('TOKEN', token_get());
//自动验证 CSRF 令牌
if(($_POST || isset($_GET['a'])) && !token_check()){
   E('操作失败：非法令牌。');
}
```

上述代码实现了当在后台进行数据更改时，所有 POST 请求和带有“a”参数的 GET 操作都必须进行令牌验证，如果令牌验证失败则不允许执行操作。

接下来，对删除栏目的操作添加令牌验证，具体代码如下。

```
<a href="?a=del&id=<?=$v['id']?>&token=<?=TOKEN?>" class="jq-del">删除</a>
```

上述代码在 URL 参数中添加了令牌，在 init.php 中就会对其进行自动验证。

在添加令牌验证后，还需要在项目中所有的表单代码中加上 token 参数，以栏目修改表单为例，添加参数后的代码如下。

```
<form method="post" action="?id=<?=$id?>&token=<?=TOKEN?>">
    <!-- 栏目修改表单 -->
</form>
```

需要注意的是，为了避免项目中频繁的令牌验证影响代码演示，在本书后面的开发步骤中并没有加上令牌验证功能。同时为了确保项目的严谨性，在本书的配套源代码中已经全部加上了令牌验证。

任务四　文章管理

1. 文章列表

（1）准备测试数据

本项目中的文章是按栏目进行分类的，因此栏目管理功能完成后，就可以开始文章管理功能的开发。在开发具体功能前，先向数据库中插入测试数据，SQL 语句如下。

```
INSERT INTO `cms_article` VALUES
(1, 0, '这是第一篇文章', '传智播客', '', 'yes', '0', now(),
'<p>欢迎使用 PHP 内容管理系统！</p><p>这是一篇系统自动生成的文章，您可以修改或删除。</p>',
'PHP,内容,管理','欢迎使用 PHP 内容管理系统。');
```

上述 SQL 语句在项目中插入了一条文章记录。因篇幅有限，这里仅演示一条记录，读者可以自行准备多条测试数据。

（2）查询文章列表

在数据库中有了测试数据以后，就可以将数据查询出来显示在 HTML 页面中。编写程序 admin\cp_article.php，具体代码如下。

```
<?php
require './init.php';
function display($msg=null){
    //查询列表
    $data = db_fetch(DB_ALL, 'SELECT a.`id`, a.`cid`, a.`title`, a.`author`,
        a.`show`, a.`time`, c.`name` AS cname FROM `cms_article` AS a
        LEFT JOIN `cms_category` AS c ON a.`cid`=c.`id` ORDER BY a.`id` DESC');
    if(!$data){
        $msg = [true, '没有查找到记录。'];
    }
    require './view/article.html';
    exit;
```

```
}
display();
```

上述代码通过文章表和栏目表的左连接查询，从数据库中获取到文章列表，在列表中包含了文章所属栏目的信息。最后载入了 admin\view\artilce.html 文件，用于展示文章列表。

（3）展示文章列表

创建 admin\view\article.html 文件，编写代码输出文章列表，具体代码如下。

```
<?php foreach($data as $v): ?>
    状态：<?=($v['show']=='yes') ? '已发布' : '未发布'?>
    文章标题：<?=$v['title']?>
    所属栏目：<?=$v['cname'] ? : '无'?>
    作者：<?=$v['author']?>
    创建时间：<?=$v['time']?>
    操作：<a href="#">编辑</a> <a href="#">删除</a>
<?php endforeach; ?>
```

接下来，在浏览器中访问文章列表页面，程序的运行结果如图 2-78 所示。

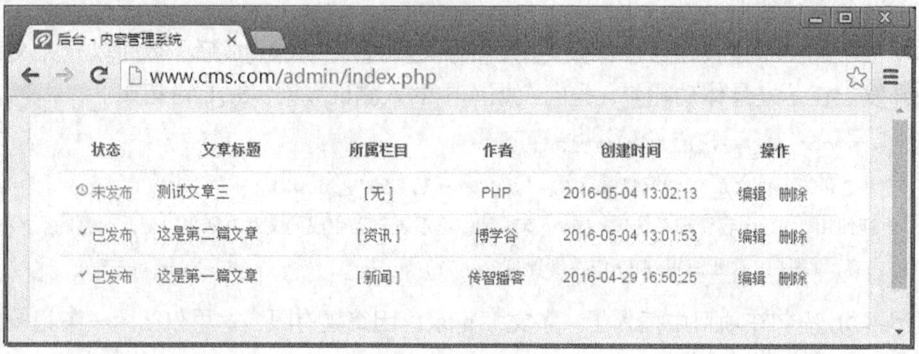

后台 - 内容管理系统

www.cms.com/admin/index.php

状态	文章标题	所属栏目	作者	创建时间	操作
未发布	测试文章三	[无]	PHP	2016-05-04 13:02:13	编辑 删除
已发布	这是第二篇文章	[资讯]	博学谷	2016-05-04 13:01:53	编辑 删除
已发布	这是第一篇文章	[新闻]	传智播客	2016-04-29 16:50:25	编辑 删除

图 2-78　文章列表

2. 编辑文章

（1）添加编辑链接

在完成文章列表展示功能后，继续开发文章编辑功能。修改 admin\view\article.html 文件，在循环输出文章列表时，为编辑操作添加超链接，具体代码如下。

```
<a href="cp_article_edit.php?id=<?=$v['id']?>">编辑</a>
```

上述代码实现了当单击“编辑”链接时，访问 cp_article_edit.php 并传入参数 id。

（2）查询指定文章信息

创建文件 admin\cp_article_edit.php，实现根据文章 ID 查询出文章信息，然后展示到 HTML 表单中，编写代码如下。

```
<?php
require './init.php';                //载入初始化文件
$id = I('id', 'get', 'id');          //接收文章 ID
display(null, $id);                  //显示修改页面
function display($msg=null, $id=0, $data=[]){
```

```
6       if($id && empty($data)){
7           //根据 ID 查出原有的记录
8           if(!$data = db_fetch(DB_ROW, 'SELECT `cid`,`title`,`author`,`show`,
9           `content`,`keywords`,`description`,`thumb` FROM `cms_article`
10           WHERE `id`=?', 'i', $id)){
11               E('数据不存在！');
12          }
13      }else{
14          //合并模板变量
15          $data = array_merge([
16              'cid' => 0, 'title' => '', 'content' => '', 'description' => '',
17              'show' => 'yes', 'keywords' => '', 'author' => '', 'thumb' => '',
18          ],$data);
19      }
20      $category = module_category('pid');   //获取栏目数据
21      require './view/article_edit.html';   //载入 HTML 模板
22      exit;
23  }
```

上述代码定义了 display()函数，该函数的第 2 个参数表示待修改的文章 ID，当收到 GET 参数 id 时，到数据库中查询信息；如果没有收到，或 id 的值为 0 时，直接显示空表单，用于发布新文章；函数的第 3 个参数表示显示在模板中的变量，当$id 不为 0 并且$data 为空时将从数据库中查出文章数据。第 15～18 行代码用于确保在载入 HTML 模板之前，$data 是一个完整的数组。

（3）显示文章编辑表单

创建文件 admin\view\article_edit.html，编写一个 HTML 表单显示文章编辑内容。由于该表单需要文件上传功能，因此在编写表单时要为表单设置 enctype 属性，具体代码如下。

```
1  <form method="post" action="?id=<?=$id?>" enctype="multipart/form-data">
2      <!-- 表单内容 -->
3       <input type="submit" value="立即发布">
4       <input type="submit" value="保存草稿" name="save">
5  </form>
```

在上述代码中，第 3~4 行代码编写实现了两个表单提交按钮，第 2 个提交按钮设置了 name 属性。当 PHP 接收收到 save 时，说明用户提交表单时单击了“保存草稿”按钮，否则就是单击了“立即发布”按钮。

完成创建表单后，接下来将前面查询到的文章数据展示到 HTML 表单中，代码如下。

```
标题：<input type="text" name="title" value="<?=$data['title']?>">
栏目：<!-- 在此处输出栏目列表 -->
作者：<input type="text" name="author" value="<?=$data['author']?>">
关键字：<input type="text" name="keywords" value="<?=$data['keywords']?>">
       <span>多个关键字 请用英文逗号（，）分开</span>
```

```
6   内容提要: <textarea name="description"><?=$data['description']?></textarea>
7           <span>（内容提要请在 200 个字以内）</span>
8   封面图片: <input type="file" name="thumb">
9           <span>（超过 780*220 图片将被缩小）</span>
10          <?php if($data['thumb']): ?>
11              <img src="../upload/<?=$data['thumb']?>" alt="封面图">
12          <?php endif;?>
13  编辑内容: <textarea name="content"><?=$data['content']?></textarea>
```

上述代码完成了表单各字段的输出。其中第 2 行代码在输出栏目时由于较为复杂，故这部分代码将在下面单独讲解。第 13 行代码通过<textarea>文本域编辑文章内容，但是这种文本域只能输入纯文本，无法设置文字的样式，无法插入图片，后面步骤中将通过在线编辑器来实现这些需求。

（4）输出栏目列表

为了在编辑文章时，可以对栏目进行修改，下面将栏目输出到一个下拉菜单中。继续在文章编辑表单中编写代码，实现顶级栏目的输出，具体代码如下。

```
1  <select name="cid"><option value="0">无</option>
2    <!-- 循环输出顶级栏目 -->
3    <?php foreach($category[0] as $v): ?>
4        <option value="<?=$v['id']?>" <?=($v['id']==$data['cid']) ?
5        'selected' : ''?> ><?=$v['name']?></option>
6        <!-- 在此处输出子级栏目 -->
7    <?php endforeach; ?>
8  </select>
```

在上述代码中，第 6 行代码的位置用于输出子级栏目。接下来就编写代码实现此功能，具体如下。

```
<?php if(isset($category[$v['id']])): foreach($category[$v['id']] as $vv): ?>
   <option value="<?=$vv['id']?>" <?=($vv['id']==$data['cid'])?
   'selected':''?> >— <?=$vv['name']?></option>
<?php endforeach; endif; ?>
```

从上述代码可以看出，在下拉菜单中输出子级栏目时，在子级栏目的标题前添加了“—”字符，用于区分顶级栏目和子级栏目。

（5）引入在线编辑器

在线编辑器是一种运行于浏览器端，使用 JavaScript 实现的富文本编辑器。所谓富文本，是指除了文本，还包括文本样式、图片链接等内容。目前，常用的开源富文本编辑器有 UEditor、CKEditor 等，这里以 CKEditor 为例进行讲解。

在 CKEditor 的官方网站可以下载此编辑器，如图 2-79 所示。

下载后，将编辑器放入项目的 admin\js 目录中，并将编辑器目录命名为“ckeditor”。然后在文章编辑页面 admin\view\article_edit.html 的底部编写 JavaScript 代码，实现在线编辑器的引入，具体代码如下。

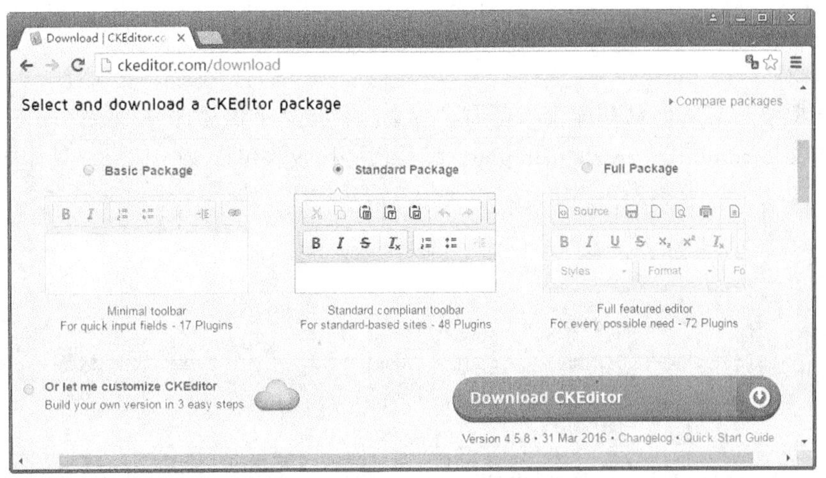

图 2-79　下载 CKEditor

```
1   <script src="./js/ckeditor/ckeditor.js"></script>
2   <script>
3   $(function(){
4       CKEDITOR.config.height = 400;          //配置编辑器高度
5       CKEDITOR.config.width = "100%";        //配置编辑器宽度
6       CKEDITOR.replace("content");           //将 name=content 的元素替换为编辑器
7   });
8   </script>
```

在上述代码中，第 6 行代码用于将 name 属性值为 content 的元素替换为编辑器，该元素是文章编辑表单中用于填写文章内容的文本域。在线编辑器引入后，运行结果如图 2-80 所示。

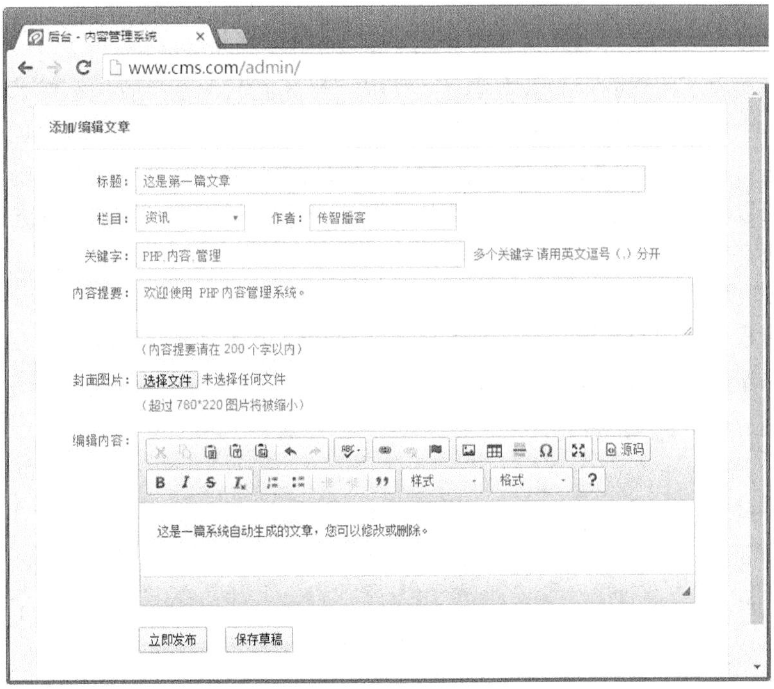

后台 - 内容管理系统
www.cms.com/admin/
添加/编辑文章
标题：这是第一篇文章
栏目：资讯　作者：传智播客
关键字：PHP,内容,管理　多个关键字 请用英文逗号（,）分开
内容提要：欢迎使用 PHP 内容管理系统。
（内容提要请在 200 个字以内）
封面图片：选择文件 未选择任何文件
（超过 780*220 图片将被缩小）
编辑内容：源码 样式 格式
这是一篇系统自动生成的文章，您可以修改或删除。
立即发布　保存草稿

图 2-80　编辑文章

3. 保存文章

（1）接收表单

当用户填写了文章信息并提交表单后，接下来就将文章信息保存到数据库中。打开文章编辑功能的文件 admin\cp_article_edit.php，编写代码接收表单提交的信息，具体如下。

```
1   if($_POST){
2       //接收变量
3       $input = [
4           'cid' => I('cid','post','id'),                         //栏目 ID
5           'title' => I('title','post','html'),                   //标题
6           'author' => I('author','post','html'),                 //作者
7           'show' => I('save','post','bool') ? 'no' : 'yes',      //是否发布
8           'content' => I('content','post','string'),             //内容
9           'keywords' => I('keywords','post','html'),             //关键字
10          'description' => I('description','post','html'),      //摘要
11      ];
12      $input['thumb'] = $id ? db_fetch(DB_COLUMN, 'SELECT `thumb` FROM `cms_article`
13      WHERE `id`=?', 'i', $id) : '';  //如果存在 ID，则先查出原来的 thumb
14      //处理上传图片（此步骤在后面实现）
15      //保存数据
16      if($id){
17          //有 ID 时，进行修改操作
18      }else{
19          //没有 ID 时，进行添加操作
20      }
21  }
```

上述代码接收了用户填写的基本信息。其中，第 8 行代码在接收由在线编辑器提交的内容时，没有进行 HTML 转义，这是因为编辑器提交内容的本来就是 HTML。从安全角度来说，服务器端不进行 HTML 转义会带来安全问题，原因是浏览器端任何限制都可以被绕过。在项目开发时，可以考虑使用富文本过滤器（如 HTML Purifier）对 HTML 内容进行安全过滤，这部分内容将在后面的项目中进行讲解。

（2）实现文章修改

在执行接收表单后的操作时，如果接收到文章 ID，就执行文章修改操作。继续在文章编辑功能的文件 admin\cp_article_edit.php 中编写实现文章修改的代码，具体如下。

```
//将修改的 ID 保存到数组中
$input['id'] = $id;
//执行修改操作
db_query('UPDATE `cms_article` SET `cid`=?,`title`=?,`author`=?,`show`=?,
   `content`=?,`keywords`=?,`description`=?,`thumb`=? WHERE `id`=?',
   'isssssssi', $input);
//显示执行结果
display([true, '修改成功。<a href="cp_article.php">返回列表</a>'], $id);
```

上述代码执行了 UPDATE 语句用于修改操作。在执行语句时，将接收的表单数组发送作为预处理的数据部分进行发送。执行修改操作后，继续显示文章编辑页面，并提供一个返回列表页的链接。

（3）实现文章添加

在完成文章修改功能后，继续实现文章添加功能。在处理表单时，如果没有接收到文章 ID，就执行文章添加操作。在文件 admin\cp_article_edit.php 中编写文章添加的代码，具体如下。

```
//将当前时间保存到数组中
$input['time'] = date('Y-m-d H:i:s');
//执行添加操作，并获取插入 ID
$add_id = db_exec(DB_LASTID, 'INSERT INTO `cms_article` (`cid`,`title`,
    `author`,`show`,`content`,`keywords`,`description`,`thumb`,`time`)
     VALUES(?,?,?,?,?,?,?,?,?)', 'isssssss', $input);
//显示执行结果
display([true, '添加成功。<a href="cp_article_edit.php?id='.$add_id.'">
    立即修改</a><a href="cp_article.php">返回列表</a>']);
```

上述代码通过 INSERT 语句实现了添加操作。在执行语句时，接收表单数据后的$input 数组作为预处理的数据部分发送。当操作完成后，继续显示添加新文章的表单，并提供修改和返回列表的链接。

4. 上传封面图

（1）检查上传文件

在开发文章管理功能时，每篇文章都可以上传一张封面图，封面图将会在前台的文章列表中显示。在文章编辑的表单中，已经编写了文件上传的按钮，接下来将在 PHP 中接收并处理上传文件。继续编写 admin\cp_article_edit.php 文件，在进行添加或修改数据之前，先处理上传文件，具体代码如下。

```
1  //处理上传封面
2  if(isset($_FILES['thumb']) && $_FILES['thumb']['error'] != 4){
3      //判断上传是否有错误
4      if(true !== ($error = check_upload($_FILES['thumb']))){
5          display([false, '文件上传失败：'.$error], $id, $input);
6      }
7      //上传成功，为图片生成缩略图
8      //保存新图路径，并删除原图
9  }
```

在上述代码中，第 4 行调用了 check_upload()函数用于判断上传文件是否成功，成功时返回 true，失败时将错误信息保存到$error 中。接着在文件 common\function.php 中编写函数，具体代码如下。

```
//判断上传文件是否成功（参数$up 表示上传文件的$_FILES 数组元素）
function check_upload($up){
    switch($up['error']){
```

```
        case 0: return is_uploaded_file($up['tmp_name']) ? true : '非法文件';
        case 1: return '文件大小超过了服务器设置的限制！';
        case 2: return '文件大小超过了表单设置的限制！';
        case 3: return '文件只有部分被上传！';
        case 4: return '没有文件被上传！';
        case 6: return '上传文件临时目录不存在！';
        case 7: return '文件写入失败！';
        default: return '未知错误';
    }
}
```

上述代码判断了$_FILES 数组中的 error 信息。值得一提的是，文章封面图片是可选上传的，当没有上传时，表示该文章没有封面图片，或者不需要修改图片。因此，在调用 check_upload()函数前，已经通过“$_FILES['thumb']['error'] != 4”判断，排除了没有文件上传的情况。

（2）准备缩略图函数

在项目中，对于用户上传的图片都需要进行相关处理。下面为上传后的封面图生成缩略图，使图片的大小在规定的范围内。在 common 中创建文件 image.php，该文件用于保存图像处理相关的函数，具体代码如下。

```
<?php
/**
 * 为图片生成缩略图
 * @param string $file_path 原图路径
 * @param int $new_width 目标宽度
 * @param int $new_height 目标高度
 * @param array $config 保存选项
 * @return array [0]表示成功或失败，成功时[1]表示文件路径，失败时[1]表示错误信息
 */
function image_thumb($file_path, $new_width, $new_height, $config=[]){
    //获取原图信息、生成缩略图、保存缩略图文件
}
```

上述代码中定义的 image_thumb()函数用于为图片生成缩略图，函数的具体实现将在后面的步骤中讲解。其中，该函数的返回值是一个数组，数组的第 1 个元素表示成功或失败的布尔值；数组的第 2 个元素在成功时表示生成后的文件路径，失败时表示错误信息。

接下来继续编写函数，实现根据 MIME 类型创建和保存图像资源，具体代码如下。

```
//根据原图文件创建图像资源（参数分别表示：图像 MIME 类型、原图文件路径）
function image_create($mime, $file_path){
    switch($mime){
        case 'image/png':  return imagecreatefrompng($file_path);
        case 'image/jpeg': return imagecreatefromjpeg($file_path);
    }
}
```

```
//保存图像资源（参数分别表示：图像 MIME 类型、图像资源、保存路径）
function image_save($mime, $im, $save_path){
    switch($mime){
        case 'image/png':  return imagepng($im, $save_path);
        case 'image/jpeg': return imagejpeg($im, $save_path, 100);
    }
}
```

从上述代码可知，目前编写的图像处理函数支持 PNG、JPEG 两种图像格式。在生成 JPEG 图像时，imagejpg()函数的第 3 个参数表示图片压缩质量，取值范围是 0~100，数值越高，画质越好。

（3）获取图片信息

准备工作完成后，接下来实现 image_thumb()函数的功能，完成缩略图的生成，具体代码如下。

```
1  //获取原图的宽高，并判断文件类型
2  $info = getimagesize($file_path);
3  $width = $info[0];       //图片宽度
4  $height = $info[1];      //图片高度
5  $mime = $info['mime'];  //图片类型
6  //关联图像 MIME 类型和文件扩展名
7  $file_type = [
8      'image/png' => '.png',
9      'image/jpeg' => '.jpg'
10 ];
11 //判断图像类型，只允许 JPG 和 PNG 两种类型
12 if(!isset($file_type[$mime])){
13     return [false, '图片创建缩略图失败：只支持 jpg 和 png 类型的图片。'];
14 }
```

在上述代码中，第 2～5 行代码用于获取图片的宽度、高度和类型等基本信息，第 12 行代码用于对上传的图片类型进行判断，防止遇到不支持的图片类型。

（4）实现图片等比例缩放

在开发图片缩放功能时，通常会保持图片比例，防止图片被拉伸或者压扁，影响图片的美观。接下来在 commmon/image.php 文件中编写函数，实现图片的等比例缩放，具体代码如下。

```
/**
 * 生成缩略图（等比例缩放）
 * @param resource $im 原图资源
 * @param int $width 原图宽度
 * @param int $height 原图高度
 * @param int $max_width 最大宽度
 * @param int $max_height 最大高度
 * @return 缩略图资源
```

```
9   */
10  function image_thumb_scale($im, $width, $height, $max_width, $max_height){
11      $dst_width = $width;      //先将“目标宽高”设置为“原图宽高”
12      $dst_height = $height;   /* 如果下面的判断不成立，则说明原图宽高低于限制值，无需缩放 */
13      if($width/$max_width > $height/$max_height) {
14          if($width > $max_width){     //当宽度较大时，如果超出限制，则按宽进行缩放
15              $dst_width = $max_width;
16              $dst_height = round($max_width / $width * $height);
17          }
18      }else{
19          if($height > $max_height){  //当高度较大时，如果超出限制，则按高进行缩放
20              $dst_height = $max_height;
21              $dst_width = round($max_height / $height * $width);
22          }
23      }
24      //创建缩略图资源
25      $thumb = imagecreatetruecolor($dst_width, $dst_height);
26      //将原图缩放填充到缩略图画布中
27      imagecopyresampled($thumb, $im, 0, 0, 0, 0, $dst_width, $dst_height, $width, $height);
28      return $thumb;
29  }
```

在上述代码中，第 13～23 行代码用于计算图片的比例，对原图宽高和最大宽高之间的比例进行比较。当原图宽度较大并超出限制时，依据最大宽度缩小高度；当原图高度较大并超出限制时，依据最大高度缩小宽度。完成比例计算后，通过 imagecopyresampled()函数进行缩放。

（5）生成保存路径

在 Web 开发中，上传的图片会根据项目的使用时间而增多，如果没有一个合理规范的保存路径，图片文件将难以进行维护。因此，在保存缩略图之前，可以根据日期为图片生成子目录，并为文件自动生成文件名，防止文件名冲突。接下来在 image_thumb()函数中继续编写代码，具体如下。

```
//生成缩略图
$im = image_create($mime, $file_path);
image_thumb_scale($im, $width, $height, $new_width, $new_height);
//准备保存选项
$config = array_merge([
    'base_path' => './',              //上传基本路径
    'sub_path' => date('Y-m/d/'),  //自动生成的子目录
    'name'=> md5(uniqid(rand())).$file_type[$mime] //自动创建文件名
], $config);
//自动创建目录
$save_path = $config['base_path'].$config['sub_path'];
if(!file_exists($save_path) && !mkdir($save_path, 0777, true)){
```

```
13         return [false, '文件保存失败：创建目录失败'];
14     }
15     //将保存缩略图到指定目录
16     image_save($mime, $im, $save_path.$config['name']);
17     //返回文件路径（不包括 base_path）
18     return [true, $config['sub_path'].$config['name']];
```

在上述代码中，第 5～9 行代码用于自动生成保存路径，同时考虑到程序的灵活性，对于保存路径可以使用$config 参数进行修改。当路径字符串生成后，通过第 12 行代码对保存目录进行自动创建，然后使用第 16 行代码将缩略图文件保存到指定路径中，最后返回自动生成的保存路径。

（6）调用缩略图函数

完成缩略图函数后，就可以在文章编辑程序 cp_category_edit.php 中调用函数。在调用时，需要指定原图路径、缩略图宽高、上传目录等信息，具体代码如下。

```
1   //载入图像处理函数
2   require COMMON_PATH.'image.php';
3   //为上传文件生成缩略图并保存
4   list($thumb_flag, $thumb_result) = image_thumb(
5       $_FILES['thumb']['tmp_name'],          //原图路径
6       780,                                   //目标宽度
7       220,                                   //目标高度
8       ['base_path' => UPLOAD_PATH]           //上传目录
9   );
10  //判断缩略图是否成功
11  if($thumb_flag){
12      del_file(UPLOAD_PATH.$input['thumb']);    //删除原图
13      $input['thumb'] = $thumb_result;          //保存新图文件路径
14  }else{
15      display([false, $thumb_result], $id, $input);
16  }
```

在上述代码中，第 12 行代码调用了 del_file()函数，该函数用于删除文件。接下来在 common\function.php 中编写 del_file()函数，具体代码如下。

```
function del_file($file_path){
    if(is_file($file_path)){
        unlink($file_path);    //先判断文件是否存在，存在时进行删除
    }
}
```

从上述代码可以看出，del_file()函数在删除文件之前，会先判断文件是否存在，文件存在时才执行删除操作，从而防止文件不存在时 unlink()函数发生错误。

接下来在浏览器中上传封面图进行测试，程序的运行结果如图 2-81 所示。

图 2-81　上传封面图

5. 删除文章

（1）添加删除链接

删除文章是文章管理的最后一个功能。接下来编辑文章列表页面文件 admin\view\article_edit.html，在文章列表中添加“删除”链接，具体如下。

```
<a href="?a=del&id=<?=$v['id']?>" class="jq-del">删除</a>
```

在单击删除链接时，应该提示用户是否执行删除操作，该功能和栏目删除时的代码相同，这里不再进行代码展示。

（2）执行删除操作

当用户单击删除链接后，就会向 PHP 脚本发送待删除的文章 ID 参数，PHP 根据文章 ID 删除文章记录即可。编辑 admin\cp_article.php 文件，在输出文章列表前先执行删除操作，具体代码如下。

```
$action = I('a', 'get', 'string');        //获取操作
if($action=='del'){                        //执行删除操作
    //获取待删除的记录 ID
    $del_id = I('id','get','id');
    //删除记录前删除原来的图片
    if($del_thumb = db_fetch(DB_COLUMN, 'SELECT `thumb` FROM `cms_article`
    WHERE `id`=?', 'i', $del_id)){
        del_file(UPLOAD_PATH.$del_thumb);    //删除文件
    }
    //删除记录
    db_query('DELETE FROM `cms_article` WHERE `id`=?', 'i', $del_id);
    //显示信息
    display([true, '删除记录成功。']);
}
```

从上述代码可以看出，在实际进行文章记录删除操作之前，需要先判断文章是否有封面

图。如果封面图存在，就先删除图片文件，再删除文章记录。

任务五　排序与搜索

1. 列表功能区

（1）准备排序条件

在展示文章列表时，提供排序、搜索功能才能获得更好的用户体验。下面在 admin\cp_article.php 文章列表程序中编写代码，获取列表相关的 GET 参数，并定义排序的条件，具体代码如下。

```
function display($msg=null){
    //获取列表参数
    $cid = I('cid', 'get', 'id');                  //栏目 ID
    $search = I('search', 'get', 'html');          //搜索关键字
    $order = I('order', 'get', 'string');          //排序条件
    //拼接 ORDER 条件
    $order_arr = [
        'time-desc'      => ['name'=>'时间降序', 'sql'=>'a.`id` DESC'],
        'time-asc'       => ['name'=>'时间升序', 'sql'=>'a.`id` ASC'],
        'show-desc'      => ['name'=>'发布状态', 'sql'=>'a.`show` DESC']
    ];
    //获取栏目数据
    $category = module_category('pid');
    //……
}
```

在上述代码中，$cid 表示筛选指定栏目 ID 中的文章；$search 表示搜索文章标题的关键字；$order 表示列表的排序条件；$order_arr 定义了文章列表支持的排序方式和对应的 SQL 语句。

（2）显示列表功能区

在完成排序条件$order_arr 的定义后，下面在文章列表页面 admin\view\article.html 中编写列表功能区，包括栏目筛选、列表排序、列表搜索 3 个功能，具体代码如下。

```
<!-- 栏目筛选 -->
<form><select name="cid">
    <option value="0">所有栏目</option>
    <?php foreach($category[0] as $v): ?>
        <option value="<?=$v['id']?>" <?=($v['id']==$cid)?
        'selected':''?> ><?=$v['name']?></option>
        <?php if(isset($category[$v['id']])): foreach($category[$v['id']] as $vv): ?>
            <option value="<?=$vv['id']?>" <?=($vv['id']==$cid)?'selected':''?>
            > — <?=$vv['name']?></option>
        <?php endforeach; endif; ?>
    <?php endforeach; ?>
```

```
</select><input type="submit" value="筛选"></form>
<!-- 列表排序 -->
<form><select name="order">
    <?php foreach($order_arr as $k=>$v): ?>
        <option value="<?=$k?>" <?=($k==$order)?'selected':''?>
        ><?=$v['name']?></option>
    <?php endforeach; ?>
</select><input type="submit" value="排序"></form>
<!-- 列表搜索 -->
<form><input type="text" name="search" value="<?=$search?>">
    <input type="submit" value="搜索文章">
</form>
```

从上述代码可以看出，栏目筛选和列表排序功能是两个下拉菜单，列表搜索功能是一个文本框。3 个功能各放在 3 个表单中，单击表单提交按钮即可完成对应的功能操作。

通过浏览器访问文章列表页面，程序的运行结果如图 2-82 所示。

图 2-82　文章列表功能区

2. 组合 SQL 语句

（1）组合 ORDER 和 WHERE 子句

在文章列表功能区提交表单后，就可以在 PHP 中接收表单。在前面的步骤中，已经使用 $cid、$search、$order 三个变量接收了来自表单提交的数据。接下来就可以根据这些数据组合 SQL 语句进行查询。在文章列表功能 admin\cp_article.php 中继续编写代码，在接收变量后组合 SQL 语句，具体代码如下。

```
//拼接排序条件
$sql_order = ' ORDER BY '
$sql_order .= isset($order_arr[$order]) ? $order_arr[$order]['sql'] : 'a.`id` DESC';
//拼接 WHERE 条件
$sql_where = ' WHERE 1=1 ';
$sql_where .= $cid ? ' AND a.`cid` IN ('.module_category_sub($cid).')' : '';
```

```
7  $sql_where .= ' AND a.`title` LIKE ? ';
8  $sql_search = '%'.db_escape_like($search).'%';
```

在上述代码中，SQL 语句中的 ORDER 排序部分将根据$order 的值到$order_arr 数组中取出，栏目筛选和文章搜索功能通过 WHERE 实现。当栏目筛选的$cid 为 0 时，表示不进行筛选，显示所有的栏目。第 6 行代码调用了 module_category_sub()函数用于根据栏目 ID 获取所有子栏目 ID；第 8 行代码调用了 db_escape_like()函数，该函数用于转义用户搜索条件中输入的“%”等特殊字符。

（2）根据栏目 ID 取出所有子栏目 ID

下面在 common\module.php 文件中编写 module_category_sub()函数，实现根据栏目 ID 取出所有子栏目 ID 的功能，具体代码如下。

```
function module_category_sub($id){
    $data = module_category('pid');
    $sub = isset($data[$id]) ? array_keys($data[$id]) : [];
    array_unshift($sub, $id); //将$id 放入数组开头
    return implode(',', $sub);
}
```

上述代码实现了根据栏目 ID 从栏目数据中取出所有的子栏目 ID，返回的结果是用逗号分隔的栏目列表字符串，传入的栏目 ID 位于字符串的开头。

（3）转义 LIKE 搜索字符串

接下来在 common\db.php 文件中编写 db_escape_like()函数，用于实现转义 LIKE 搜索字符串中的所有特殊字符，具体代码如下。

```
function db_escape_like($like){
    return strtr($like, ['%'=>'\%', '_'=>'\_', '\\'=>'\\\\']);
}
```

上述代码通过 strtr()函数将 LIKE 条件中的“%”“_”“\”进行了转义。值得一提的是，在单引号字符串中书写“\”字符时，如果一个“\”后面跟一个单引号，单引号将会被转义成字符串中的字符，而非字符串定界符，因此需要在“\”前面加一个“\”进行转义（字符串中实际只保存了一个“\”字符）。

（4）修改文章列表查询 SQL

在完成对 ORDER 和 WHERE 的组合后，接下来继续编写 admin\cp_article.php，修改查询文章列表数据的代码，将筛选和排序条件加入到 SQL 语句中，具体代码如下。

```
$data = db_fetch(DB_ALL, 'SELECT a.`id`, a.`cid`, a.`title`, a.`author`,
    a.`show`, a.`time`, c.`name` AS cname FROM `cms_article` AS a
    LEFT JOIN `cms_category` AS c ON a.`cid`=c.`id`'.
    " $sql_where $sql_order", 's', $sql_search);
```

在浏览器中访问文章列表页面，测试栏目筛选、文章排序、文章搜索功能是否正确。以搜索功能为例，在文本框中输入关键字“测试”并提交，程序的运行结果如图 2-83 所示。

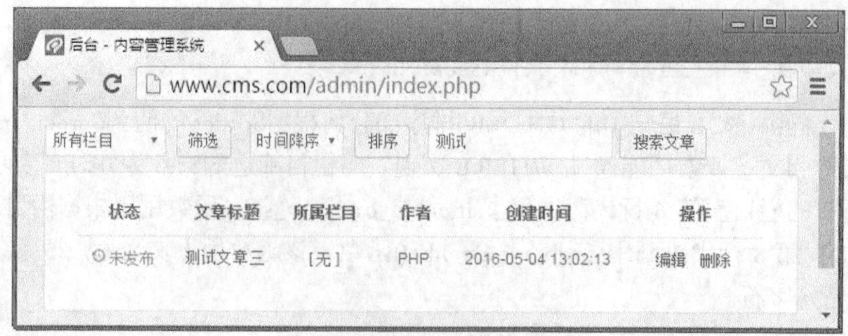

图 2-83 测试列表功能

任务六 分页导航

1.分页显示信息

（1）分页查询原理

在项目列表页面查询数据时，前面的做法是直接将文章表中所有的文章全部查询出来，这种方式显然是不可取的。当项目中的文章逐渐增多时，如果不对一次查询的数量进行限制，会导致页面的内容过多，消耗服务器大量的资源。

在项目中，通常在开发列表功能时，会为列表添加分页导航，每一页显示固定的条数，用户可以进行翻页。实现分页的原理是对 SQL 语句中的 LIMIT 进行控制，示例代码如下。

```
SELECT `title` FROM `cms_article` LIMIT 0, 10;    # 获取第 1 页的 10 条数据
SELECT `title` FROM `cms_article` LIMIT 10, 10;   # 获取第 2 页的 10 条数据
SELECT `title` FROM `cms_article` LIMIT 20, 10;   # 获取第 3 页的 10 条数据
SELECT `title` FROM `cms_article` LIMIT 30, 10;   # 获取第 4 页的 10 条数据
```

上述 SQL 语句中，LIMIT 的第 2 个参数“10”表示每次读取的最大条数；第 1 个参数与页码之间存在一定的数学关系，具体如下。

```
LIMIT 第 1 个参数 = (页码 - 1) * 每页查询的条数
```

根据上述条件，接下来在 common 目录中创建 page.php，用于实现分页功能。下面在文件中编写用于生成 LIMIT 参数的函数，具体如下。

```
<?php
//获取 SQL 分页 Limit ($page 表示页码，$size 表示每页查询条数)
function page_sql($page, $size){
    return ($page-1) * $size . ',' . $size;
}
```

从上述代码可以看出，当 page_sql()函数执行后，返回了 LIMIT 后面的两个参数。

（2）实现分页查询数据

接下来在文章列表功能 admin\cp_article.php 文件中实现分页查询，在 display()函数中查询文章列表数据之前，编写代码定义每页显示的记录数和页码，并调用 page_sql 函数生成 LIMIT 参数，具体代码如下。

```
$page = I('page', 'get', 'page');          //获取页码（限制最小值为 1）
$page_size = 3;                            //每页显示 3 条记录
require COMMON_PATH.'page.php';            //载入分页函数
```

```
$sql_limit = ' LIMIT '.page_sql($page, $page_size); //拼接 LIMIT
//获取文章列表时，将 LIMIT 放入 SQL 语句中
$data = db_fetch(DB_ALL, 'SELECT a.`id`, a.`cid`, a.`title`, a.`author`,
    a.`show`, a.`time`, c.`name` AS cname FROM `cms_article` AS a
    LEFT JOIN `cms_category` AS c ON a.`cid`=c.`id`'.
    " $sql_where $sql_order $sql_limit", 's', $sql_search);
```

完成上述代码后，读者可在项目中添加数量足够分页的文章，然后尝试修改当前页码$page 的值，观察程序运行结果。

2. 生成分页导航

（1）获取总页数

在实现分页功能后，为了便于用户在网页中进行翻页浏览，接下来开发分页导航功能。通常分页导航中包括“上一页”“下一页”“首页”“尾页”按钮，其中“尾页”按钮需要获取到最后一页的页码值。接下来在 admin\cp_article.php 中继续编写程序，实现统计符合查询条件的记录总数，具体代码如下。

```
$page_total = db_fetch(DB_COLUMN, 'SELECT COUNT(*) FROM `cms_article` AS a '.
    $sql_where, 's', $sql_search);
```

上述代码查询出了符合$sql_where 条件的总记录数，通过总记录数和每页显示的记录数，即可计算出总页数，计算公式为“总记录数 ÷ 每页数量”，然后向上取整。例如，总记录数为 7，每页显示 3 条，则 7 除以 3 的结果大于 2 且小于 3，超出第 2 页的记录在第 3 页显示，因此总页数为 3。

（2）生成分页导航

生成分页导航的原理是，根据当前页码和总记录数，计算出“上一页”“下一页”“尾页”的页码值。接下来在 common\page.php 中编写程序，实现分页导航的自动生成，具体代码如下。

```
function page_html($total, $page, $size){
    //计算总页数
    $maxpage = max(ceil($total/$size), 1);
    //如果不足 2 页，则不显示分页导航
    if($maxpage <= 1) return '';
    //获取 URL 参数字符串
    $url = page_url();
    $url = $url ? "?$url&page=" : '?page=';
    //拼接 首页
    $first = "<a href=\"{$url}1\">首页</a>";
    //拼接 上一页
    $prev = ($page==1) ? '<span>上一页</span>' :
            '<a href="'.$url.($page-1).'">上一页</a>';
    //拼接 下一页
    $next = ($page==$maxpage) ? '<span>下一页</span>' :
            '<a href="'.$url.($page+1).'">下一页</a>';
    //拼接 尾页
```

```
18        $last = "<a href=\"{$url}{$maxpage}\">尾页</a>";
19        //组合最终样式
20        return "$first $prev $next $last 当前为：$page/$maxpage";
21 }
```

上述代码在拼接分页导航的链接时，同时判断了上一页、下一页的临界值，如果当前页面没有上一页或下一页，则不显示链接。其中，第 7 行代码调用的 page_url()函数用于生成 GET 参数字符串，从而在输出分页链接时携带 GET 参数。接下来继续编写 page_url()函数，具体代码如下。

```
function page_url(){
    $params = $_GET;                          //获取原来所有的 GET 参数
    unset($params['page']);                   //清除原来的 page 参数
    return http_build_query($params);   //重新构造参数字符串
}
```

在上述代码中，http_build_query()函数可以将一个数组转换为 GET 参数字符串，在转换的同时会自动进行 URL 编码。

在完成分页导航生成函数后，在 admin\cp_article.php 中调用函数，具体代码如下。

```
//生成分页链接，参数依次为总记录数、每页显示记录数、当前页码
$page_html = page_html($page_total, $page, $page_size);
```

上述代码将 page_html()函数的返回结果保存到$page_html 变量中。在 admin\view\artilce_eidt.php 中输出$page_html 即可。

在浏览器中访问文章列表，运行结果如图 2-84 所示。至此，文章管理系统的后台已经开发完成。

图 2-84 测试分页功能

模块六 前台功能实现

在完成内容管理系统的后台开发后，开始进行前台功能的开发。对于网站的前台而言，是面向互联网中所有访客的，因此在开发前台时，应注重程序的美观、用户体验和执行效率。内容管理系统前台的主要功能模块及相关的知识点，如图 2-85 所示。

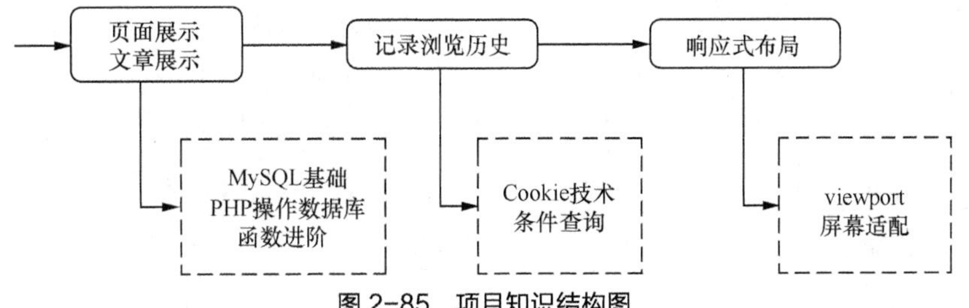

图 2-85　项目知识结构图

通过本模块的学习，读者将达到如下目标。

- 了解网站前台的开发思路，学会设计前台页面布局
- 掌握文章列表和侧边栏功能，学会统计热门文章和记录浏览历史
- 掌握文章展示页面的开发，能够实现上下篇文章的切换功能
- 理解响应式布局的原理，能够对不同宽度的屏幕进行适配

任务一　页面展示

1. 前台初始化

在开发前台功能时，需要先完成前台的初始化文件 init.php，具体代码如下。

```
<?php
//定义项目相关的常量
define('APP_DEBUG', true);                       //调试开关
define('COMMON_PATH','./common/');               //公共文件目录
define('UPLOAD_PATH', './upload/');              //上传文件目录
//载入相关的文件
require COMMON_PATH.'function.php';              //载入函数库
require COMMON_PATH.'db.php';                    //载入数据库函数
require COMMON_PATH.'module.php';                //载入模块函数
```

上述代码定义了项目前台用到的常量和需要载入的文件。上述代码在开发后台模块时已经讲过，这里就不再赘述。

2. 前台首页展示

（1）定义模板数据

前台首页是用户访问网站后看到的第 1 个页面，为了留住用户，网站通常会在首页中放一些吸引人的文章内容。同时，还要为网页设置 title、keywords、description 这些<meta>信息，以便于搜索引擎抓取。下面编写前台首页文件 index.php，具体代码如下。

```
<?php
require './init.php';
//定义模板数据
$data = [
    'head' => [                                      //网页头部信息模块
        'title' => '首页',                           //标题
        'keywords' => 'PHP,内容,管理',               //关键字
        'description' => 'PHP 内容管理系统'          //描述
    ],
```

```
    'nav' => [                                    //顶部导航模块
        'curr' => 'index',                        //当前页面标识
        'list' => module_category_nav()           //顶部导航栏
    ],
];
//载入 HTML 模板
require './view/layout.html';
```

上述代码定义了$data 数组，该数组用于保存用于输出到模板中的信息。$data 数组内主要分为两部分内容，head 用于保存网页的头部信息，nav 用于保存本系统的导航栏信息。

接下来在 common\module.php 中编写函数 module_category_nav()，用于获取导航栏显示的内容。在本项目中，导航栏显示的是顶级栏目中的前 4 个栏目，具体代码如下。

```
1  //获取导航条栏目（参数 $limit 用于限制取出的个数）
2  function module_category_nav($limit=4){
3      $data = module_category('pid');
4      return isset($data[0]) ? array_slice($data[0], 0, $limit) : [];
5  }
```

上述代码实现了获取栏目数组，然后取出数组中前$limit 个栏目进行返回。第 4 行的 array_slice()函数用于从数组中取出一部分连续的元素，第 1 个参数表示待取出的数组，第 2 个参数表示开始位置，第 3 个参数表示取出的元素个数。

（2）输出前台布局页面

在完成数据的获取后，接下来编写前台的页面布局文件 view\layout.html，具体代码如下。

```
<!doctype html>
<html>
<head>
<meta charset="utf-8">
<meta name="keywords" content="<?=$data['head']['keywords']?>">
<meta name="description" content="<?=$data['head']['description']?>">
<title><?=$data['head']['title']?> - 内容管理系统</title>
<link rel="stylesheet" href="./css/style.css">
</head>
<body>
    <!--页面顶部-->
    <div class="top">
        <!-- 顶部导航 -->
    </div>
    <!--页面内容-->
    <div class="main"></div>
    <!--页面尾部-->
    <div class="footer"></div>
</body>
</html>
```

从上述代码可以看出，前台的布局文件包含了页面的整体布局，包括页面的头部、内容和尾部。其中，顶部导航是在每个页面中都显示的内容，因此接下来继续编写代码，实现顶部导航的输出，具体代码如下。

```
<div class="top">
    <!-- 顶部导航 -->
    <a href="./" class="<?=($data['nav']['curr']=='index')?'curr':''?>">首页</a>
    <?php foreach($data['nav']['list'] as $v ): ?>
        <a href="list.php?cid=<?=$v['id']?>" class="<?=$data['nav']['curr']==
        'cid_'.$v['id'] ? 'curr' : ''?>"><?=$v['name']?></a>
    <?php endforeach; ?>
    <a href="about.php" class="<?=$data['nav']['curr']=='about' ?
    'curr' : ''?>">联系我们</a>
</div>
```

从上述代码可以看出，顶部导航显示的链接包括“首页”“栏目”“联系我们”3 部分。其中，为了标出当前访问的是哪个页面，为链接添加了 curr 样式。如果“$data['nav']['curr']”的值为 index，表示访问的是首页；如果值为“cid-栏目 ID”，表示当前访问“栏目 ID”页面；如果值为 about，表示当前访问“联系我们”页面。另外，当用户单击栏目链接时，会访问 list.php 并传递参数 cid（栏目 ID）。

在浏览器中访问网站首页，程序的运行结果如图 2-86 所示。

图 2-86　网站首页

3. 文章列表展示

（1）准备列表参数

文章列表是在前台首页和栏目页面都要显示的内容。在实现时，前台的文章列表和后台文章列表的开发思路相同，都是根据栏目 ID 到数据库中查询出数据，然后分页进行输出。创建文章列表文件 list.php，编写代码如下。

```
<?php
require './init.php';
require COMMON_PATH.'page.php';
```

```
//获取 GET 参数
$cid = I('cid', 'get', 'id');           //栏目 ID
$page = I('page', 'get', 'page');       //页码
//每页显示文章数
$page_size = 5;
```

上述代码载入了项目初始化文件和分页函数，并获取 GET 参数$cid 和$page。$cid 表示当前筛选的栏目，$page 表示当前显示的页码。

（2）获取文章列表

在获取到列表参数之后，接下来在 common\module.php 中编写程序，获取文章列表，代码如下。

```
1  //获取文章列表（参数$cid 表示筛选栏目，$page 是当前页码，$limit 是限制取出的个数）
2  function module_article($cid=0, $page=1, $limit=12){
3      $sql_where = ' WHERE ';          //准备查询条件、查询栏目和子栏目下所有的文章
4      $sql_where .= $cid ? '`cid` IN ('.module_category_sub($cid).')' : '1=1';
5      $sql_where .= " AND `show`='yes'";                             //前台只显示已发布文章
6      $sql_limit = ' LIMIT '.page_sql($page, $limit);           //生成 LIMIT
7      //获取总页数
8      $total = db_fetch(DB_COLUMN, "SELECT COUNT(*) FROM `cms_article` $sql_where");
9      //查询并返回
10     return[
11         'title' => module_category_name($cid),                 //栏目标题
12         'data' => db_fetch(DB_ALL, "SELECT `id`,`title`,`time`,`author`,`thumb`,
13             `description` FROM `cms_article` $sql_where ORDER BY `id` DESC
14             $sql_limit"),                                      //文章列表
15         'page_html' => page_html($total, $page, $limit)        //分页导航
16     ];
17 }
18 //根据栏目 ID 获取栏目名称
19 function module_category_name($id){
20     $data = module_category('id');
21     return isset($data[$id]) ? $data[$id]['name'] : '';
22 }
```

从上述代码可以看出，前台获取文章列表的代码和后台文章列表类似。第 4 行代码用于判断$cid 的值是否为 0，为 0 时查询所有栏目的文章，不为 0 时查询指定栏目下的文章；第 5 行代码在 WHERE 条件中添加了“show=yes”条件，表示只查询已经发布的文章；第 11 行代码中调用的 module_category_name()函数用于根据栏目 ID 获取栏目名称，当栏目 ID 不存在时返回空字符串。

（3）定义模板数据

通过 module_article()函数获取到文章列表数据后，接下来调用函数输出文章列表。继续编辑文章列表功能文件 list.php，将模板中需要显示的数据查询出来，具体代码如下。

```
1  //顶部导航
2  $data['nav'] = [
3      'curr' => "cid_$cid",                    //保存当前查看的栏目
4      'list' => module_category_nav()          //获取导航栏中显示的栏目
5  ];
6  //文章列表
7  $data['list'] = module_article($cid, $page, $page_size);
8  //头部信息
9  $data['head'] = [
10     'title' => $data['list']['title'].' 栏目',
11     'keywords' => $data['list']['title'].',PHP,内容,管理',
12     'description' => 'PHP 内容管理系统'
13 ];
14 //载入 HTML 模板
15 require './view/layout.html';
```

上述代码第 7 行调用函数获取文章列表数组，数组中的“title”元素保存的是当前查看的栏目的名称；第 10～11 行代码用于将栏目名称放入网页标题和关键字中，方便搜索引擎抓取。

（4）显示文章列表页面

完成获取文章列表数据后，将数据输出到 HTML 页面中。在页面内容部分，先判断$data 数组中是否存在“list”元素，如果存在，则载入文章列表 HTML 模板。编辑 view\layout.html，代码如下。

```
<!--页面内容-->
<div class="main">
    <?php if(isset($data['list'])){ require './view/module_list.html'; } ?>
</div>
```

接下来编写 view\module_list.html 文件，显示文章列表页面，具体代码如下。

```
<!-- 显示栏目名称 -->
<?php if(!empty($data['list']['title'])): ?>
    <h1><?=$data['list']['title']?></h1>
<?php endif; ?>
<!-- 显示文章列表 -->
<?php foreach($data['list']['data'] as $v): ?>
    <!-- 文章标题 -->
    <a href="show.php?id=<?=$v['id']?>"><?=$v['title']?></a>
    <!--  文章简介 -->
    <?=$v['description']?>
    <!-- 封面图片 -->
    <?php if($v['thumb']): ?>
        <img src="./upload/<?=$v['thumb']?>">
    <?php endif; ?>
    <!-- 其他信息 -->
```

```
16        作者：<?=$v['author'] ?: '匿名'?> | 发表于：<?=$v['time']?>
17        <a href="show.php?id=<?=$v['id']?>">查看原文</a>
18    <?php endforeach; ?>
19    <!-- 显示分页导航 -->
20    <?=$data['list']['page_html']?>
```

上述代码输出了文章列表数据。第 2～4 行代码用于输出栏目名称，如果栏目名称为空则不进行输出。第 12～14 行代码用于输出文章封面图，如果没有封面图则不进行输出。第 8 行、第 17 行代码创建了查看文章的超链接，当单击超链接时访问 show.php 并传递文章 ID 参数，查看该篇文章的具体内容。

在浏览器中访问文章列表页面，程序的运行结果如图 2-87 所示。

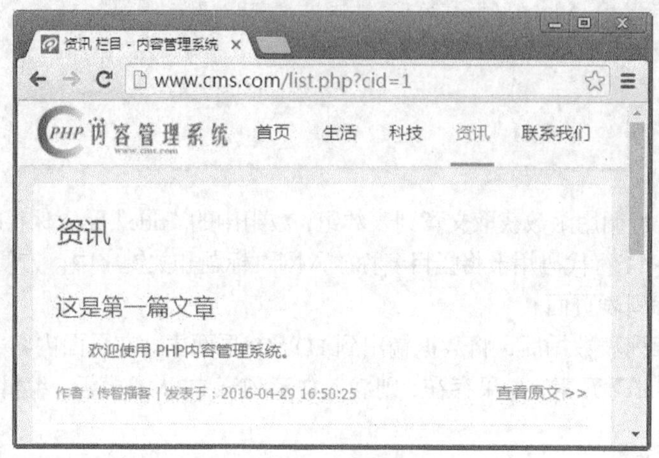

图 2-87　文章列表页

4. 侧边栏展示

（1）获取侧边栏数据

在网页设计中，侧边栏是一种常见的布局方式，通常位于页面右侧，显示一些热门文章、最新评论、相关栏目等信息。下面在文章列表页中输出侧边栏，编辑 list.php 文件，新增代码如下。

```
$data['sidebar'] = [
    'category' => module_category_sidebar($cid),   //获取栏目列表
    'history' => module_history(),                 //获取获取浏览历史
    'hot' => module_hot()                          //获取热门文章
];
```

从上述代码可以看出，项目的侧边栏主要包括栏目列表、浏览历史和热门文章 3 个模块，通过调用函数获取数据。在 common\module.php 中定义相应的函数，具体代码如下。

```
//获取侧边栏栏目（参数$id 表示栏目 ID）
function module_category_sidebar($id=0){
    $data = module_category();  //获取分类数据，返回 ID 和 PID 两种索引数组
    //获取 PID
    $pid = isset($data['id'][$id]) ? $data['id'][$id]['pid'] : 0;
    //如果有子栏目，返回子栏目，没有子栏目，返回同级栏目
```

```
    return isset($data['pid'][$id]) ? $data['pid'][$id] :
        (isset($data['pid'][$pid]) ? $data['pid'][$pid] : []);
}
//获取浏览历史
function module_history(){
    return [];              //先返回空数组，该功能以后再实现
}
//获取热门文章
function module_hot(){
    return [];              //先返回空数组，该功能以后再实现
}
```

在上述代码中，module_category_sidebar()函数在获取侧边栏中的栏目数据时，会先根据栏目 ID 查找子栏目，如果有子栏目则返回子栏目，如果没有子栏目则返回同级栏目。

（2）输出侧边栏中的栏目模块

在完成数据的获取后，接下来在 HTML 模板中输出。修改 view\layout.html 文件，在页面内容区添加如下代码，通过判断$data 中是否存在 sidebar 元素控制侧边栏是否显示，具体代码如下。

```
<?php if(isset($data['sidebar'])){ require './view/module_sidebar.html'; } ?>
```

添加上述代码后，创建 view\module_sidebar.html 文件，输出侧边栏中的栏目模块，具体代码如下。

```
<!-- 栏目列表 -->
<?php if(!empty($data['sidebar']['category'])): ?>
    <?php foreach($data['sidebar']['category'] as $v): ?>
        <a href="list.php?cid=<?=$v['id']?>" title="<?=$v['name']?>">
        <?=$v['name']?></a>
    <?php endforeach; ?>
<?php endif; ?>
```

上述代码通过判断“$data['sidebar']”数组中是否存在 category 元素，控制侧边栏中的栏目模块是否显示。当显示时，输出栏目列表数据，并为栏目添加超链接。单击栏目链接，就会访问 list.php，并传递参数$cid，从而控制列表显示指定栏目下的文章。

通过浏览器访问文章列表页面进行测试，程序运行结果如图 2-88 所示。

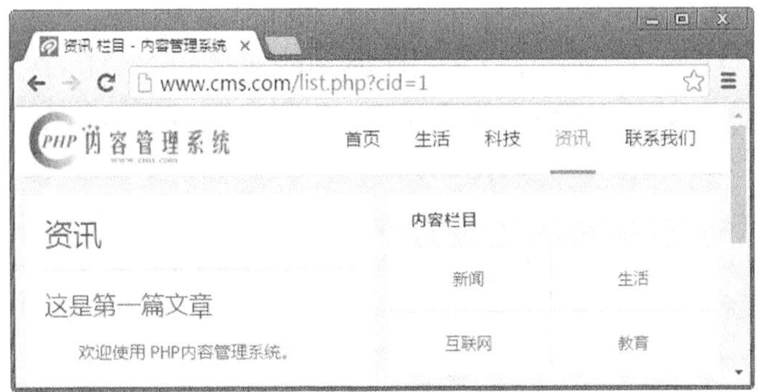

图 2-88 侧边栏展示

任务二　文章展示

1. 文章内容展示

（1）获取文章内容

当用户在文章列表页面单击链接访问文章时，就会打开 show.php 页面并传递文章 ID 参数。因此，在文章内容页面，通过文章 ID 查询出文章数据进行输出即可。编写 show.php，具体代码如下。

```
1  <?php
2  require './init.php';
3  $id = I('id', 'get', 'id'); //获取待查看的文章 ID
4  //获取模板数据
5  $data = [
6      'head' => ['title' => '查看文章', 'keywords' => '', 'description' => ''],
7      'nav' => ['curr' => 'show', 'list' => module_category_nav()], //顶部导航
8      'show' => module_article_show($id), //文章内容，不存在时返回 null
9  ];
10 if($data['show']){
11     $data['head'] = [    //将文章信息放入头部
12         'title' => $data['show']['title'],                 //标题
13         'keywords' => $data['show']['keywords'],           //关键字
14         'description' => $data['show']['description']     //描述
15     ];
16     //文章所属栏目名
17     $data['show']['cname'] = module_category_name($data['show']['cid']);
18     //侧边栏
19     $data['sidebar']['category'] = module_category_sidebar($data['show']['cid']);
20 }else{
21     $data['show'] = [];
22     $data['sidebar']['category'] = module_category_sidebar();
23 }
24 //载入 HTML 模板
25 require './view/layout.html';
```

在上述代码中，第 8 行代码调用 module_article_show()函数根据文章 ID 获取文章内容，在第 10 行判断文章内容是否存在，存在时将文章信息放入网页头部，并根据文章所属分类查询栏目名和侧边栏栏目信息；如果不存在，侧边栏中显示顶级栏目的信息。

接下来在 common\module.php 中编写 module_article_show()函数，具体代码如下。

```
function module_article_show($id){
    return db_fetch(DB_ROW, "SELECT `cid`,`title`,`time`,`views`,`keywords`,
    `thumb`,`author`,`description`,`content` FROM `cms_article` WHERE `id`=?
     AND `show`='yes'", 'i', $id);
}
```

上述代码在查找文章信息时，WHERE 条件中的“show=yes”用于防止未发布的文章被

访问到。

（2）输出文章内容

在获取文章内容后，接下来将内容输出到 HTML 模板中。修改 view\layout.html，判断当 $data 中存在 show 元素时，显示文章内容，具体代码如下。

```
<?php if(isset($data['show'])){ require './view/module_show.html'; } ?>
```

接下来，创建文件 view\module_show.html，实现文章内容的输出，具体代码如下。

```
<?php if(empty($data['show'])): ?>
    您查看的文章不存在。<a href="./">点我返回首页</a>
<?php else: ?>
    文章标题：<h1><?=$data['show']['title']?></h1>
    栏目：<a href="list.php?cid=<?=$data['show']['cid']?>"
        ><?=($data['show']['cname'] ? : '无')?></a>
    作者：<?=$data['show']['author'] ? : '匿名'?>
    发表时间：<?=$data['show']['time']?>
    阅读次数：<?=$data['show']['views']?>
    文章内容：<?=$data['show']['content']?>
<?php endif; ?>
```

上述代码实现了在输出文章内容时，先判断文章内容数组是否为空，如果为空，则提示“您查看的文章不存在”，并提供一个返回首页的超链接。在输出文章信息时，如果文章所属栏目不存在，则输出“无”；如果文章作者字段为空，则输出“匿名”。

2. 上下篇切换

查看文章内容时，为了方便用户浏览相关的文章，通常会提供“上一篇”和“下一篇”链接。而文章上下篇切换的实现原理是，到数据库中根据文章的 ID 或发布时间查找最接近的文章。这里以文章 ID 的方式为例，编写 show.php，具体代码如下。

```
$data['show']['change'] = [
    'prev' => db_fetch(DB_ROW, "SELECT `id`,`title` FROM `cms_article`
        WHERE `id`<? AND `show`='yes' ORDER BY `id` DESC LIMIT 1", 'i', $id),
    'next' => db_fetch(DB_ROW, "SELECT `id`,`title` FROM `cms_article`
        WHERE `id`>? AND `show`='yes' LIMIT 1", 'i', $id)
];
```

获取到上一篇和下一篇文章的信息后，在 view\module_show.html 中进行输出，具体代码如下。

```
<?php if(isset($data['show']['change'])): ?>
    上一篇：<?php if($data['show']['change']['prev']): ?>
            <a href="?id=<?=$data['show']['change']['prev']['id']?>">
            <?=$data['show']['change']['prev']['title']?></a>
        <?php else: ?>无<?php endif; ?>
    下一篇：<?php if($data['show']['change']['next']): ?>
            <a href="?id=<?=$data['show']['change']['next']['id']?>">
            <?=$data['show']['change']['next']['title']?></a>
```

```
        <?php else: ?>无<?php endif; ?>
<?php endif; ?>
```

上述代码在输出上下篇文章时，会先判断数据是否存在，如果不存在，则输出“无”。在浏览器中访问文章内容页面，程序的运行结果如图 2-89 所示。

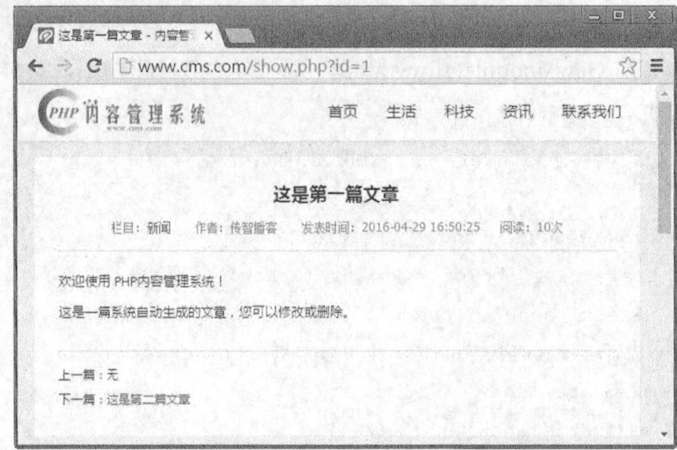

图 2-89　文章内容页面

3. 统计热门文章

当文章发布后，随着访问量的增加，可能会产生一些热门文章。而对于网站而言，文章的阅读量越高，说明关注该文章的人越多，若网站中提供热门文章模块，则可以吸引更多用户访问，提高页面浏览量和用户留存率。接下来将编写程序，在网站前台的侧边栏中显示前 10 篇热门文章，具体步骤如下。

（1）统计文章浏览量

为了获知每篇文章的浏览量，可以在文章查看页面 show.php 中，更新文章的 view 字段。每次执行 show.php 时，都会将文章的浏览量加 1，具体代码如下。

```
db_query("UPDATE `cms_article` SET `views`=`views`+1 WHERE `id`=? AND
`show`='yes'", 'i', $id);
```

上述代码是统计文章浏览量的一种简单方法，适合访问量较小的网站，且没有对恶意刷新的情况进行限制。如果网站的访问量非常大，建议使用 NOSQL 型数据库进行缓存，读者可查找这方面的资料学习。

（2）获取热门文章

在保存了每篇文章的点击量之后，在 common\module.php 中编写函数，实现获取前 10 篇热门文章的列表信息，具体代码如下。

```
function module_hot($limit=10){
    return db_fetch(DB_ALL, "SELECT `id`,`title` FROM `cms_article` WHERE
     `show`='yes' ORDER BY `views` DESC LIMIT 0, $limit");
}
```

接下来在 view\module_sidebar.html 中输出侧边栏的热门文章模块，具体代码如下。

```
<?php if(!empty($data['sidebar']['hot'])): ?>
    TOP 10 热门文章
```

```
    <?php foreach($data['sidebar']['hot'] as $v): ?>
        <a href="show.php?id=<?=$v['id']?>"><?=$v['title']?></a>
    <?php endforeach; ?>
<?php endif ?>
```

在浏览器中进行访问，侧边栏中的热门文章的显示效果如图 2-90 所示。

图 2-90 热门文章列表

任务三 记录浏览历史

记录用户的浏览历史，是网站中常见的功能之一。Cookie 可以在用户的会话中保存一些信息，因此通过 Cookie 即可记录用户的浏览历史。在 common\module.php 中编写函数实现记录浏览历史，代码如下。

```
//获取浏览历史（$current 表示记录的文章 ID，为 false 表示不保存；$limit 表示数量上限）
function module_history($current=false, $limit=10){
    $result = []; //保存历史记录数组
    //如果 Cookie 中存在历史记录，先取出记录
    if(isset($_COOKIE['cms_history'])){
        //获取 Cookie，将字符串分割成数组，并限制分割次数
        $result = explode(',', $_COOKIE['cms_history'], $limit);
        //将数组中的每个元素转换为整数
        $result = array_map('intval', $result);
    }
    //将当前文章 ID 保存到历史记录中
    if($current){
        //如果当前 ID 在数组中已经存在，则删除
        if(false !== ($del = array_search($current, $result))){
            unset($result[$del]);
        }
        //将当前文章 ID 添加到数组开始
        array_unshift($result, $current);
        //当数组元素达到限制时，删除最后一个元素
        if(isset($result[$limit])) unset($result[$limit]);
```

```
    }
    if(!empty($result)){
        //保存到 Cookie 并返回
        $sql_in = implode(',', $result);
        setcookie('cms_history', $sql_in);
        return db_fetch(DB_ALL, "SELECT `id`,`title` FROM `cms_article` WHERE
            `id` IN($sql_in) AND `show`='yes' ORDER BY FIELD(`id`,$sql_in)");
    }
    return [];
}
```

上述代码实现了将用户浏览过的文章 ID 保存到 Cookie 中，最多保存 10 篇文章。当接收到 Cookie 中记录的浏览历史后，根据文章 ID 到数据库中取出信息，并保持 Cookie 中的顺序。

module_history()函数的第 1 个参数表示将当前访问的文章 ID 添加到历史记录中，如果省略该参数，表示只取出浏览历史列表，不增加浏览历史文章。为了在查看文章时记录浏览历史，在 show.php 中修改代码，将当前访问文章添加到历史记录中，代码如下。

```
$data['sidebar']['history'] = module_history($id);
```

接下来，在模板文件 view\module_sidebar.html 中输出浏览历史，具体代码如下。

```
<?php if(!empty($data['sidebar']['history'])): ?>
    浏览历史
    <?php foreach($data['sidebar']['history'] as $v): ?>
        <a href="show.php?id=<?=$v['id']?>"><?=$v['title']?></a>
    <?php endforeach; ?>
<?php endif ?>
```

实现记录浏览历史功能后，在浏览器中访问测试，程序的运行结果如图 2-91 所示。

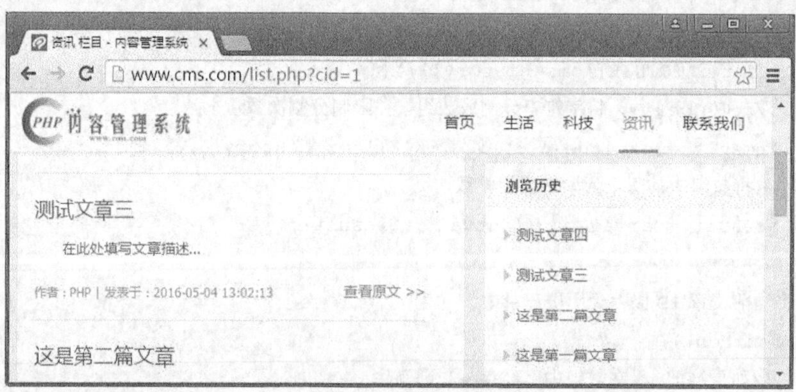

图 2-91　查看浏览历史

任务四　响应式布局

随着移动互联网的发展，使用手机、平板电脑等移动端上网的用户量已经达到一定的规模。因此，在网站开发时，对于移动端的浏览体验也非常重要。在为网站设计移动端浏览时，通常对于页面结构复杂的网站，适合专门开发一套手机端页面；而对于页面结构简单的网站，可以利用响应式，使页面自动适应各种屏幕的分辨率。接下来，本任务将在内容管理系统中实现响应式布局。

1. 移动端页面设计

通常情况下，当用户使用桌面环境浏览网页时，屏幕是横向的宽屏；而使用移动端设备浏览网页时，屏幕是纵向的宽屏。在设计网页时，如果屏幕的宽度大于高度，则在排版时充分利用横向空间；而如果高度大于宽度，则充分利用纵向空间。因此，内容管理系统的移动端页面设计思路，就是将横向页面转换为纵向页面。下面通过图 2–92 展示内容管理系统在纵向布局下的显示效果。

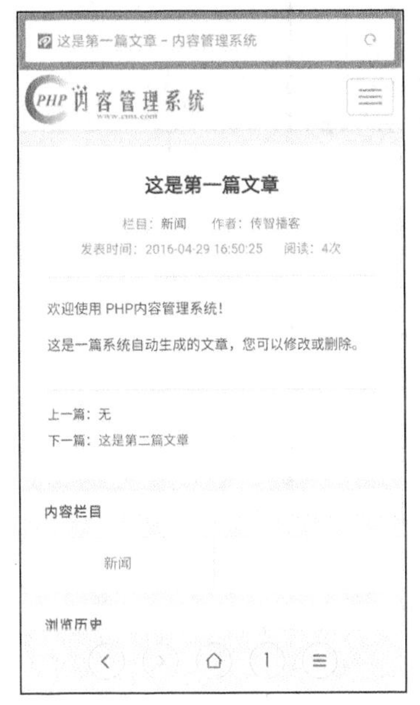

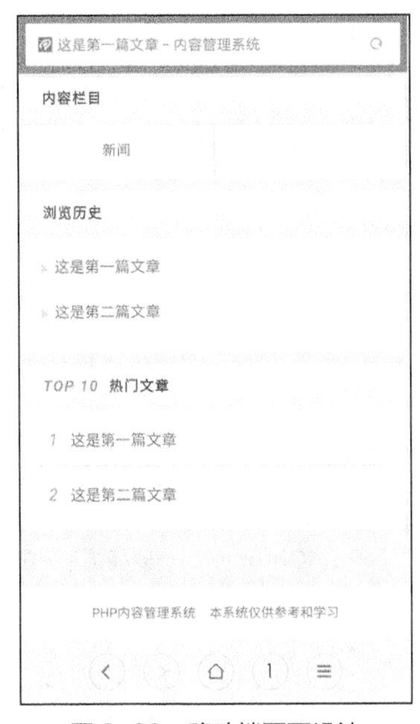

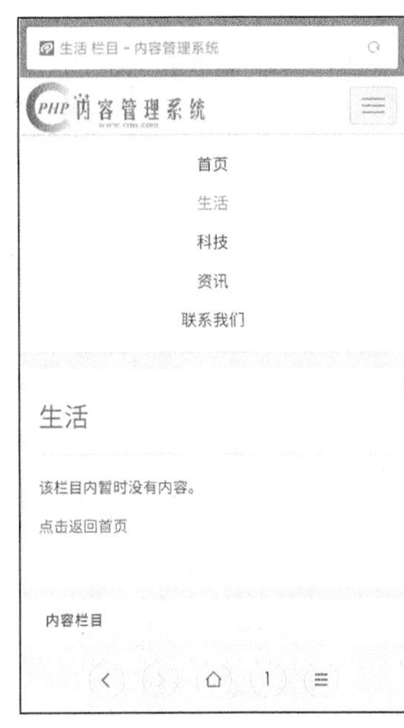

图 2–92　移动端页面设计

从图 2–92 中可以看出，在纵向布局下，侧边栏从页面的右边移动到文章内容的下边，对于无法在一行中显示的文本分成了两行显示，顶部的导航栏被折叠起来。单击菜单按钮，即可纵向展开导航栏。

2. 响应式页面开发

在编写页面时，需要适应各种各样的屏幕宽度。需要注意的是，随着高清屏的发展，1920*1080 分辨率的屏幕已经普及，而使用这么大的分辨率在小尺寸的屏幕上显示网页时，文字会非常小，不利于阅读。因此，搭载高清屏的小尺寸屏幕设备通常会使用高像素密度。例如，利用 800*1280 的屏幕显示 320*512 的网页，网页中的元素将被放大。这种放大并不是直接放大像素点，而是放大字体的字号，图片也会基于图片本身的像素进行缩放。接下来分步骤讲解响应式页面的开发。

（1）添加 viewport meta 标签

使用 viewport 可以控制网页的显示宽度，防止浏览器直接按照屏幕像素进行显示。在 view\layout.html 的<head>标记中添加 viewport，具体代码如下。

```
<meta name="viewport" content="width=device-width, initial-scale=1.0">
```

在添加 viewport 后，对于搭载高清屏的小尺寸设备，网页的宽度将按照系统缩放宽度进行显示。假设，一个小尺寸屏幕的物理分辨率是 800*1280，如果不使用 viewport，则浏览器直接显示宽度为 800px 的网页，而使用 viewport 之后，浏览器会按照系统缩放比例来显示网页。

在 Chrome 浏览器中，为了方便进行移动端开发调试，在开发者工具中提供了模拟功能，单击开发者工具栏左上角的第 2 个按钮即可启动，如图 2-93 所示。从图中可以看出，浏览器模拟了 iPhone 6 手机下的网页分辨率，此处也可以切换成其他手机的预设，或手动输入分辨率。

图 2-93 Chrome 浏览器模拟移动端

（2）适配屏幕宽度

网页若要根据屏幕的宽度进行响应，就需要对各种宽度进行适配。在编写 CSS 样式时，可以根据不同的显示宽度修改样式。下面通过实际代码进行演示，具体如下。

```
1  <style>
2      /* 设置默认样式 */
3      .wrap{width: 80%;}
4      .sidebar{float: left;}
5      /* 当屏幕宽度不超过 400px 时，改变样式 */
6      @media screen and (max-width: 400px){
7          .wrap{width: 95%;}
8          .sidebar{float: none;}
9      }
10     /* 当屏幕宽度不超过 300px 时，改变样式 */
11     @media screen and (max-width: 300px){
12         .wrap{width: 100%;}
13     }
14 </style>
```

在上述 CSS 代码适配了宽度为 400px 和 300px 的屏幕。其中第 6 行代码中的“@media screen”用于判断屏幕的宽度是否满足某个条件，“max-width: 400px”表示屏幕宽度低于 400px 以内时满足条件。因此，当满足第 11 行代码的条件时，会同时满足第 6 行的条件，第 11 行代码条件中的样式将覆盖第 6 行条件中的样式，第 6 行条件中的样式会覆盖默认样式。因此，假设屏幕宽度为 280px，最终得到样式如下。

```
.wrap{width: 100%;}
.sidebar{float: none;}
```

从上述代码可以看出，响应式页面成功适配了 400px 宽度以内的屏幕。通过这种方式，即可实现当不同宽度的屏幕在浏览同一网页时，网页能够根据屏幕宽度自动调整样式。

扩展提高　密码安全存储

在本项目中，对于管理员的密码是以明文进行存储的，这种方式在网站上线时，是极为不安全的。因为很多安全问题都是在极特殊的情况下遇到的，具有隐蔽性，开发人员很难保证项目在使用过程中不会出现安全漏洞。当网站因安全漏洞导致数据被泄露时，管理人员往往无法在第一时间知道，一旦用户的密码遭到窃取，将造成难以挽回的损失。因此，在软件开发时，对于密码存储的安全一定要慎重。

接下来，将在内容管理系统中加强密码存储的安全性，具体步骤如下。

（1）创建密码函数

在对于密码进行加密时，通常会使用 MD5()函数对密码进行摘要运算。MD5 算法用于校验两个数据是否相同，通过 MD5()函数运算后将得到一个由 32 个字符组成的字符串，不同的数据产生的 MD5 字符串不同。理论上，通过 MD5 生成的字符串无法逆向获得原来的数据。

值得一提的是，由于 MD5 的广泛性，许多密码破解机构使用了彩虹表等技术运算并存储了海量字符串的 MD5 运算结果，导致对密码直接进行 MD5 运算已经无法应对安全需求，因此出现了许多混淆式的密码算法以提高破解难度。

下面在 common\function.php 中添加函数，实现密码的加密，具体代码如下。

```
function password($password, $salt){
    return md5(md5($password).$salt);
}
```

在上述代码中，在对密码进行 MD5 运算时，会对密码的运算结果再连接$salt 进行第 2 次 MD5 运算，从而防止 1 次 MD5 的运算结果被轻易破解。另外，在对网站中的密码进行存储时，通常会为不同的用户生成不同的$salt，从而进一步加强密码破解的难度。

（2）修改管理员数据表

重新创建管理员的数据表，添加一个 salt 字段，并将密码字段修改为固定 32 位的长度，具体如下。

```
CREATE TABLE `cms_admin`(
  `id` INT UNSIGNED PRIMARY KEY AUTO_INCREMENT,
  `name` VARCHAR(10) NOT NULL UNIQUE COMMENT '用户名',
  `password` CHAR(32) NOT NULL COMMENT '密码',
  `salt` CHAR(6) NOT NULL COMMENT '密钥'
)DEFAULT CHARSET=utf8;
```

在调整表结构以后，重新添加管理员数据，对密码进行加密存储，具体如下。

```
INSERT INTO `cms_admin` (`id`, `name`, `password`, `salt`) VALUES
(1, 'admin', MD5(CONCAT(MD5('123456'), 'itCAst')), 'itCAst');
```

在上述 SQL 语句中，密码字段中的 concat()用于连接两个字符串。此处的密码加密方式相当于前面编写的 password()函数，其中 salt 的值可以随意设置。

接下来在 MySQL 命令行工具中查看管理员表，运行结果如图 2-94 所示。

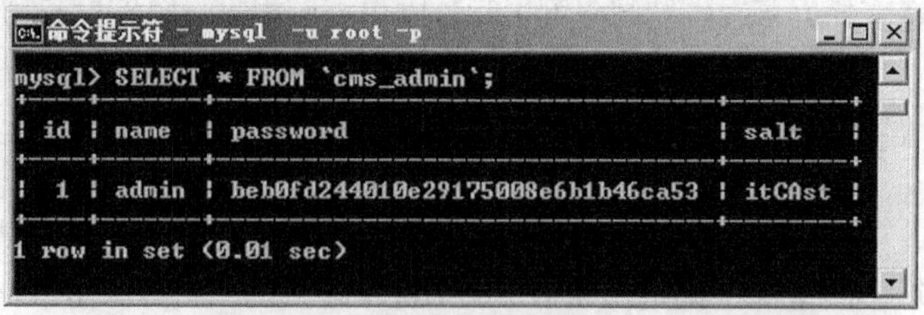

```
命令提示符 - mysql -u root -p
mysql> SELECT * FROM `cms_admin`;
+----+-------+----------------------------------+--------+
| id | name  | password                         | salt   |
+----+-------+----------------------------------+--------+
|  1 | admin | beb0fd244010e29175008e6b1b46ca53 | itCAst |
+----+-------+----------------------------------+--------+
1 row in set (0.01 sec)
```

图 2-94　提高密码安全

（3）修改用户登录功能

在完成数据表的修改后，接下来修改后台登录文件 admin\login.php，在登录时取出数据库中保存的密码和 salt，然后对用户输入的密码按照 salt 调用 password()函数进行运算，如果运算结果与数据库中保存的结果相同，则表示用户登录成功，具体代码如下。

```
//根据用户名取出密码
$data = db_fetch(DB_ROW, 'SELECT `id`,`name`,`password`,`salt` FROM
    `cms_admin` WHERE `name`=?', 's', $name);
//判断用户名和密码
if($data && (password($password, $data['salt']) == $data['password'])){
    //登录成功
}
```

至此，内容管理系统的密码安全存储功能已经开发完成。

课后练习　缓存和静态化

对于 Web 开发来说，HTML 文件是直接输出到浏览器的，效率最高；PHP 文件需要 PHP 引擎解析，效率次之；PHP 访问 MySQL 数据库时，需要连接数据库获取数据，效率最低。因此，在优化网站运行效率时，通常会将常用的数据库查询结果进行文件缓存，将 PHP 生成的页面生成静态文件。请尝试在内容管理系统中实现数据缓存和页面静态化功能，以优化网站的前台运行效率。

【高级篇】项目三 博学谷云课堂

项目综述

经过前面的学习，读者已经能够开发一个基于 PHP+MySQL 的动态网站。但是在实际的工作和应用中，要求代码具有很强的可维护性、可复用性和可扩展性；要求项目开发速度快，对于多变的用户需求能够迅速反应。这时候，面向对象编程和 MVC 开发模式的学习就显得十分有必要。博学谷云课堂是本书中的第 3 个项目，在难度上属于高级项目。在讲解本项目的同时，将会基于面向对象思想开发一个 MVC 框架，使读者学会利用框架来提高项目的开发速度和代码质量。

开发背景

随着互联网的发展，信息更迭的速度也在不断提升。因此，不论是在校的学生还是已经步入社会的人员，都需要不断地学习新的知识，充实自己的学识提高自己的技能，才能跟上时代的步伐。但是，业余时间充电，在有限的时间内怎样掌握更多的知识成为亟待解决的问题。

为了满足广大网络用户的学习需求，在线教学应运而生。用户只需要支付相应价位的费用后，就可以获取想要学习的课程，通过网络观看教学视频，并且可以在线答题练习、发表评论进行交流。

从经济角度来说，在线教育在节省了商家的运营成本的同时，也降低了学习成本；从用户角度来说，仅需要付出一定的费用，就可以购买到经过合理规划好的课程，极大地提升了学习的速度与质量；从发展趋势来说，自学的同时增加练习与交流的方式，不仅加强了知识的理解，还增强了人与人之间分享的精神。在线教学的未来发展前景是值得期待的。

项目预览

项目前台课程展示

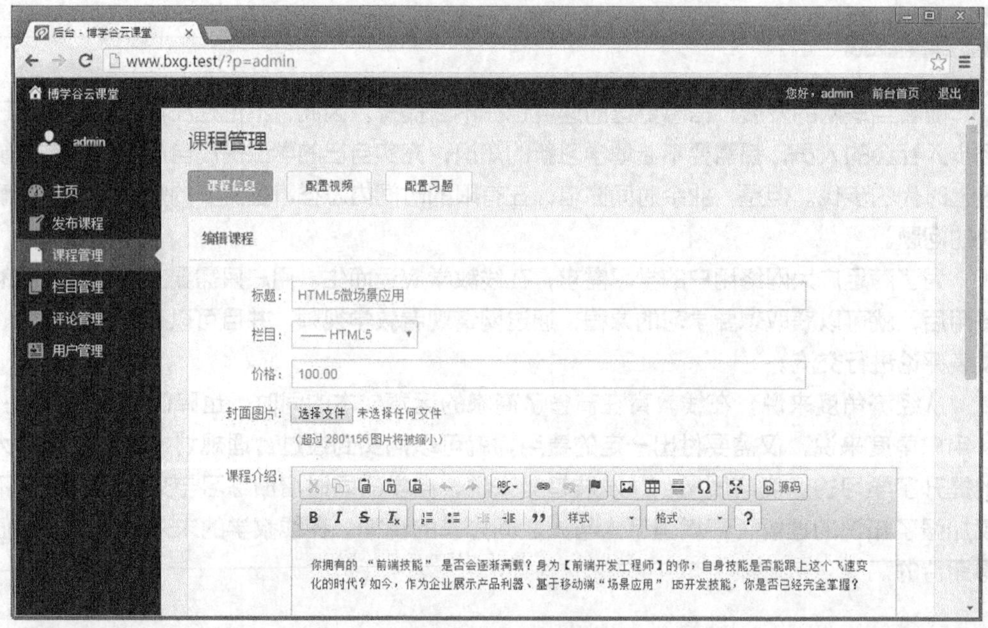

项目后台课程管理

模块一　开发前准备

在项目开发之前，需要完成一些准备工作。首先进行需求分析，确定软件应该具备的功能；然后进行系统分析，规划项目的功能模块；在完成分析后，进行数据库设计，确定项目中基本的数据表和字段；最后提高项目的安全系数，了解 Web 开发中常见的安全问题，并在开发时注意防范。

通过本模块的学习，要求完成以下目标。

- 熟悉需求分析和系统分析，能够对项目进行模块划分。
- 掌握项目的数据库设计，学会设计合理的数据表和字段。
- 掌握 Web 开发中常见的安全问题，能够对相关问题进行防范。

任务一　需求分析

通过调查和分析，为满足用户对在线教学的基本诉求，要求本系统具有以下功能。

- 界面设计要美观、大方、快捷、操作灵活。
- 网站分为前台和后台，后台用于管理课程，前台用于在线学习。
- 网站后台具有管理员登录、退出及验证码功能。
- 网站后台能够对栏目信息、课程信息进行管理。
- 每个课程都可以设置其所属的栏目。
- 在管理栏目时，可以设置每个栏目的显示顺序。
- 在管理课程信息时，能够配置课程相关的授课视频、练习题。
- 课程的配套练习题包括判断题、单选题、多选题和填空题。
- 网站前台可以进行用户注册和登录，登录后能够购买课程在线学习。
- 在学习每个课程的过程中，用户能够观看授课视频，进行在线答题及发表评论。

任务二　系统分析

在需求分析中，博学谷云课堂分为前台和后台两个平台，不同的平台具有不同的功能。为了看清楚项目所要开发的功能，下面通过项目结构划分图进行展示，如图 3-1 所示。

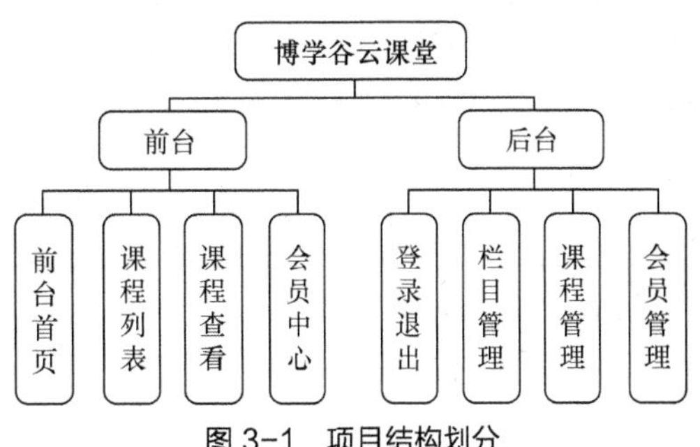

图 3-1　项目结构划分

从图 3-1 中可以看出，博学谷云课堂的后台用于管理员管理课程、栏目和会员，而前台用于网站的访客浏览内容。其中，前台的会员中心包括会员的注册、登录、退出功能，已经注册的会员可以在线充值、购买课程、在线学习。

在此项目中，主要的实体有栏目、课程、会员，以及与课程相关的实体视频、习题、评论和订单。关于这些实体之间的主要联系，如图 3-2 所示。

在图 3-2 中，属于一对多联系的有：栏目与课程、课程与视频、课程与习题、课程与评论、课程与订单，会员与订单、会员与评论。会员与课程之间是多对多联系，即一个会员可以购买多门课程，一门课程也可以被多个会员购买；同时一个会员可以评论多门课程，一门课程可以被多个会员评论。

在设计数据库时，为了便于管理，通常将多对多的联系转换为一对多的联系。因此，当会员购买课程时，就会生成订单，订单中保存了每个会员购买了每门课程的记录。通过查询订单，就可以知道某个会员是否购买了某门课程。

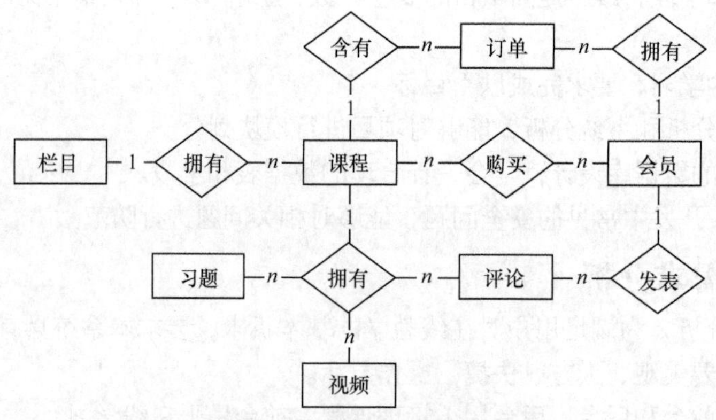

图 3-2　项目中各实体的联系

任务三　数据库设计

数据库设计对项目功能的实现起着至关重要的作用。接下来，根据项目的需求分析及系统分析，创建一个名为“itcast_bxg”的数据库，为“博学谷云课堂”设计的基本数据表如下。

（1）bxg_admin（管理员表）

管理员表用于保存网站后台的管理员账号。为了防止明文存储密码带来安全隐患，应对密码进行加密处理，其结构如表 3-1 所示。

表 3-1　管理员表结构

字段名	数据类型	描述
id	TINYINT UNSIGNED	主键 ID，自动增长
name	VARCHAR(10)	用户名，唯一约束
password	CHAR(32)	加密后的密码
salt	CHAR(6)	密钥

（2）bxg_category（栏目表）

栏目表用于保存课程所属的栏目，并且可以有子级栏目，其结构如表 3-2 所示。

表 3-2　栏目表结构

字段名	数据类型	描述
id	INT UNSIGNED	主键 ID，自动增长
pid	INT UNSIGNED	上级栏目 ID，默认 0
name	VARCHAR(15)	栏目名称
sort	INT	栏目排序值，默认 0

（3）bxg_course（课程表）

课程表用于保存课程的详细信息，如课程名称、价格等，其结构如表 3-3 所示。

（4）bxg_video（视频表）

视频表用于保存课程中的视频信息，其结构如表 3-4 所示。

表 3-3 课程表结构

字段名	数据类型	描述
id	INT UNSIGNED	主键 ID，自动增长
category_id	INT UNSIGNED	所属栏目 ID
title	VARCHAR(32)	课程名
thumb	VARCHAR(255)	封面图
show	ENUM('yes','no')	是否发布，默认 no
time	TIMESTAMP	发布时间，默认当前时间
price	DECIMAL(10,2)	价格
buy	INT UNSIGNED	购买人数，默认 0
content	TEXT	课程介绍

表 3-4 视频表结构

字段名	数据类型	描述
id	INT UNSIGNED	主键 ID，自动增长
course_id	INT UNSIGNED	所属课程 ID
title	VARCHAR(32)	视频名
url	VARCHAR(255)	视频 URL 地址
sort	INT	视频排序值，默认 0
trial	ENUM('yes','no')	是否允许试看，默认 no

（5）bxg_question（习题表）

习题表用于保存与课程相关联的习题，支持判断、单选、多选和填空 4 种题型，其结构如表 3-5 所示。

表 3-5 习题表结构

字段名	数据类型	描述
id	INT UNSIGNED	主键 ID，自动增长
course_id	INT UNSIGNED	所属课程 ID
type	ENUM('binary','single','multiple','fill')	题型
content	VARCHAR(255)	题干
option	TEXT	选项
answer	VARCHAR(255)	答案

（6）bxg_user（会员信息表）

会员信息表用于保存网站前台的注册用户，包括用户名、密码等信息，其结构如表 3-6 所示。

（7）bxg_comment（评论表）

评论表用于保存前台会员对于课程的评论，管理员可以进行回复，其结构如表 3-7 所示。

表 3-6　会员表结构

字段名	数据类型	描述
id	INT UNSIGNED	主键 ID，自动增长
name	VARCHAR(32)	用户名
password	CHAR(32)	密码
salt	CHAR(6)	密钥
email	VARCHAR(100)	邮箱地址
amount	DECIMAL(10,2)	余额，默认 0

表 3-7　评论表结构

字段名	数据类型	描述
id	INT UNSIGNED	主键 ID，自动增长
user_id	INT UNSIGNED	会员 ID
course_id	INT UNSIGNED	课程 ID
content	VARCHAR(255)	评论内容
time	TIMESTAMP	发表时间，默认当前时间
reply	VARCHAR(255)	管理员回复内容，默认空字符串

（8）bxg_order（订单表）

订单表用于保存前台会员购买的课程，购买后可以访问完整课程内容，其结构如表 3-8 所示。

表 3-8　订单表结构

字段名	数据类型	描述
id	INT UNSIGNED	主键 ID，自动增长
user_id	INT UNSIGNED	会员 ID
course_id	INT UNSIGNED	课程 ID
time	TIMESTAMP	购买时间，默认当前时间

任务四　安全性

对于互联网企业，网站系统中承载着大量的数据，尤其是在线购物、网络银行等系统，对于安全性的要求非常严格。网站一旦出现安全漏洞，在严重情况下会导致数据泄露，被篡改、窃取，造成系统瘫痪等问题，给企业带来不可估量的损失。接下来，本任务将会介绍一些常见的安全漏洞和防御方法。

1. 验证数据合法性

（1）表单安全问题

在多数情况下，网站系统的安全漏洞主要来自于对用户输入内容的检查不严格，导致不合法的数据破坏程序原有的逻辑，从而使程序发生问题。

下面以表单接收为例，假设域名为“http://www.bxg.test”的服务器中有一个 edit.php 文件用于接收表单信息，其代码如下。

```
<?php
    echo $_POST['subject'];  //输出表单提交的 subject 字段
?>
<form method="post">
    <input type="radio" name="subject" value="Java"> Java
    <input type="radio" name="subject" value="PHP"> PHP
    <input type="submit" value="提交">
</form>
```

在上述代码中，表单中有一组单选按钮，只能选择 Java 或 PHP，正常情况下只能提交这两种值。但是熟悉 HTTP 的读者应该知道，任何软件都可以通过 HTTP 向服务器提交数据。Web 表单只是利用浏览器限制了提交的内容，但无法限制服务器接收什么样的内容。

例如，用户可以动手编写一个 HTML 页面，将表单提交给 edit.php，代码如下。

```
<form method="post" action="http://www.bxg.test/edit.php">
    <input type="text" name="subject">
    <input type="submit" value="提交">
</form>
```

在上述代码中，表单字段 subject 原本是一个单选按钮，在这里被修改为文本框，此时用户就可以随意编写内容进行提交，edit.php 中原有的表单起不到任何限制作用。

因此，对于用户输入的内容，一定要验证数据的合法性。

（2）正则表达式

在对用户提交内容进行验证时，可以利用正则表达式实现复杂的验证规则（读者可以通过其他资料学习正则表达式的使用）。下面列举几个常用的正则表达式和作用。

① 验证普通字符和长度。

当验证字符串只允许英文字母、数字和下划线，并且长度为 2～10 位时，正则表达式如下。

```
/^\w{2,10}$/
```

在上述正则表达式中，“/^……$/”表示要匹配的字符串必须按照指定规则开始和结束，“\w”用于匹配一个英文字母、数字或下划线字符，“{2,10}”用于限定匹配的字符在 2~10 个范围内。

② 验证中文汉字和长度。

当验证的字符串除了字母、数字和下划线，还包括汉字时，正则表达式如下。

```
/^[\w\x{4e00}-\x{9fa5}]{2,10}$/u
```

上述正则表达式用于在 UTF-8 编码验证汉字，其他编码的验证方法不同。其中，“/……/u”用于匹配多字节字符，“\x{4e00}-\x{9fa5}”用于匹配字符编码从 0x4E00 到 0x9FA5 之间连续区域的汉字。另外，在匹配时同样可以限定匹配字符在 2~10 个范围内。

③ 验证 QQ 号码。

一个正确的 QQ 号码，应该以 1～9 数字开头，从第 2 位开始是 0～9 的任意数字。QQ 号码的长度至少为 5 位（使用 QQ 的人数在不断增加）。实现 QQ 号码验证的正则表达式如下。

```
/^[1-9][0-9]{4,19}$/
```

在正则表达式中，“[1-9]”表示以 1 ~ 9 开头的数字，“[0-9]{4,19}”表示 4~19 个任意的十进制数字。因此该正则表达式可以匹配 5~20 位的 QQ 号码。

（3）正则表达式函数

在 PHP 中，可以使用 preg_match()函数进行正则匹配，该函数的第 1 个参数表示正则表达式，第 2 个参数表示待匹配的字符串。下面通过代码进行演示，具体如下。

```
//接收用户名
$username = $_POST['username'];
//验证用户名是否合法
if(!preg_match('/^[\w\x{4e00}-\x{9fa5}]{2,10}$/u', $username)){
    echo '用户名格式不符合要求';
}
```

上述代码通过 preg_match()函数对用户名进行验证。当匹配到时返回 1，匹配不到时返回 0，发生错误时返回 false。

除了 preg_match()函数，在 PHP 中还有许多以名称“preg_”开头的函数，这些函数都可以利用正则表达式进行字符串处理，读者可通过 PHP 手册了解这方面的内容，这里就不再进行演示。

2. 防御 SQL 注入

SQL 注入是网站开发中常见的安全漏洞之一，其产生的原因是开发人员未对用户输入的数据进行过滤就拼接到 SQL 语句中执行，导致用户输入的一些特殊字符破坏了原有 SQL 语句的逻辑，造成数据泄露，被窜改、删除等危险的后果。

在之前的项目中，操作数据库使用了 MySQLi 扩展的预处理机制，将 SQL 语句和数据分离，从本质上避免了 SQL 注入问题的发生。需要注意的是，如果开发人员仍然使用拼接 SQL 语句的方式，则 SQL 注入问题依然会发生，如下列代码所示。

```
//下列代码存在 SQL 注入问题
$name = $_POST['name'];
$result = mysqli_query($link, "SELECT * FROM `admin` WHERE `name`='$name'");
```

上述代码将来自外部的 name 数据直接拼接到 SQL 语句中，如果用户输入了单引号，则会将原有 SQL 语句中的单引号闭合，然后用户就可以将自己输入的内容当成 SQL 执行，如下所示。

```
//假设用户输入“' or 1='1”, SQL 语句将变为
SELECT * FROM `admin` WHERE `name`='' or 1='1'
```

将用户输入的攻击代码拼接到 SQL 语句后，原有的逻辑就被破坏了，此时就会通过 or 条件查询出 admin 表中所有的记录，造成了数据的泄露。

接下来改进上述代码，通过 MySQLi 预处理机制将 SQL 与数据分开发送，代码如下。

```
//接收变量
$name = $_POST['name'];
//预处理方式执行 SQL
$stmt = mysqli_prepare($link, 'SELECT * FROM `admin` WHERE `name`=?');
mysqli_stmt_bind_param($stmt, 's', $name);
mysqli_stmt_execute($stmt);
$result = mysqli_stmt_get_result($stmt);
```

经过上述修改后，即可防御 SQL 注入的问题。

3. 防御 XSS 攻击

跨站脚本攻击（Cross Site Scripting，XSS）产生的原因是将来自用户输入的数据未经过滤就拼接到 HTML 页面中，造成攻击者可以通过输入 JavaScript 代码来盗取网站用户的 Cookie。由于 Cookie 在网站中承载着保存用户登录信息的作用，一旦 Cookie 被盗取，攻击者就得到了受害用户登录后的权限，从而造成一系列危险的后果。

在防御 XSS 攻击时，对于普通的文本数据，使用 htmlspecialchars()是最好的方法。该函数可以转义字符串中的双引号、尖括号等特殊字符，但需要注意的是，默认情况下，单引号不会被转义。例如，以下代码就存在 XSS 漏洞。

```
//接收来自用户输入的数据
$name = htmlspecialchars($_POST['name']);
//拼接到 HTML 中
echo "<input type='text' value='$name' />";
```

在上述代码中，由于用户可以输入单引号，因此可以通过单引号闭合原有的 value 属性，然后在后面可以添加事件属性如 onclick，从而通过这种方式来注入 JavaScript 代码，如下所示。

```
//假设用户输入“' onclick='alert(document.cookie)”，输出结果为
<input type='text' value='' onclick='alert(document.cookie)' />
```

当上述代码被浏览器执行后，攻击者注入的 JavaScript 代码就会运行，这将威胁网站和用户的安全。

由于 XSS 攻击的主要目的是盗取 Cookie，因此可以为项目中最关键的 PHPSESSID 这个 Cookie 设置 HttpOnly 属性。通过设置该属性可以阻止 JavaScript 访问该 Cookie。在 php.ini 中可以设置是否在开启 Session 时自动为 PHPSESSID 设置 HttpOnly 属性，也可以通过 ini_set()函数临时修改配置，具体代码如下。

```
//为保存在浏览器端的 PHPSESSID 设置 HttpOnly
ini_set('session.cookie_httponly', 1);
//开启 Session
session_start();
```

上述代码在开启 Session 前通过 ini_set()函数动态修改 PHP 的环境配置，此修改只对本项目在运行周期内时有效，并不影响 php.ini 中的原有设置。

模块二　面向对象编程

在之前的项目中，开发方式采用的都是面向过程思想。即要解决一个问题，首先要分析其完成所需的步骤，然后再用函数将这些步骤一一实现，最后在使用时依次调用。但是在程序开发过程中，为了使程序代码更加符合人类思维逻辑，去处理现实生活中各种事物之间的联系，就要使用面向对象思想进行编程。本模块将对 PHP 中的面向对象相关知识进行详细讲解。

通过本模块的学习，读者对于知识的掌握需达到如下程度。

- 掌握类与对象的使用，学会类的定义和实例化对象。
- 掌握面向对象的三大特征，并能够在项目中熟练运用。

- 掌握 PHP 中访问修饰限定符的使用，以及各自的区别。
- 熟悉魔术方法、自动加载等机制的使用，方便程序开发。
- 了解异常处理机制，学会抛出、捕获和自定义异常。

任务一　体验类与对象

面向对象编程（Object Oriented Programming，OOP）就是将现实生活中存在的各种形态事物，使用对象来映射，这些事物之间存在的各种各样的联系，使用对象的关系进行描述。接下来将对面向对象中的类与对象两个最基本、最重要的组成单元进行讲解。

1. 类与对象的关系

面向对象思想力图使程序对事物的描述与该事物在现实中的形态保持一致。为了做到这一点，面向对象思想提出了两个概念，即类和对象。其中，类是对某一类事物的抽象描述，即描述多个对象的共同特征，它是对象的模板。而对象用于表示现实中该事物的个体，它是类的实例。

简单来说，类表示一个客观世界的某类群体，而对象表示某类群体中一个具体的东西。类是对象的模板，类中包含该类群体的一些基本特征，对象是以类为模板创建的具体事物，也就是类的具体实例。

下面通过一个例子来说明。在汽车厂里生产汽车时，首先需要设计师们要设计出汽车的图纸，这个图纸就是类；然后工厂按照设计图规定的结构去生产想要的汽车，被生产出的汽车就是对象，其关系如图 3-3 所示。

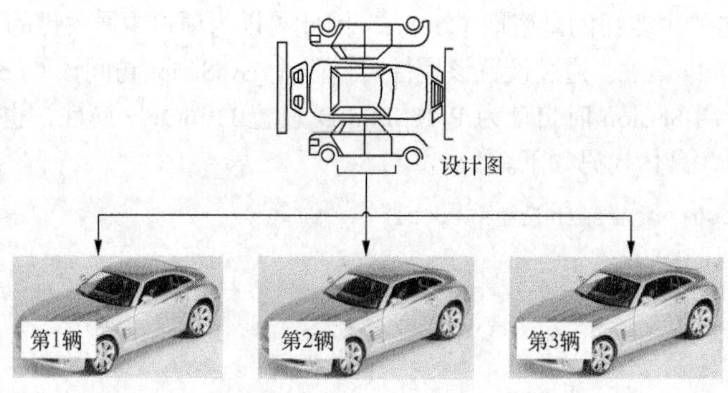

图 3-3　类与对象的关系

2. 类的定义与实例化

在理解类与对象的关系以后，接下来针对 PHP 如何定义类、如何将类实例化成对象，以及如何访问对象成员等具体操作进行讲解。

（1）类的定义

类是由 class 关键字、类名和成员组成的，类的成员包括属性和方法，属性用于描述对象的特征，方法用于描述对象的行为，语法格式如下。

```
class 类名{
    //成员属性
    //成员方法
}
```

上述语法格式中，class 表示定义类的关键字，通过该关键字就可以定义一个类。在类中声明的变量被称为成员属性，主要用于描述对象的特征，如人的姓名、年龄等。在类中声明的函数被称为成员方法，主要用于描述对象的行为，如人可以说话、走路等。

在定义类名时，需要遵循以下几个规则。

- 类名不区分大小写，即大小写不敏感，如 Student、student 等都表示同一个类。
- 推荐使用大驼峰法命名，即每个单词首字母大写，如 Student。
- 类名要见其名知其意，如 Student 表示学生类，Teacher 表示教师类。

（2）类的实例化

类创建完成后，若想要完成具体的功能，还需要根据类创建对象，也就是类的实例化。在 PHP 程序中，可以使用 new 关键字来创建对象，语法格式如下。

```
$对象名 = new 类名([参数 1, 参数 2, ……]);
```

上述语法格式中，“$对象名”表示一个对象的引用名称，通过这个引用就可以访问对象中的成员。其中，$符号是固定写法，对象名是自己定义的，遵循变量的命名规则即可；“new”表示要创建一个新的对象；“类名”表示新对象的类型；类名后面括号中的参数是可选的，具体将在构造方法中进行讲解。

为了让读者更好地理解类与对象的使用，下面通过具体代码进行演示。

```
class Student{
    public $name;
    public function study(){
        echo '正在学习';
    }
}
$Student1 = new Student();
$Student2 = new Student();
var_dump($Student1);     //输出结果：object(Student)#1 (1) { ["name"]=> NULL }
var_dump($Student2);     //输出结果：object(Student)#2 (1) { ["name"]=> NULL }
```

上述代码定义了一个用于描述学生的类，类中有成员属性$name 和成员方法 study()。其中，public 是访问修饰限定符，将在面向对象三大特征中进行讲解，一般情况下使用 public 即可。通过 var_dump()可以打印对象的类型，以及对象中的成员属性。

值得一提的是，如果在创建对象时，不需要传递参数，则可以省略类名后面的括号，即“new 类名”的方式就可以创建一个对象。

（3）对象的使用

在创建对象后，就可以通过“对象->成员”的方式来访问成员属性和成员方法。其中，访问成员属性的操作和访问变量类似，访问成员方法的操作和调用函数类似，下面通过代码进行演示。

```
class Student{
    public $name = '小明';  //定义成员属性并赋初始值
    public function study(){
        echo '正在学习……';
    }
```

```
}
$Student1 = new Student();
echo $Student1->name;          //输出结果：小明
$Student1->name = '小红';
echo $Student1->name;          //输出结果：小红
$Student1->study();            //输出结果：正在学习……
```

从上述代码可以看出，在实例化后访问成员属性$name 时，获取到的是初始值“小明”，而将成员属性修改为“小红”后，输出结果变为“小红”。

（4）构造方法

每个类中都有一个构造方法，在创建对象时会被自动调用，用于完成初始化操作。如果类中没有显式声明，PHP 则会自动生成一个没有参数，且没有任何操作的默认构造方法。声明构造方法和声明成员方法类似，其语法格式如下。

```
修饰符 function __construct(参数列表){
    //初始化操作
}
```

在上述语法中，__construct()是构造方法的名称，修饰符可以省略，默认为 public。

值得一提的是，与类同名的方法也被视为构造方法。例如，Student 类中，如果定义了一个 student()方法，那么它也是构造方法。这是早期 PHP 版本中定义构造方法的方式，PHP 为了向前兼容，现在仍然支持这种方式。当一个类中同时存在这两种构造方法时，PHP 会优先选择__construct()执行。如果没有定义__construct()方法，才会执行与类同名的构造方法。

为了让读者更好地理解构造方法的使用，下面通过具体代码进行演示。

```
class Student{
    public $name;
    public function __construct($name){
        $this->name = $name;
    }
    public function study(){
        echo $this->name.'正在学习……';
    }
}
$Student1 = new Student('小明');
$Student2 = new Student('小红');
$Student1->study();        //输出结果：小明正在学习……
$Student2->study();        //输出结果：小红正在学习……
```

在上述代码中，构造方法和 study()方法都使用了一个特殊的变量“$this”，它代表当前对象，用于完成对象内部成员之间的访问。例如，当对象$Student1 执行成员方法时，$this 代表的是$Student1 对象，而对象$Student2 执行成员方法时，$this 代表的是$Student2 对象。

需要注意的是，$this 只能在类定义的方法中使用，不能在类定义的外部使用。

（5）析构方法

与构造方法相对应的是析构方法，它会在对象被销毁之前自动调用，完成一些功能或操作的执行，例如，关闭文件、释放结果集等，其语法格式如下。

```
修饰符 function __destruct(参数列表){
    //清理操作
}
```

需要注意的是，析构方法一般情况下不需要手动调用。在使用 unset()释放对象，或者 PHP 脚本执行结束自动释放对象时，析构方法将会被自动调用。

接下来通过代码演示析构方法的使用，具体如下。

```
class Student{
    public function __destruct(){
        echo '析构方法正在执行……';
    }
}
$Student1 = new Student();
unset($Student1);      //执行后输出结果：析构方法正在执行……
```

上述代码通过 unset()释放对象$Student1，就会自动执行析构方法。如果不使用 unset()释放对象，在 PHP 脚本执行结束时也会自动释放$Student1。同理，如果对象在函数中进行实例化，当函数执行结束时自动释放局部变量，就会执行$Student1 对象的析构方法，示例代码如下。

```
function test(){
    $Student1 = new Student();
}
test();          //执行后输出结果：析构方法正在执行……
```

在上述代码中，如果不希望函数中的对象在函数执行完成后自动释放，可以将对象作为函数的返回值返回。对象在函数传递中属于引用传值，只要通过函数返回值接收对象引用，就可以在函数执行完成后继续使用对象。

（6）可变属性和可变方法

PHP 支持可变变量、可变函数，同样也支持可变属性、可变方法，下面通过代码进行演示。

```
class Student{
    public $name = '学生';
    public function show(){
        $var = 'name';
        echo $this->$var;   //表示访问$this->name
    }
}
$func = 'show';
$Student1 = new Student();
$Student1->$func();          //表示访问$this->show()
```

从上述代码可以看出，通过变量的值作为属性名、方法名使用，极大增强了代码的灵活性。

3. MySQLi 扩展的面向对象语法

在学习了类与对象的基本语法后，接下来就可以使用 MySQLi 扩展提供的面向对象语法进行数据库操作了。MySQLi 扩展提供了一个 MySQLi 类，通过实例化这个类，也可以进行数据库操作，示例代码如下。

```
//在实例化时连接数据库，并选择数据库“itcast”
$mysqli = new MySQLi('localhost', 'root', '123456', 'itcast');
//调用 mysqli 对象中的方法，设置字符集
$mysqli->set_charset('utf8');
//执行 SQL 语句，获得结果集（$result 是 MySQLi_RESULT 类的对象）
$result = $mysqli->query('SHOW TABLES');
//调用$result 对象中的方法，处理结果集，获得关联数组结果
$data = $result->fetch_all(MYSQLI_ASSOC);
//输出关联数组结果
print_r($data);
```

在上述代码中，$result 是 MySQLi_RESULT 类的对象，表示 MySQLi 结果集，该对象中的 fetch_all()方法表示以数组形式返回所有结果，参数 MYSQLI_ASSOC 表示返回数组是关联数组的形式。

MySQLi 扩展的面向对象语法也支持预处理机制，示例代码如下。

```
//连接数据库、选择数据库、设置字符集
$mysqli = new MySQLi('localhost', 'root', '123456', 'itcast');
$mysqli->set_charset('utf8');
//预处理 SQL 语句（$stmt 是 MYSQLi_STMT 类的对象）
$stmt = $mysqli->prepare('SELECT * FROM `user` WHERE `name`=?');
//参数绑定、赋值
$stmt->bind_param('s', $name);  //第 1 个参数表示数据类型，后面的参数是绑定的变量
$name = 'xiaoming';
//执行 SQL 语句
$stmt->execute();
//获取结果集、返回关联数组进行输出
$result = $stmt->get_result();
$data = $result->fetch_all(MYSQLI_ASSOC);
print_r($data);
```

在上述代码中，$stmt 是 MySQLi_STMT 类的对象，表示 MySQLi 语句，该对象中的 bind_param()方法用于参数绑定，execute()方法用于执行语句。当语句执行完成后，可以通过 get_result()方法获取结果集对象，然后调用结果集对象中的 fetch_all()方法处理结果集。

值得一提的是，除了将预处理语句的执行结果转换为结果集对象之外，还有一种方式可以处理结果集，就是对结果集进行参数绑定，示例代码如下。

```
//连接数据库、选择数据库、设置字符集
$mysqli = new MySQLi('localhost', 'root', '123456', 'itcast');
$mysqli->set_charset('utf8');
//预处理、执行 SQL
$stmt = $mysqli->prepare('SELECT `name`,`password` FROM `user`');
```

```
$stmt->execute();
//绑定结果集，将第 1 列绑定给变量$name，第 2 列绑定给变量$password
$stmt->bind_result($name, $password);
//处理结果集（每次调用 fetch()方法只获得一行结果，循环调用可获得全部结果）
while ($stmt->fetch()) {
    echo "name: $name, password: $password <br>";
}
```

从上述代码可以可以看出，bind_result()方法中的参数顺序和查询结果集中每一列的顺序是一致的。当结果集绑定后，每次调用 fetch()方法，都会改变已经绑定的变量$name 和$password 的值。

任务二　面向对象三大特征

面向对象编程是目前流行的系统设计开发方式，它主要是为了解决传统程序设计方法所不能解决的代码重用问题。对于面向对象编程的特点主要可以概括为封装性、继承性和多态性，下面进行简要介绍。

（1）封装性

封装是面向对象的核心思想，将对象的属性和行为封装起来，不需要让外界知道具体实现细节，这就是封装思想。例如，用户使用电脑，只需要使用手指敲键盘就可以了，无需知道电脑内部是如何工作的，即使用户可能碰巧知道电脑的工作原理，但在使用时，也不会完全依赖电脑工作原理这些细节。

（2）继承性

继承性主要描述的是类与类之间的关系，通过继承，可以在无需重新编写原有类的情况下，对原有类的功能进行扩展。继承不仅增强了代码的复用性，提高了程序开发效率，而且为程序的修改补充提供了便利。

（3）多态性

多态性指的是同一操作作用于不同的对象，会产生不同的执行结果。例如，当听到“Cut”这个单词时，理发师的表现是剪发，演员的行为表现是停止表演，不同的对象，所表现的行为是不一样的。

在了解面向对象三大特征之后，接下来将针对这 3 种特性的具体代码实现进行详细讲解。

1. 继承

在现实生活中，继承一般是指子女继承父辈的财产。在程序中，继承描述的是事物之间的所属关系，通过继承可以使多种事物之间形成一种关系体系。例如，猫和狗都属于动物，程序中便可以描述为猫和狗继承自动物。同理，波斯猫和巴厘猫继承自猫，而沙皮狗和斑点狗继承自狗。这些动物之间会形成一个继承体系，具体如图 3-4 所示。

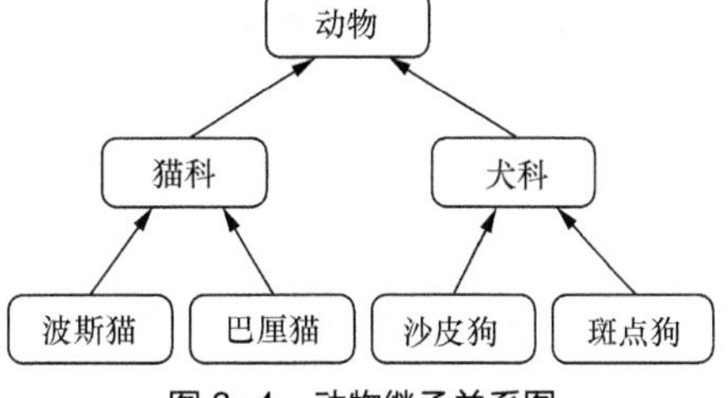

图 3-4　动物继承关系图

在 PHP 中，类的继承是指在一个现有类的基础上去构建一个新的类，构建出来的新类被称做子类，现有类被称做父类，子类会自动拥有父类所有可继承的属性和方法。

要想完成子类对父类的继承，可以使用 extends 关键字来实现，具体语法格式如下。

```
class 子类名 extends 父类名{
    //类体
}
```

需要注意的是，PHP 只允许单继承，即每个子类只能继承一个父类，不能同时继承多个父类。例如，A 类被 B 类继承，B 类再被 C 类继承，这些都属于单继承，但是 C 类不能同时直接继承 A 类和 B 类。

为了让初学者更好地学习继承，接下来通过代码来演示 PHP 中继承的实现，具体如下。

```
class Animal{
    public $name;
    public function shout(){
        echo $this->name.'发出叫声！';
    }
}
class Dog extends Animal{
    public function __construct($name){
        $this->name = $name;
    }
}
$Dog = new Dog('小狗');
$Dog->shout();          //输出结果：小狗发出叫声!
```

在上述代码中，Dog 类通过 extends 关键字继承了 Animal 类，这样 Dog 类就是 Animal 类的子类。当子类在继承父类的时候，会自动拥有父类的成员。因此，实例化后的 Dog 对象，拥有了来自父类的成员属性$name、成员方法 shout()，以及子类本身的构造方法。当子类与父类中有同名的成员时，子类成员会覆盖父类成员。

2. 封装

在 PHP 程序设计中，封装往往都是通过访问修饰符控制实现的，分别为 public、protected 和 private，它们可以对类中成员的访问做出一些限制，具体使用方式如下。

① public：公有修饰符，所有的外部成员都可以访问这个类的成员。如果类的成员没有指定访问修饰符，则默认为 public。

② protected：保护成员修饰符，被修饰为 protected 的成员不能被该类的外部代码访问，但是对于该类的子类可以对其访问、读写等。

③ private：私有修饰符，被修饰为 private 的成员，对于同一个类里的所有成员是可见的，即没有访问限制，但对于该类外部的代码是不允许访问的，对于该类的子类同样也不能访问。

需要注意的是，在 PHP4 中所有的属性都用关键字 var 声明，它的使用效果和使用 public 一样。因为考虑到向下兼容，PHP5 中保留了对 var 的支持，但会将 var 自动转换为 public。

下面将使用 private 访问修饰符控制 Student 类的属性，实现类的封装，具体示例如下。

```
class Student{
    private $_name;     //姓名
    private $_age;      //年龄
    public function __construct($name, $age){
```

```
        $this->_name = $name;
        $this->_age = $age;
    }
    public function getName(){
        return $this->_name;
    }
}
$Student1 = new Student('小明', 18);
echo $Student1->_name;              //无法访问私有属性
echo $Student1->getName();          //输出结果：小明
```

上述代码中，Student 类的两个属性 name 和 age 都是私有成员，在类外无法直接访问。因此，若要在类外访问私有成员属性，就需要通过 public 声明的成员方法，在类内使用$this 进行访问。另外，在实际开发中，为了更好地区分私有成员和其他成员，一般在私有成员名称前面添加“_”进行标识。

3. 多态

多态指的是同一操作作用于不同的对象，会产生不同的执行结果。在 PHP 中实现多态性非常简单，只要多个类中有同名的方法即可。下面通过代码演示 PHP 面向对象的多态性，具体如下。

```
class Animal{
    public function shout(){}
}
class Cat extends Animal{
    public function shout(){
        echo '喵喵';
    }
}
class Dog extends Animal{
    public function shout(){
        echo '汪汪';
    }
}
function AnimalShout(Animal $obj){
    $obj->shout();
}
AnimalShout(new Cat);       //输出结果：喵喵
AnimalShout(new Dog);       //输出结果：汪汪
```

上述代码定义了 Cat 类和 Dog 类，表示猫和狗两种动物，对于同一个操作 AnimalShout()，当传入 Cat 类对象时，结果是猫的叫声“喵喵”；当传入 Dog 类对象时，结果是狗的叫声“汪汪”。在函数 AnimalShout()的参数中，$obj 前面的 Animal 是类型约束，要求传入的必须是 Animal 类（或继承了 Animal 类）的对象，否则 PHP 将会报错。

任务三 类常量与静态成员

类在实例化后，对象中的成员只被当前对象所有。如果希望在类中定义的成员被所有实例共享，此时可以使用类常量或静态成员来实现，接下来将针对类常量和静态成员的相关知识进行讲解。

1. 类常量

在 PHP 中，类内除了可以定义成员属性、成员方法外，还可以定义类常量。在内类使用 const 关键字可以定义类常量，其语法格式如下。

```
const 类常量名 = '常量值';
```

类常量的命名规则与普通常量一致，在开发习惯上通常以大写字母表示类常量名。在访问类常量时，需要通过“类名::常量名称”的方式进行访问。其中“::”称为范围解析操作符，简称双冒号。

接下来通过代码演示类常量的使用，具体如下。

```
class Student{
    const SCHOOL =  '传智播客';
}
echo Student::SCHOOL;          //访问类常量
```

上述代码演示了如何在类外访问类常量。类常量也可以在类内进行访问，在类内访问时，可以用 self 关键字代替类名，从而在以后需要修改类名时，避免修改类中的代码。

在开发中，类常量的使用不仅可以在语法上限制数据不被改变，还可以简化说明数据，方便开发人员的阅读与数据的维护。

2. 静态成员

在 PHP 中，静态成员就是使用 static 关键字修饰的成员，它是属于类的成员，可以通过类名直接访问，不需要实例化对象才能访问。有时候，如果希望类中的某些成员只保存一份，并且可以被所有实例的对象所共享时，就可以使用静态成员。

需要注意的是，静态成员是属于类的，当访问类中的成员时，需要使用范围解析操作符“::”。接下来列举静态成员的访问方法。

```
类名::静态成员              //类名访问静态成员
self::静态成员              //类内访问静态成员（父类中使用时，优先访问父类静态成员）
static::静态成员            //类内访问静态成员（父类中使用时，优先访问子类静态成员）
parent::静态成员            //类内访问父类静态成员
对象::静态成员              //对象访问静态成员（不推荐这种方式）
```

在上述语法格式中，通过类名的方式，既可以在类的内部，又可以在类的外部访问静态成员；而使用 self、parent、static 关键字的方式，仅可以在类的内部访问静态成员。另外，self、parent、static 关键字也可以访问非静态方法。需要注意的是，在静态访问中不能使用$this，因为$this 是对象的引用，静态方法一般只对静态属性进行操作。

下面通过代码演示静态成员的定义和访问，具体代码如下。

```
class Student{
    public static $school;
```

```
    public static function show(){
        echo '我的学校是：' . self::$school;    //类内静态方法访问类的静态成员属性
    }
}
Student::$school = '传智播客';    //类外访问类的静态成员属性
Student::show();                  //类外访问类的静态成员方法
```

从上述代码可以看出，类的静态成员在没有实例化对象的情况下就可以访问。通常在类外使用类名访问，在类内使用 self 等关键字进行访问。

3. 方法重写

方法重写是指子类和父类中存在同名的方法，子类方法是对父类方法的重写。无论是静态方法还是非静态方法都可以重写。在重写方法时，应该注意以下两点。

- 重写方法的参数数量必须一致。
- 子类的方法的访问级别应该等于或弱于父类中的被重写的方法的访问级别。

为了更好地理解方法重写，接下来通过代码进行演示，具体如下。

```
class Animal{
    public function show(){
        self::introduce();        //优先访问父类方法
        static::introduce();      //优先访问子类方法
    }
    public static function introduce(){
        echo '动物';
    }
}
class Cat extends Animal{
    public function show(){
        parent::show();           //子类调用父类方法
    }
    public static function introduce(){
        echo '小猫';
    }
}
$Cat = new Cat();
$Cat->show();    //输出结果：动物小猫
```

在上述代码中，当调用 Cat 对象的 show()方法时，该方法调用了 Animal 类的 show()方法。由于 Cat 类继承了 Animal 类，因此在 Animal 类中访问 introduce()方法时，self 关键字调用的是 Animal 类的 introduce()方法，static 关键字调用的是 Cat 类的 introduce()方法。

4. 链式调用

当一个函数或方法的返回值是一个对象时，可以在函数调用后直接调用对象中的方法；当一个函数或方法的返回值是一个数组时，也可以通过“[ ]”访问数组中的元素。下面通过代码进行演示，具体如下。

```
class Cat{
    public static function getInstance(){
        return new self();    //实例化本类对象
    }
    public function introduce(){
        return ['动物', '小猫'];
    }
}
echo Cat::getInstance()->introduce()[1];     //输出结果：小猫
```

从上述代码可以看出，程序首先调用了 Cat 类中的 getInstance()静态方法，该方法的返回值是本类对象，因此就可以继续调用对象的 introduce()方法，而该方法的返回值是一个数组，因此可以通过“[1]”取出数组中的元素。

当通过一个对象链式调用多个方法时，可以使用“return $this”返回对象本身来实现，代码如下。

```
class Cat{
    public function eat(){
        return $this;
    }
    public function sleep(){
        return $this;
    }
}
$Cat = new Cat();
$Cat->eat()->sleep()->eat()->sleep();
```

5. final 关键字

PHP 中的继承特性给项目开发带来了巨大的灵活性，但有时也需要保证某些类或某些方法不能被改变。此时，就可以使用 final 关键字。final 关键字有“无法改变”或者“最终”的含义，因此被 final 修饰的方法不能被重写，被 final 修饰的类不能被继承，下面通过代码进行演示。

```
//final 方法
class Animal{
    protected final function show(){
        //该方法不能被子类重写
    }
}
//final 类
final class Cat extends Animal{
    //本类不能被继承，只能被实例化
}
```

在上述代码中，定义的 show()方法使用了 final 关键字进行修饰，表示该 Animal 类的子类不能对该方法进行重写。Cat 类使用 final 关键字修饰，表示该类不能被继承，只能被实例化。在团队开发中，使用 final 可以从代码层面限制类的使用方式，从而避免意外的情况发生。

任务四　抽象类与接口

1. 抽象类和抽象方法

在网站开发中，经常需要为一个类定义一些方法来描述该类的特征，但同时又无法确定该方法的实现。例如，动物都会叫，但是每种动物叫的方式又不同。因此，可以使用 PHP 提供的抽象类和抽象方法来实现。定义抽象类和抽象方法的关键字是 abstract，其语法格式如下。

```
//定义抽象类
abstract class 类名{
    //定义抽象方法
    public abstract function 方法名();
}
```

在使用 abstract 修饰抽象类或抽象方法时应注意，有抽象方法的类必须被定义成抽象类，而抽象类中可以有非抽象方法。且抽象类不能被实例化只能被继承，子类继承抽象类时必须实现抽象方法，否则也必须定义成抽象方法由下一个继承类实现。

为了更好地理解抽象类和抽象方法的使用，接下来通过代码进行演示，具体如下。

```
abstract class Animal{
    public abstract function shout();
}
class Cat extends Animal{
    public function shout(){
        echo '喵喵';
    }
}
$Cat=new Cat();
$Cat->shout(); //输出结果：喵喵
```

需要注意的是，子类中实现抽象方法的访问权限必须和抽象类中的访问权限一致或者更为宽松。如抽象类中某个抽象方法被声明为 protected，那么子类中实现的方法就应该声明为 protected 或者 public，而不能定义为 private。

2. 接口的定义与实现

如果说抽象类是一种特殊的类，那么接口又是一种特殊的抽象类。若抽象类中的所有方法都是抽象的，则此时可以使用接口来定义，具体语法如下。

```
interface 接口名{
    public function 方法名();
}
```

在上述语法中，接口中定义的所有方法必须都是 public，这是接口的特性。

例如，定义一个通信接口，具体代码如下。

```
interface ComInterface{
    public function connect();          //开始连接
```

```
    public function transfer();       //传输数据
    public function disconnect();     //断开连接
}
```

由于接口中的方法都是抽象的，没有具体实现。因此需要使用 implements 关键字来实现，语法如下。

```
class 类名 implements 接口名{
    //需要实现接口中的所有方法
    ……
}
```

接下来，对前面定义的通信接口进行实现，具体代码如下。

```
class MobilePhone implements ComInterface{
    public function connect(){
        echo '连接开始...';
    }
    public function transfer(){
        echo '传输数据开始...传输数据结束';
    }
    public function disconnect(){
        echo '连接断开...';
    }
}
```

在上述语法中，类中必须实现接口中定义的所有方法，否则 PHP 会报一个致命级别的错误。值得一提的是，一个类可以实现多个接口，可以用逗号来分隔多个接口的名称。另外，一个类也可以在继承的同时实现接口，具体代码如下。

```
class MobilePhone extends Phone implements ComInterface {
    //该类继承了 Phone 类并实现了 ComInterface 接口
}
```

任务五　魔术方法

在 PHP 中有许多以双下划线开头的方法，如前面介绍过的__construct()和__destruct()方法，魔术方法有一个特点就是不需要手动调用，它会在某一时刻自动执行，为程序的开发带来了极大的便利。接下来将针对 PHP 中其他常用的魔术方法进行详细介绍。

1. __get()

在 PHP 中，读取不存在的或被访问修饰符限制的成员属性时，__get()方法会被自动调用，其语法格式如下。

```
访问修饰符 function __get($name){
    //根据$name 读取私有属性并返回（如：return $this->$name;）
}
```

在上述语法中，参数$name 表示需要获取的成员属性的名称。例如，在外部访问私有属性，且由于私有属性已经被封装，不能直接获取值（例如，“echo $obj->_name”这样直接获取是错误的）。但是若定义了__get($name)方法，在获取“$obj->_name”时，会将属性名为“_name”的属性值传给参数$name，然后就可以在__get()方法中获取并返回该私有属性的值了。

2. __set()

在 PHP 中，当为一个不存在或被访问修饰符限制的成员属性赋值时，__set()方法会被自动调用，其语法格式如下。

```
访问修饰符 function __set($name, $value){
    //根据$name 将私有属性赋值为$value（如：$this->$name=$value;）
}
```

在上述语法中，__set()方法的第 1 个参数为属性名，第 2 参数是要给属性设置的值。例如，当需要在外部设置私有成员属性的值时（例如，$obj ->_name='张三'），通过定义__set($name, $value)方法可以获取属性名“_name”和属性值“张三”，并将其分别保存在变量参数$name 和$value 中。然后通过__set()方法为私有属性_name 设置属性值。

3. __call()

在 PHP 中，当调用一个不存在或被访问修饰符限制的成员方法时，__call()方法会被自动调用，其语法格式如下。

```
public function __call($name, $args){
    //方法体
}
```

在上述语法中，第 1 个参数$name 表示待调用的方法名称，第 2 个参数$args 表示调用方法时参数列表数组。另外，PHP 提供了一个用于静态方法的__callStatic()方法，其功能与__call()一致。

接下来通过代码演示__call()方法的使用，具体示例如下。

```
class Book{
    public function __call($name, $args){
        echo $name;          //输出结果：show
        print_r($args);      //输出结果：Array ( [0] => PHP )
    }
}
$Book1 = new Book();
$Book1->show('PHP');
```

在上述代码中，当 Book 类的对象$Book1 调用不存在的方法 show()时，程序会自动调用__call()方法。该方法的参数$name 保存了方法名“show”，$args 保存了调用时传递的参数“PHP”。

4. __clone()

在 PHP 中，对象是引用传值的，通过赋值运算符不能得到一个对象的副本。当需要克隆对象时，可以使用 clone 关键字。而__clone()方法用于克隆对象时，会自动完成对新对象的某些属性重新初始化的操作，其语法格式如下：

```
访问修饰符 function __clone(){
    //重新初始化克隆新对象的某些属性
}
```

接下来通过代码演示__clone()方法的使用，具体示例如下。

```
class Book{
    public $sales = 0;             //图书的销量
    public function __clone(){
        $this->sales = 0;          //克隆时，重新赋值图书销量
    }
}
$Book1 = new Book();
$Book1->sales = 300;
$Book2 = clone $Book1;      //克隆对象
echo $Book1->sales;         //输出结果：300
echo $Book2->sales;         //输出结果：0
```

在上述代码中，由于使用了__clone()方法重新赋值图书销量，所以克隆后的对象$Book2 的成员属性$sales 的值为 0。如果不使用__clone()方法，则对象$Book2 的成员属性$sales 的值为 300。

任务六　自动加载

PHP 开发过程中，如果希望从外部引入一个类，通常会直接使用 include 或 require 将类文件加载进来。但是这种方式会使代码难以维护，如果不小心忘记加载某个类文件，就会导致对象实例化失败，使整个程序无法运行。本任务将讲解如何利用自动加载机制改善类文件的加载问题。

1. 自动加载

PHP 提供了类的自动加载机制，即魔术方法__autoload()，它能够方便地实现类文件的自动加载。运用该方法，可以在实例化对象之前自动加载指定的类文件。为了方便理解自动加载机制，接下来分步骤来演示__autoload()方法的使用。

首先定义第 1 个类文件 Animal.class.php，编写代码如下。

```
<?php
class Animal{
}
```

然后定义第 2 类文件 Cat.class.php，编写代码如下。

```
<?php
class Cat extends Animal{
}
```

值得一提的是，类文件通常使用“类名.class.php”这种形式命名，便于后期的代码编写和文件维护。

接下来，在类文件的目录中创建文件 index.php，编写以下代码，实现自动加载功能。

```
<?php
function __autoload($className){
    require "./$className.class.php";
}
$Cat = new Cat();
var_dump($Cat);      //实例化成功，输出结果：object(Cat)#1 (0) { }
```

在上述代码中，并没有直接使用 include 或 require 将某个类文件载入，而是在__autoload()函数中执行的载入。需要注意的是，__autoload()函数只有在试图使用未被定义的类时才自动调用，它不只限于实例化对象，还包括继承、序列化等操作。而且自动加载并不是自己完成加载类的功能，它只是提供一个时机，具体的加载代码需要用户编写代码实现。

2. 自定义加载

在编程中，运用自动加载方法__autoload()虽然简单易用，但却不是很灵活。PHP 还提供了一种用户自定义加载的机制，首先需创建一个自定义加载函数，然后再使用 spl_autoload_register()函数将其注册到 SPL __autoload 函数栈中，使其成为自动加载函数，具体示例代码如下。

```
// 用户自定义加载函数
function user_autoload($className){
    require "./$className.class.php";
}
//将用户自定义的函数注册成为自动加载函数
spl_autoload_register('user_autoload');
```

上述代码首先定义了一个用户自定义加载函数 user_autoload()，该函数又称为加载器。然后使用 spl_autoload_register()函数把加载器 user_autoload()注册到 SPL __autoload 函数栈中。spl_autoload_register()函数可以很好地处理多个加载器的情况，它会按顺序依次调用之前注册过的加载器。

任务七　异常处理

在项目开发中，不论执行添加、修改、删除或查看操作，都要符合项目开发的业务逻辑。因此，在处理这些操作时，需要进行异常处理，避免不符合业务逻辑的操作执行。接下来将对 PHP 中提供的异常处理操作进行详细讲解。

1. 异常的处理

异常处理与错误的区别在于，异常定义了程序中遇到的非致命性的错误。例如，程序运行时磁盘空间不足、网络连接中断、被操作的文件不存在等。在处理这些异常时，需要使用 try{}包裹可能出现异常的代码，使用 throw 关键字来抛出一个异常，利用 catch 捕获和处理异常，具体示例如下。

```
function checkNumber($a, $b){
    if($a == $b){
        throw new Exception('两个数字不能相等');
    }
}
try{
    checkNumber(50, 50);          //该函数抛出异常
}catch(Exception $e){
    echo $e->getMessage();        //输出结果：两个数字不能相等
}
```

在上述代码中，checkNumber()用于判断两个数字是否相等，如果相等则抛出异常。其中 Exception 类是 PHP 内置的异常类，getMessage()是 Exception 类中用于返回异常信息的方法，

通过异常对象$e 调用，即可获取当前程序中的错误信息，从而方便程序对错误进行处理。

需要注意的是，如果 try 中有多行代码，只要其中一行执行时抛出异常，后面的代码将不会执行；如果 try 中的代码调用了函数，函数中又调用了其他函数，只要其中任何一个函数抛出了异常，都会被 catch 捕获；如果一个函数在执行时抛出了异常而没有使用 try... catch 捕获，则 PHP 程序会遇到致命错误而停止。

2. 自定义异常

虽然 PHP 中提供了处理异常的类 Exception，但在开发中，若希望针对不同异常，使用特定的异常类进行处理，此时就需要创建一个自定义异常类。自定义异常类非常简单，只需要继承自 Exception 类，并添加自定义的成员属性和方法即可，具体示例如下。

```
class CustomException extends Exception{
    public function excMessage(){
        $msg = '错误行号：'.$this->getline();
        $msg .= '所在文件：'.$this->getFile();
        $msg .= $this->getMessage().'不是一个数字';
        return $msg;
    }
}
$var = 'abc';
try{
    //不是数字或数字组成的字符串就抛出异常
    if(!is_numeric($var)){
        throw new CustomException($var);
    }
}catch(CustomException $e){
    echo $e->excMessage();
}
```

上述代码定义了一个继承自 Exception 类的异常类 CustomException，在该类中添加了成员方法 excMessage()，让其按照规定的格式返回异常信息。接下来，在判断变量$var 时，如果$var 不是数字或数字组成的字符，就抛出自定义异常 CustomException，并使用 catch 捕获和处理该异常，达到了对不同异常进行特定处理的效果。

3. 多个 catch 块

对于同一个脚本异常的捕获，不仅可以使用一个 try 语句对应于一个 catch 语句，还可以使用一个 try 语句对应于多个 catch 语句，用来检测多种异常情况，具体示例如下。

```
class CustomException extends Exception{
    public function excMessage(){
        return $this->getMessage().'不是数字';
    }
}
$var = '12';
try{
```

```
    if(is_numeric($var)){
        throw new Exception($var.'是数字');
    }else{
        throw new CustomException($var);
    }
}catch(CustomException $e){
    echo $e->excMessage();
}catch(Exception $e){
    echo $e->getMessage();
}
```

在上述代码中，当变量$var 是一个数字或数字组成的字符串时，抛出 Exception 异常，否则抛出一个自定义异常 CustomException。由此可以看出，多个 catch 块可以更好地捕获并处理异常信息。

模块三　MySQL 数据库进阶

在项目开发中，根据业务逻辑的复杂性，数据库的设计也会相应变化。在项目二中已经讲过了 MySQL 的基础内容，还有一些进阶的内容没有讲到。例如，用于快速查询数据的索引，处理多表的外键和关联数据表之间的增、删、改、查操作，以及为了具有依赖关系的数据能够同步执行的事务处理等。接下来本模块将对 MySQL 数据库中的这些进阶内容进行详细讲解。

通过本模块的学习，读者对于知识的掌握程度要达到如下目标。

- 熟悉索引的作用及分类，能够创建各类索引并删除不需要的索引
- 了解多表操作中外键的作用，学会对相关数据表进行数据管理
- 掌握 MySQL 中事务处理的原理和操作，能够在项目开发中合理地运用

任务一　索引

索引就是对数据库中单列或者多列的值进行排序后的一种特殊数据库结构，可以用来快速查询数据库表中的特定记录。索引是提高数据库性能的重要方式，就像书籍的目录，可以帮助用户有效地提高查找内容的速度。

MySQL 中的索引包括多种类型，接下来将对索引的分类、索引的创建和删除等进行详细讲解。

1. 索引分类

根据索引的应用范围和查询需求的不同，MySQL 中常见的索引大致可以分为 7 种，关于各索引的说明如表 3-9 所示。

表 3-9　常见索引和说明

分类	说明
普通索引	不应用任何限制条件的索引，是 MySQL 中的基本索引类型。它是由关键字 KEY 或 INDEX 进行定义的
唯一性索引	由 UNIQUE 定义的索引，该索引所在字段的值必须是唯一的，用于防止创建重复的值
主键索引	一种特殊的唯一索引，它用于根据主键自身的唯一性标识每条记录

续表

分类	说明
单列索引	指的是在表中单个字段上创建索引，它可以是普通索引、唯一索引、主键索引或者全文索引，只要保证该索引只对应表中一个字段即可
多列索引	在表的多个字段上创建一个索引，且只有在查询条件中使用了这些字段中的第一个字段时，该索引才会被使用
全文索引	由 FULLTEXT 定义用于在查询数据量较大的字符串类型字段时，提高查询速度。字段的数据类型仅可以为 CHAR、VARCHAR 或 TEXT 中的一种
空间索引	提高系统获取空间数据的效率，由 SPATIAL 定义在空间数据类型字段上的索引。其中，MySQL 中的空间数据类型有 4 种，分别是 GEOMETRY、POINT、LINESTRING 和 POLYGON

需要注意的是，全文索引在 MySQL 5.6 以下的版本中，只有 MyISAM 存储引擎表支持全文检索；而在 MySQL 5.6 以上的版本中，Innodb 存储引擎表也提供支持全文检索。

2. 创建索引

在了解 MySQL 中各索引的分类及特点后，接下来讲解如何在创建数据表时添加索引。

（1）普通索引

在 itcast 数据库中，创建数据表 t1 并为其创建普通索引，具体 SQL 如下。

```
CREATE TABLE `t1`(
  `id` INT,
  `name` VARCHAR(20),
  `score` FLOAT,
  INDEX (`id`)
);
```

从上述 SQL 语句可知，在创建数据表 t1 时，为 id 字段创建了一个名称为 id 的索引。为了查看索引是否被使用，可以通过 EXPLAIN 语句进行查看，SQL 代码如下。

```
EXPLAIN SELECT * FROM `t1` WHERE `id`=1 \G
```

上述 SQL 语句的执行结果如图 3-5 所示。从图中可以看出，possible_keys 和 key 的值都为 id，说明 id 索引已经存在，并且已经开始被使用了。

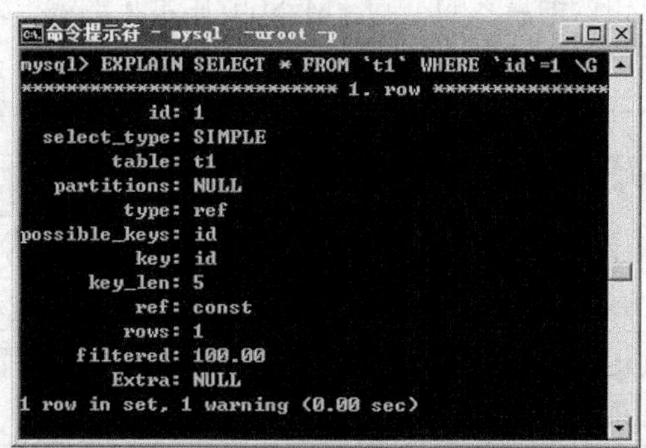

图 3-5　查看普通索引

（2）唯一性索引

在 test 数据库中，若在 t2 表的 name 字段上建立唯一性索引，那么 name 字段的值就必须是唯一的，具体 SQL 语句如下。

```
CREATE TABLE `t2`(
  `id` INT NOT NULL,
  `name` VARCHAR(20) NOT NULL,
  `score` FLOAT,
  UNIQUE INDEX unique_id(`id`)
);
```

上述代码为数据表的 id 字段创建了一个唯一性索引，索引的名称为 unique_id。

（3）主键索引

主键索引虽然也是唯一性索引，但与唯一性索引的不同之处在于，每个表中只能有一个主键索引，但是可以有多个唯一性索引。主键索引的具体 SQL 语句如下。

```
CREATE TABLE `t3`(
  `id` INT UNSIGNED AUTO_INCREMENT,
  `name` VARCHAR(20) NOT NULL,
  `score` FLOAT,
  PRIMARY KEY(`id`)
);
```

上述代码为表中的自增字段 id 创建了一个主键索引。一个表中有且仅能有一个主键索引。

（4）单列索引

单列索引，顾名思义就是仅对一个字段设定的索引，具体示例如下。

```
CREATE TABLE `t4`(
 `id` INT UNSIGNED PRIMARY KEY AUTO_INCREMENT,
 `name` VARCHAR(50) NOT NULL,
 `score` FLOAT,
  INDEX single(`name`(20))
);
```

在上述代码中，表中的 name 字段长度为 50，但为了提高查询效率，优化查询速度，为该字段创建了一个长度为 20 的单列索引。

（5）多列索引

如果在表的 id、name 和 score 字段上创建一个多列索引，那么只有查询条件中使用了 id 字段时，该索引才会被使用（即最左前缀原则），具体示例如下。

```
CREATE TABLE `t5`(
  `id` INT UNSIGNED PRIMARY KEY AUTO_INCREMENT,
  `name` VARCHAR(50) NOT NULL,
  `score` FLOAT,
  INDEX multi(`id`,`name`(20),`score`)
);
```

（6）全文索引

在数据表中，对于带有内容描述的字段，可以应用全文索引方式，具体 SQL 语句如下。

```
CREATE TABLE `t6`(
  `id` INT UNSIGNED PRIMARY KEY AUTO_INCREMENT,
  `name` VARCHAR(50) NOT NULL,
  `description` VARCHAR(255),
  FULLTEXT INDEX fname(`description`)
)ENGINE=MyISAM;
```

需要注意的是，默认情况下全文索引对大小写不敏感，如果索引的列使用二进制排序后，可以执行大小写敏感的全文搜索。且全文索引不支持中文搜索，使用时需要进行相关的处理。

（7）空间索引

在数据表中，为数据类型为 GEOMETRY 的字段 space 创建空间索引，具体 SQL 语句如下。

```
CREATE TABLE `t7`(
  `id` INT UNSIGNED PRIMARY KEY AUTO_INCREMENT,
  `space` GEOMETRY NOT NULL,
  SPATIAL INDEX sp(`space`)
)ENGINE=MyISAM;
```

需要注意的是，MySQL 5.7 版本的 InnoDB 和 MyISAM 存储引擎支持空间索引，而 5.5、5.6 版本只有 MyISAM 支持空间索引。在创建时，索引字段必须声明为非空约束 NOT NULL。

除了上述方式创建索引外，若想在一个已经存在的表上创建索引，还可以使用 CREATE INDEX 或 ALTER TABLE 语句，具体语法格式分别如下。

① CREATE INDEX 方式

```
CREATE [UNIQUE|FULLTEXT|SPATIAL] INDEX 索引名
ON 表名 (字段名 [(长度)] [ASC|DESC]);
```

② ALTER TABLE 方式

```
ALTER TABLE 表名
ADD [UNIQUE|FULLTEXT|SPATIAL]  INDEX
索引名 (字段名 [(长度)] [ASC|DESC]);
```

在上述语法格式中，UNIQUE、FULLTEXT 和 SPATIAL 都是可选参数，分别用于表示唯一性索引、全文索引和空间索引，INDEX 用于指明字段为索引。

3. 删除索引

对于数据表中已经创建但不再使用的索引，应该及时删除，避免占用系统资源，影响数据库的性能。MySQL 提供了两种删除索引的方法，具体如下。

（1）使用 ALTER TABLE 删除索引

使用 ALTER TABLE 删除索引的基本语法格式如下。

```
ALTER TABLE 表名 DROP INDEX 索引名;
```

接下来以删除数据表 t7 中的空间索引为例进行演示，具体步骤如下。

① 使用 SHOW CREATE TABLE 查看该表的结构，效果如图 3-6 所示。

从图 3-6 可以看出，表 t7 中的 space 字段的空间索引名称为 sp。

② 使用 ALTER TBALE 删除该索引，具体 SQL 语句如下。

```
ALTER TABLE `t7` DROP INDEX `sp`;
```

执行完上述 SQL 语句后，再次使用 SHOW CREATE TABLE 查看表的结构，结果如图 3-7 所示。

```
mysql> SHOW CREATE TABLE `t7` \G
*************************** 1. row ***************************
       Table: t7
Create Table: CREATE TABLE `t7` (
  `id` int(10) unsigned NOT NULL AUTO_INCREMENT,
  `space` geometry NOT NULL,
  PRIMARY KEY (`id`),
  SPATIAL KEY `sp` (`space`)
) ENGINE=MyISAM DEFAULT CHARSET=latin1
1 row in set (0.00 sec)
```

图 3-6 删除前表结构

```
mysql> SHOW CREATE TABLE `t7` \G
*************************** 1. row ***************************
       Table: t7
Create Table: CREATE TABLE `t7` (
  `id` int(10) unsigned NOT NULL AUTO_INCREMENT,
  `space` geometry NOT NULL,
  PRIMARY KEY (`id`)
) ENGINE=MyISAM DEFAULT CHARSET=latin1
1 row in set (0.00 sec)

mysql>
```

图 3-7 ALTER TABLE 删除索引

（2）使用 DROP INDEX 删除索引

使用 DROP INDEX 删除索引的基本语法格式如下。

```
DROP INDEX 索引名 ON 表名;
```

下面以删除 t6 表中的全文索引为例，演示如何使用 DROP INDEX 删除索引，具体 SQL 语句如下。

```
DROP INDEX `fname` ON `t6`;
```

执行完上述 SQL 语句后，使用 SHOW CREATE TABLE 语句查看表的结构，结果如图 3-8 所示。

```
mysql> SHOW CREATE TABLE `t6`\G
*************************** 1. row ***************************
       Table: t6
Create Table: CREATE TABLE `t6` (
  `id` int(10) unsigned NOT NULL AUTO_INCREMENT,
  `name` varchar(50) NOT NULL,
  `description` varchar(255) DEFAULT NULL,
  PRIMARY KEY (`id`)
) ENGINE=MyISAM DEFAULT CHARSET=latin1
1 row in set (0.00 sec)
```

图 3-8 DROP INDEX 删除索引

值得一提的是，在项目开发中引入索引后，系统在查询时就不必遍历数据表中的所有记录了。这样做的好处是，不但可以提高查询速度，也可以降低服务器的负载。但也有缺点，索引会占用物理空间，会给数据的维护造成很多麻烦，并且在创建和维护索引时，其消耗的时间是随着数据量的增加而增长的。因此，项目开发时，是否引入索引需酌情处理。

任务二　外键约束

1. 什么是外键

外键就是指引用另一个表中的一列或多列，被引用的列应该具有主键约束或唯一性约束，从而保证数据的一致性和完整性。其中，被引用的表称为主表；引用外键的表称为从表。

例如，有学生信息和成绩单两张表，如果成绩单中含有张三的成绩，而在学生信息表中，因张三转学已将其档案删除，这样就会产生垃圾数据或者错误数据。因此，对于这样的情况可以在两表之间建立关系，即在成绩表中添加外键约束，完成在对学生信息修改时，修改其相关联的表。

2. 添加外键约束

要想在创建数据表（CREATE TABLE）或修改数据结构（ALTER TABLE）时添加外键约束，在相应的位置添加以下 SQL 语句即可，其基本语法如下。

```
[CONSTRAINT symbol] FOREIGN KEY [index_name] (index_col_name, ...)
REFERENCES tbl_name (index_col_name, ...)
[ON DELETE {RESTRICT | CASCADE | SET NULL | NO ACTION | SET DEFAULT}]
[ON UPDATE {RESTRICT | CASCADE | SET NULL | NO ACTION | SET DEFAULT}]
```

在上述语法中，MySQL 可以通过“FOREIGN KEY...REFERENCES”修饰符向数据表中添加外键约束。其中，“CONSTRAINT symbol”是可选参数，用于表示外键约束名称，如果省略，MYSQL 将会自动生成一个名字。“index_name”也是可选参数，表示外键索引名称，即使省略，MySQL 也会在建立外键时自动创建一个外键索引，加快查询速度。

第 1 行代码中的参数 “index_col_name, ...”表示从表中的外键名称列表；“tbl_name”表示主表，主表后的参数列表“index_col_name, ...”表示主键约束或唯一性约束字段。“ON DELETE”与“ON UPDATE”用于设置主表中的数据被删除或修改时，从表对应数据的处理办法，其后的各参数具体说明如表 3-10 所示。

表 3-10　添加外键约束的参数说明

参数名称	功能描述
RESTRICT	默认值。拒绝主表删除或修改外键关联字段
CASCADE	主表中删除或更新记录时，同时自动删除或更新从表中对应的记录
SET NULL	主表中删除或更新记录时，使用 NULL 值替换从表中对应的记录（不适用于 NOT NULL 字段）
NO ACTION	与默认值 RESTRICT 相同，拒绝主表删除或修改外键关联字段
SET DEFAULT	设默认值，但 InnoDB 目前不支持

需要注意的是，目前只有 InnoDB 引擎类型支持外键约束，且建立外键关系的两个数据表的相关字段数据类型必须相似，也就是要求字段的数据类型可以相互转换。例如，INT 和 TINYINT 类型的字段可以建立外键关系，而 INT 和 CHAR 类型的字段则不可以建立外键约束。

接下来，在 itcast 数据库中，以栏目表（category）和文章表（article）为例，讲解如何添加外键约束，具体 SQL 语句如下。

```
# 创建主表
CREATE TABLE `category`(
  `cid` INT UNSIGNED PRIMARY KEY AUTO_INCREMENT,
  `cname` VARCHAR(32) NOT NULL COMMENT '栏目名称'
)ENGINE=InnoDB CHARSET=utf8;
# 创建从表
CREATE TABLE `article`(
  `id` INT UNSIGNED PRIMARY KEY AUTO_INCREMENT,
  `cid` INT UNSIGNED NOT NULL COMMENT '文章所属栏目 ID',
  `name` VARCHAR(32) NOT NULL COMMENT '文章名称',
```

```
  CONSTRAINT FK_ID FOREIGN KEY(`cid`) REFERENCES `category`(`cid`)
  ON DELETE RESTRICT ON UPDATE CASCADE
)ENGINE=InnoDB CHARSET=utf8;
```

在上述代码中，为从表 article 建立外键时，设置拒绝主表 category 执行删除操作，且主表 category 进行更新操作时，从表 article 中的相关字段也进行更新操作。

通过 SHOW CREATE TABLE 可以查看创建外键是否成功，具体如图 3-9 所示。

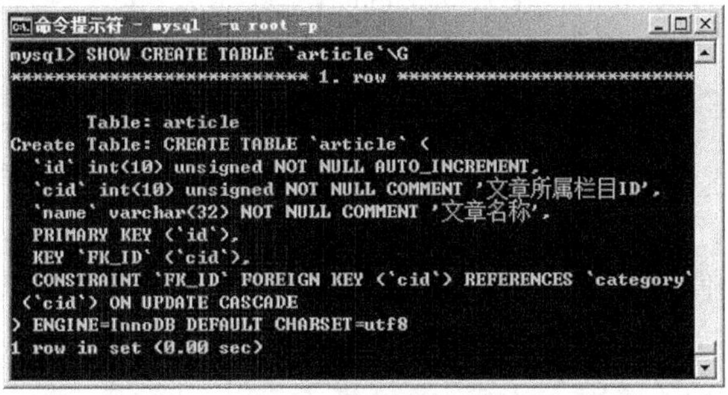

```
命令提示符 - mysql -u root -p
mysql> SHOW CREATE TABLE `article`\G
*************************** 1. row ***************************
       Table: article
Create Table: CREATE TABLE `article` (
  `id` int(10) unsigned NOT NULL AUTO_INCREMENT,
  `cid` int(10) unsigned NOT NULL COMMENT '文章所属栏目ID',
  `name` varchar(32) NOT NULL COMMENT '文章名称',
  PRIMARY KEY (`id`),
  KEY `FK_ID` (`cid`),
  CONSTRAINT `FK_ID` FOREIGN KEY (`cid`) REFERENCES `category`
 (`cid`) ON UPDATE CASCADE
) ENGINE=InnoDB DEFAULT CHARSET=utf8
1 row in set (0.00 sec)
```

图 3-9　添加外键约束

值得一提的是，除了在建表时可以添加外键约束，对于已创建的数据表，还可以通过 ALTER TABLE 的方式添加外键约束，具体 SQL 语句如下。

```
ALTER TABLE `article` ADD CONSTRAINT FK_ID FOREIGN KEY(`cid`)
REFERENCES `category`(`cid`)
ON DELETE RESTRICT ON UPDATE CASCADE;
```

3. 删除外键约束

在实际开发中，根据业务逻辑的需求，需要解除两个表之间的关联关系时，就要删除外键约束。删除外键约束的语法格式如下。

```
ALTER TABLE 表名 DROP FOREIGN KEY 外键名;
```

下面以解除文章与栏目表之间的外键约束为例，具体 SQL 语句如下。

```
ALTER TABLE `article` DROP FOREIGN KEY FK_ID;
```

接下来，通过 SHOW CREATE TABLE 查看外键约束是否删除成功，具体如图 3-10 所示。值得一提的是，删除外键约束并不会自动删除外键的索引，如果需要，可以手动删除。

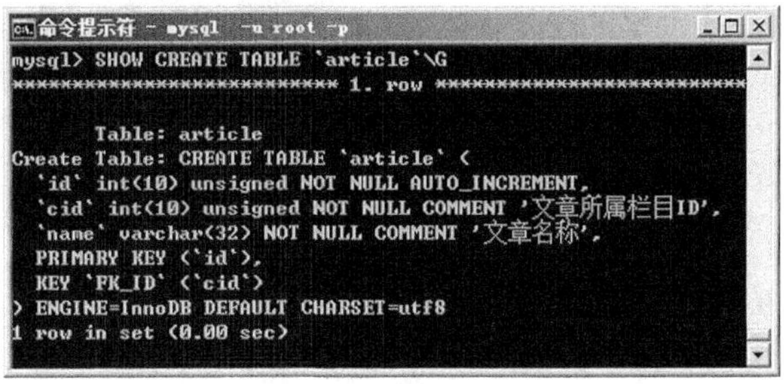

```
命令提示符 - mysql -u root -p
mysql> SHOW CREATE TABLE `article`\G
*************************** 1. row ***************************
       Table: article
Create Table: CREATE TABLE `article` (
  `id` int(10) unsigned NOT NULL AUTO_INCREMENT,
  `cid` int(10) unsigned NOT NULL COMMENT '文章所属栏目ID',
  `name` varchar(32) NOT NULL COMMENT '文章名称',
  PRIMARY KEY (`id`),
  KEY `FK_ID` (`cid`)
) ENGINE=InnoDB DEFAULT CHARSET=utf8
1 row in set (0.00 sec)
```

图 3-10　删除外键约束

4. 关联表操作

在实际开发中，关联表最常见的联系就是一对多。那么对于具有外键约束的关联表而言，数据的插入、更新和删除操作有哪些需要注意的问题呢？接下来以 itcast 数据库中的栏目表和文章信息表为例进行讲解。

（1）插入数据

当在一个具有外键约束的表中插入数据时，外键字段的值必须选取主表中相关联字段已经存在的数据。例如，栏目表和文章表之间是一对多的联系，文章表的外键 cid 插入的值只能是栏目表中主键 cid 已经存在的值。

为了验证两个表的关联关系，在文章表的 cid 字段添加外键约束后，插入数据进行测试，具体如下。

```
INSERT INTO `category` (`cid`,`cname`) VALUES (1, 'PHP');
INSERT INTO `article` (`id`,`cid`,`name`) VALUES (1, 2, 'PHP 基础');
```

上述 SQL 语句执行后，栏目表中只有 cid 为 1 的栏目记录；在插入文章记录时，由于文章记录中的 cid 字段的值为 2，在栏目表中没有 cid 为 2 的记录，插入就会失败。执行效果如图 3-11 所示。

```
命令提示符 - mysql  -u root -p
mysql> INSERT INTO `article` (`id`,`cid`,`name`) VALUES (1, 2, 'PHP基础');
ERROR 1452 (23000): Cannot add or update a child row: a foreign key constra
int fails (`itcast`.`article`, CONSTRAINT `FK_ID` FOREIGN KEY (`cid`) REFER
ENCES `category` (`cid`) ON UPDATE CASCADE)
mysql>
```

图 3-11　插入失败效果

（2）更新数据

在数据库中，对于建立外键约束的数据表来说，若要对主表进行更新操作，从表将按照其建立外键约束时设置的 ON UPDATE 参数自动执行相应的操作。例如，当参数设置为 CASCADE 时，如果主表发生更新，则从表也会对相应的字段进行更新。

为了验证关联表的更新操作，在文章表中为外键约束字段 cid 设置 ON UPDATE CASCADE，然后插入数据并进行修改测试，具体如下。

```
INSERT INTO `category` (`cid`,`cname`) VALUES (2, 'MySQL');
INSERT INTO `article` (`id`,`cid`,`name`) VALUES (2, 2, 'MySQL 基础');
UPDATE `category` SET `cid`=3 WHERE `cid`=2;
```

执行上述 SQL 语句后，使用 SELECT 语句查看文章表的变化，具体如图 3-12 所示。从图中可以看出，当主表（栏目表）中的 cid 修改为 3 后，从表（文章表）中的相关外键 cid 也同时修改为 3。

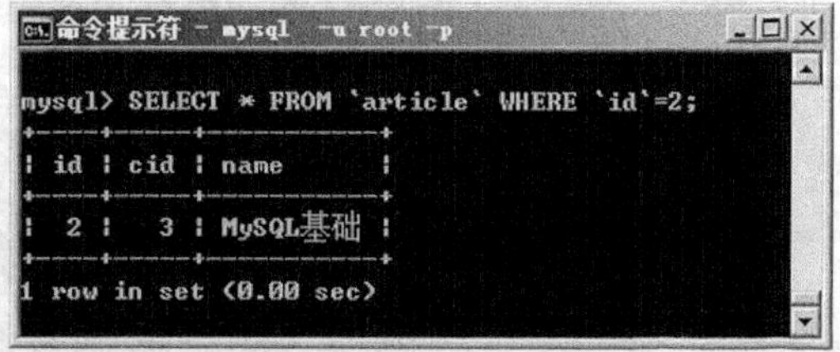

图 3-12　更新关联表数据

（3）删除数据

在数据库中，对于建立外键约束的数据表来说，若要对主表进行删除操作，从表将按照其建立外键约束时设置的 ON DELETE 参数自动执行相应的操作。例如，当参数设置为 RESTRICT 时，如果主表进行删除操作，同时从表中的外键字段有关联记录，就会阻止主表的删除操作。

为了验证关联表的删除操作，在文章表中为外键约束字段 cid 设置 ON DELETE RESTRICT，然后插入数据并进行删除测试，具体如下。

```
INSERT INTO `category` (`cid`,`cname`) VALUES (4, 'JavaScript');
INSERT INTO `article` (`id`,`cid`,`name`) VALUES (3, 4, 'JS入门');
DELETE FROM `category` WHERE `cid` = 4;
```


上述 SQL 语句的执行结果如图 3–13 所示。从图中可以看出，栏目 cid 为 4 的记录删除失败。

```
命令提示符 - mysql  -u root -p
mysql> DELETE FROM `category` WHERE `cid` = 4;
ERROR 1451 (23000): Cannot delete or update a parent row: a foreign
key constraint fails (`itcast`.`article`, CONSTRAINT `FK_ID` FOREIGN
 KEY (`cid`) REFERENCES `category` (`cid`) ON UPDATE CASCADE)
mysql>
```

图 3–13　删除记录测试

当需要删除两个具有关联关系表中的数据时，一定要先删除从表中的数据，然后再删除主表中的数据。因此，使用如下 SQL 语句才能够实现栏目删除。

```
DELETE FROM `article` WHERE `cid` = 4;
DELETE FROM `category` WHERE `cid` = 4;
```


任务三　事务处理

在项目开发中，对于复杂的数据操作过程，往往需要通过一组 SQL 语句执行多项并行业务逻辑，这样就必须保证所有命令执行的同步性。针对这样的情况，就需要考虑使用 MySQL 中提供的事务处理。接下来将对事务处理的概念和使用等进行详细讲解。

1. 什么是事务

在 MySQL 中，事务就是针对数据库的一组操作。它可以由一条或多条 SQL 语句组成，且每个 SQL 语句是相互依赖的。只要在程序执行过程中有一条 SQL 语句执行失败或发生错误，则其他语句都不会执行。也就是说，事务的执行要么成功，要么就返回到事务开始前的状态，这就保证了同一事务操作的同步性和数据的完整性。

例如，顾客网上购物时，首先要保证加入购物车中的商品库存能够满足顾客的购买数量，然后允许购买并确定是否付款成功，完成购买后减少商品的库存量。在整个过程中，如果其中有一个操作失败，则整个操作都不能成功。否则，可能会出现顾客付款失败而商品库存减少，或者商品没有库存而顾客付款成功的问题。

MySQL 中的事务必须满足“A、C、I、D”4 个基本原则，具体如下。

① 原子性（Atomicity）

原子性指的是数据库中的每个事务都是完整的、不可分割的最小的工作单元，在执行事务时，只有所有操作执行成功，整个事务才算执行成功，否则撤销之前所有的操作。

② 一致性（Consistency）

一致性指的就是在事务处理时，无论执行成功还是失败，都要保证数据库系统处于一致的状态，保证数据库系统从不返回到一个未处理的事务中。

③ 隔离性（Isolation）

隔离性是指当一个事务的在执行时，不会受到其他事务的影响。保证了未完成事务的所有操作与数据库系统的隔离，直到事务完成为止，才能看到事务的执行结果。

④ 持久性（Durability）

持久性是指事务一旦提交，其对数据库的修改就是永久性的。但是对于一些外部原因造成的数据库故障，如硬盘损坏，那么事务的处理结果可能都会丢失。

2. 事务的使用

事务的使用过程一般分为开启事务、创建事务和提交事务。其中，在提交事务前，若创建事务时的某些操作不合理，则可以撤销事务，让数据库系统恢复到开始事务前的状态。接下来以银行转账为例，讲解事务使用中各个步骤如何进行具体的操作，具体如下。

（1）准备测试数据

在 itcast 数据库中创建数据表 account，用于完成转账功能，具体 SQL 语句如下。

```
CREATE TABLE `account`(
  `id` INT UNSIGNED PRIMARY KEY AUTO_INCREMENT,
  `name` VARCHAR(32) NOT NULL UNIQUE COMMENT '账户名',
  `money` DECIMAL(10,2) NOT NULL COMMENT '存款金额'
)ENGINE=InnoDB CHARSET=utf8;
```

需要注意的是，在 MySQL 数据库中，要想对数据表进行事务处理，需要将其存储引擎设置为 InnoDB。

（2）开启事务

在 MySQL 数据库中，执行如下 SQL 语句，可以显式地开启一个事务。

```
START TRANSACTION;
# 或
BEGIN;
```

执行上述语句后，若 MySQL 中没有返回警告或错误信息提示，则初始化事务成功，可以继续执行以下的操作了。

（3）创建事务

创建事务就是在事务开启后，执行的一系列 SQL 语句。例如，开启事务处理后，向表 account 中插入两条测试数据，具体如下。

```
START TRANSACTION;
INSERT INTO `account` VALUES (NULL, '张三', 5000), (NULL, '李四', 100);
```

上述 SQL 语句执行后，通过 SELECT 查询执行结果，如图 3-14 所示。

（4）提交事务

在用户没有提交事务前，其他连接 MySQL 服务器的用户进程是看不到当前事务的处理结果的。例如，为数据表 account 添加测试数据的 SQL 语句，再打开一个 MySQL 服务器进程，进入到 itcast 数据库中查看数据表 account 中的数据，结果如图 3-15 所示。

图 3-14　创建事务

图 3-15　未提交事务处理的查询

接下来对上述创建的事务进行提交操作，具体 SQL 语句如下。

```
COMMIT;
```

执行上述语句后，在图 3-15 中打开的服务进程中进行 SELECT 查询，即可得到和图 3-14 一样的查询结果。

（5）撤销事务

撤销事务也称事务回滚，用于创建事务时当执行的 SQL 语句与业务逻辑不符或操作错误时，通过 ROLLBACK 命令撤销对数据库的所有操作，或利用 ROLLBACK TO SAVEPOINT 回滚到指定位置。撤销事务的操作在实际应用中，有着非常重要的作用。

① 撤销全部事务处理。假设张三转让李四一辆二手自行车，李四需要向张三支付 199 元，则执行的 SQL 语句如下。

```
START TRANSACTION;
UPDATE `account` SET `money`=`money`+199 WHERE `name`='张三';
UPDATE `account` SET `money`=`money`-199 WHERE `name`='李四';
```

执行上述 SQL 语句后，使用 SELECT 查询 account 数据表更新后的变化，如图 3-16 所示。

图 3-16　更新后结果查询

从查询结果可知，李四的账户余额为负数，显然不符合正常的业务逻辑。此时就需要使用 ROLLBACK 命令进行全部事务的回滚，撤销刚才对数据表 account 的更新操作，具体 SQL 语句如下。

```
ROLLBACK;
```

执行完事务回滚后再进行 SELECT 查询，结果与图 3-14 相同。

② 撤销事务到指定位置。使用 SAVEPOINT 可以在事务处理时指定不同的撤销位置，在需要事务撤销时进行回滚。例如，向数据表 account 中逐条插入 3 条记录，并利用 SAVEPOINT 在每次插入数据后设置一个回滚位置，SQL 语句如下。

```
START TRANSACTION;
INSERT INTO `account` VALUES (NULL, '王五', 500);
SAVEPOINT test1;
INSERT INTO `account` VALUES (NULL, '赵六', 6000);
SAVEPOINT test2;
INSERT INTO `account` VALUES (NULL, '李七', 70);
SAVEPOINT test3;
```

上述 SQL 执行后，进行 SELECT 查询，就会看到 account 表中已经存在新插入的这 3 条记录。

假设从“李七”开始的记录有误，需要撤销，就可以回滚到 test2 位置，具体 SQL 如下。

```
ROLLBACK TO SAVEPOINT test2;
```

执行上述 SQL 语句后，查询数据表 account 中的数据，就会看到新插入的记录中只有“王五”和“赵六”。由此可见，事务可以回滚到想要的位置。

需要注意的是，SAVEPOINT 指定回滚位置的操作对于已经提交的事务并不适用，且对于定义了相同名称的回滚位置，后面的定义会覆盖之前的定义。此外，对于不再需要使用的回滚位置标识，可以通过 RELEASE SAVEPOINT 命令进行删除。例如，删除回滚位置 test1，SQL 语句如下。

```
RELEASE SAVEPOINT test1;
```

（6）后续操作

CHAIN 和 RELEASE 子句可以用来分别定义在事务提交或者回滚之后的操作，CHAIN 会立即启动一个新事物，并且和刚才的事务具有相同的隔离级别；RELEASE 则会断开和客户端的连接。

例如，向数据表 account 中添加一条数据后，提交事务并开启新事务，具体 SQL 语句如下。

```
START TRANSACTION;
INSERT INTO `account` VALUES (NULL, '郑七', 70);
COMMIT AND CHAIN;
```

接着继续执行插入操作，具体 SQL 语句如下。

```
INSERT INTO `account` VALUES (NULL, '谢八', 8);
```

执行上述 SQL 语句后，再打开一个 MySQL 服务器进程进行查询，可以看到 account 表中新增记录只有“郑七”没有“谢八”。

接下来提交事务处理并断开与客户端的连接，具体 SQL 语句如下。

```
COMMIT RELEASE;
```

此时，再查看事务处理结果，如图 3-17 所示。从查询结果可以看出，使用 RELEASE 在事务提交后，已经断开与客户端的连接。

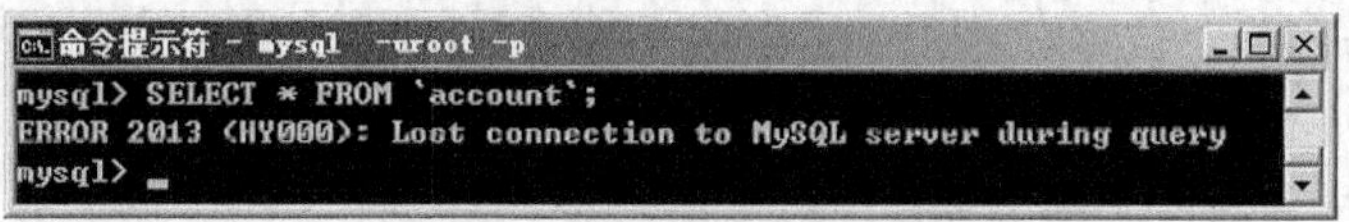

图 3-17　提交事务并断开连接

（7）事务存在的周期

事务存在的周期是从用户在命令提示符下输入 START TRANSACTION 或 BEGIN 指令开始，直到用户输入 COMMIT 命令结束。为了便于理解，下面以一个简单事务存在的周期流程图为例进行展示，具体如图 3-18 所示。

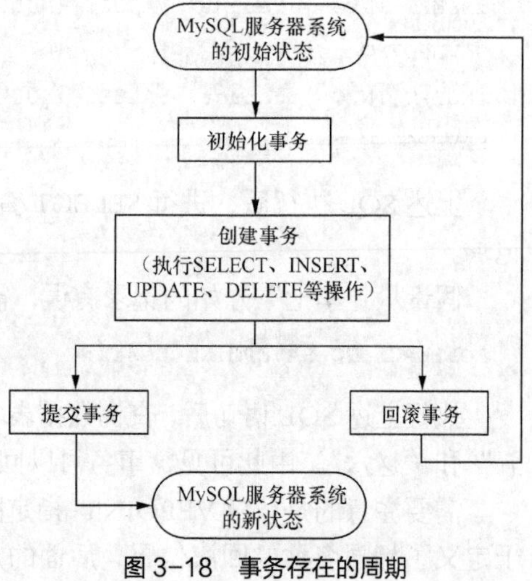

图 3-18　事务存在的周期

需要注意的是，在同一个进程中，在未结束前一个事务而又重新打开另一个事务时，前一个事务会被自动提交，也就是说，事务不支持嵌套功能。

（8）事务的自动提交

MySQL 中默认操作就是自动提交模式。除非显示地开启一个事务（START TRANSACTION），否则所有的 SQL 都会被当做单独的事务自动提交（COMMIT）。因此，如果用户想要控制事务的自动提交方式，可以通过 AUTOCOMMIT 来实现，具体如下。

```
SET AUTOCOMMIT=0;
```

通过上述语句即可关闭 MySQL 中的自动提交功能，实现了只有用户手动执行提交（COMMIT）操作，MySQL 才会将事务提交到数据库系统中。否则，若不执行手动提交，终止 MySQL 会话，数据库会自动执行回滚操作。

3. 事务的隔离级

由于数据库允许多线程并发访问，因此用户可以通过不同的线程执行不同的事务。为了保证这些事务之间，以及数据库性能都不受影响，对事务设置隔离级是十分必要的。在 MySQL 中，事务的隔离级分为 4 种，分别为 READ UNCOMMITTED、READ COMMITTED、REPEATABLE READ 和 SERIALIZABLE。下面将对这 4 种隔离级进行介绍。

（1）READ UNCOMMITTED（读取未提交内容）

在 READ UNCOMMITTED 隔离级下，可以读取到其他事务中未提交的数据，这种读取数据的方式也被称为“脏读”（Dirty Read）。这在程序开发中会带来很多问题，除非用户真的知道自己在做什么，并有很好的理由选择这样做。否则，为了保证数据的一致性，在实际应用中 READ UNCOMMITTED 隔离级几乎是不被使用的。

（2）READ COMMITTED（读取提交内容）

READ COMMITTED 隔离级是大多数的数据库管理系统的默认隔离级（不包括 MySQL）。在该隔离级下，只能读取其他事务已经提交的数据，很好地避免了“脏读”数据的现象。但在事务内，两次的查询结果可能会出现不一致的情况，原因就是 READ COMMITTED 隔离级支持的是“不可重复读”（Nonrepeatable Read）。“不可重复读”指的就是其他事务或进程做的更新操作造成了当前事务内前后查询结果的不一致。

虽然，此级别在实际操作中是没有任何问题的，但是对于银行统计报表等操作时，就不符合操作需求了，因此可以将隔离级修改为 REPEATABLE READ（可重复读）。

（3）REPEATABLE READ（可重复读）

REPEATABLE READ 是 MySQL 的默认事务隔离级，它解决了“脏读”和“不可重复读”的问题，确保了同一事务的多个实例在并发读取数据时，会看到同样的结果。但在理论上，该隔离级会出现“幻读”（Phantom Read）的现象。简单来说，幻读就是当用户读取某一范围的数据行时，另一个事务又在该范围内插入了新行，当用户再读取该范围的数据行时，会发现有新的“幻影”（Phantom）行。

不过，MySQL 的 InnoDB 存储引擎通过多版本并发控制机制解决了“幻读”的问题。

（4）SERIALIZABLE（可串行化）

SERIALIZABLE 是最高级别的隔离级，它会对事务进行强制排序，使之不会发生冲突，从而解决了“脏读”“不可重复读”和“幻读”的问题。但是由于 SERIALIZABLE 隔离级默认会为每个 SELECT 语句都加锁，自然也会出现“锁竞争”（Lock Contention）、死锁或超时等现象，因此，SERIALIZABLE 隔离级也是性能最差的一种隔离级。

简言之，SERIALIZABLE 是在每个读的数据行上加锁。在这个级别，可能导致大量的超时（Timeout）现象和锁竞争（Lock Contention）现象。因此，除非为了数据的稳定性，需要强制减少并发的情况时，才会选择此种隔离级。

（5）查看隔离级

对于隔离级的查看，MySQL 中提供了以下几种不同的方式，具体使用哪种方式查询还需根据实际需求进行选择，具体如下。

① 查看全局隔离级，SQL 语句如下。

```
SELECT @@global.tx_isolation;
```

② 查看当前进程中隔离级，SQL 语句如下。

```
SELECT @@session.tx_isolation;
```

③ 查看下一个事务的隔离级，SQL 语句如下。

```
SELECT @@tx_isolation;
```

以查看当前 MySQL 的全局隔离级为例，执行结果如图 3-19 所示。从查询结果可以看出，REPEATABLE-READ 是 MySQL 默认的隔离级。

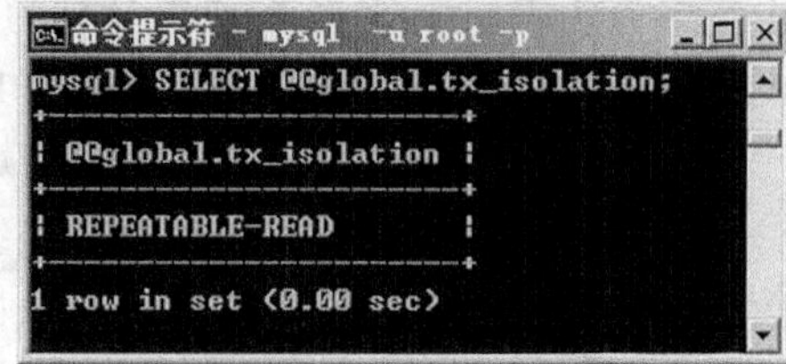

图 3-19 查看全局隔离级

（6）修改事务的隔离级

在 MySQL 中事务隔离级的修改可以通过全局或 SET 两种方式进行设置，具体如下。

① 全局修改。

打开 MySQL 的配置文件 my.ini，设置参数 transaction-isolation，其值可以是 READ-UNCOMMITTED、READ-COMMITTED、REPEATABLE-READ 或 SERIALIZABLE 中的一种，具体语法如下。

```
transaction-isolation = 参数值
```

需要注意的是，在配置文件修改完成后，需要重新启动 MySQL 服务器，才能完成全局修改。

② 通过 SET 进行设置。

在打开的 MySQL 进程中，可以利用 SET 进行隔离级的设置，具体语法如下。

```
SET [SESSION | GLOBAL] TRANSACTION ISOLATION LEVEL 参数值
```

在上述语法中，SET 后的 SESSION 表示当前会话，GLOBAL 表示全局，若默认不写，表示设置下一个事务的隔离级。TRANSACTION 表示事务，ISOLATION 表示隔离，LEVEL 表示级别。其中，参数值可以是 READ UNCOMMITTED、READ COMMITTED、REPEATABLE READ 或 SERIALIZABLE 中的一种。

4. 锁机制

MySQL 中的锁机制根据不同的存储引擎而决定。例如，MyISAM 和 MEMORY 存储引擎采用的是表级锁，InnoDB 存储引擎既支持行级锁也支持表级锁，但默认情况下采用的是行级锁。下面就常用的 MyISAM 表级锁和 InnoDB 行级锁的特点进行分析。

（1）MyISAM 表级锁

MyISAM 表级锁有两种模式，分别为表共享读锁和表独占写锁。在操作过程中，MyISAM 存储引擎的读锁和写锁是互斥的，读写操作是串行的。因此在程序执行的过程中，会一次锁定所有的表，锁定粒度大、并发度最低，这也正是 MyISAM 表不会出现死锁的原因。但是当其他等待操作的进程过多时，发生锁冲突的概率也最高。

同时，因 MyISAM 存储引擎本身执行速度快等优点，MyISAM 表锁还具有开销小和加锁快的特征。

（2）InnoDB 行级锁

InnoDB 存储引擎与 MyISAM 存储引擎最主要的不同就是：一是事务的支持，二是行级锁的使用。在事务处理时要遵循 ACID 4 个特性，避免对同一行记录的并发更新，这是因为 InnoDB 在进行事务处理时，会根据其内设的机制进行加锁、释放锁等操作。

尽管 InnoDB 默认的是行级锁，但只有确定其是通过索引条件来检索数据时，InnoDB 才使用行级锁，否则，InnoDB 将使用表级锁。因此造成了 InnoDB 行级锁开销大、加锁慢的缺点。此外，InnoDB 行级锁在多进程进行访问时，并发度高；事务的隔离级设置得越高则发生死锁的可能性越大。InnoDB 行锁的优点在于锁定的粒度小，多线程请求不同记录时发生锁冲突的概率低。

从上述特点可见，仅从锁的角度来说，表级锁更适合于以查询为主，只有少量按索引条件更新数据的应用，如 Web 应用；而行级锁则更适合于有大量按索引条件并发更新少量不同的数据，同时又有并发查询的应用，如一些在线事务处理系统等。

模块四 PDO 数据库抽象层

在早期的 PHP 版本中，由于不同数据库扩展的应用程序接口互不兼容，导致 PHP 所开发的程序的维护困难、可移植性差。为了解决这个问题，PHP 开发人员编写了一种轻型、便利的 API 来统一操作各种数据库，即数据库抽象层——PDO 扩展。本模块将围绕 PDO 扩展的使用进行讲解。

通过本模块的学习，读者对于知识的掌握程度要达到如下目标。

- 掌握 PDO 方式连接和选择数据库、执行 SQL 语句和处理结果集的方法
- 掌握参数绑定和占位符的使用，学会使用预处理语句批量处理数据
- 熟悉 PDO 错误处理机制，能够在程序开发过程中灵活运用错误处理

任务一 PDO 基本使用

1. 开启 PDO 扩展

PDO 是 PHP Data Object（PHP 数据对象）的简称，它是与 PHP5.1 版本一起发布的，目前支持的数据库包括 Firebird、FreeTDS、Interbase、MySQL、MS SQL Server、ODBC、Oracle、Postgre SQL、SQLite 和 Sybase。当操作不同数据库时，只需要修改 PDO 中的 DSN（数据库源），即可使用 PDO 的统一接口进行操作。

PDO 支持多种数据库，对于不同的数据库有不同的扩展文件。若要启动对 MySQL 数据库驱动程序的支持，需要在 php.ini 配置文件中找到“;extension=php_pdo_mysql.dll”，去掉分号注释以开启扩展。修改完成后重新启动 Apache，通过 phpinfo()函数查看 PDO 扩展是否开启成功，如图 3-20 所示。

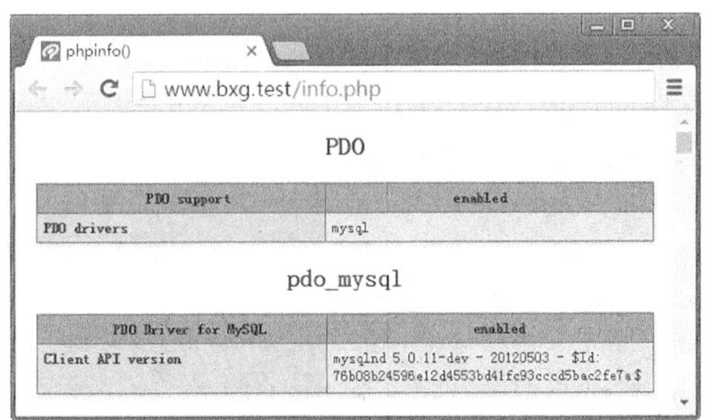

图 3-20　使用 phpinfo 查看 PDO 扩展信息

2. 连接和选择数据库

使用 PDO 扩展连接数据库，需要实例化 PDO 类，同时传递数据库连接参数，具体声明方式如下。

```
PDO::__construct ( string $dsn [, string $username [, string $password [, array
 $driver_options ]]] )
```

在上述声明中，参数$dsn 用于表示数据源名称，包括 PDO 驱动名、主机名、端口号、数据库名称。其他都是可选参数，其中$username 表示数据库的用户名，$password 表示数据库的密码，而$driver_options 表示一个具体驱动连接的选项（关联数组）。该函数执行成功时返回一个 PDO 对象，失败时则抛出一个 PDO 异常（PDOException）。

值得一提的是，PDO 驱动名就是连接的数据库服务器类型，例如：MySQL 数据库使用“mysql”表示，Oracle 数据库使用“oracle”表示。

接下来演示 PDO 连接和选择数据库的实现步骤，具体代码如下。

```
//设置数据库的 DSN 信息（数据库类型:主机地址;端口号;数据库名;字符集）
$dsn = 'mysql:host=localhost;port=3306;dbname=itcast;charset=utf8';
try{
    $pdo = new PDO($dsn, 'root', '123456');
    echo 'PDO 连接数据库成功';
}catch(PDOException $e){
    //连接失败，输出异常信息
    echo 'PDO 连接数据库失败：'.$e->getMessage();
}
```

上述代码用于实例化 PDO 时进行数据库连接操作，如果连接发生失败，就会抛出 PDOException 异常信息。通过 try 包裹可能发生异常的代码，利用 catch 进行异常处理。当 PDOException 异常发生时，调用 getMessage()方法可以查看错误信息。

另外，PDO 构造方法中的第 4 个参数$driver_options 可以用于设置字符集（如果 DSN 中已经设置了字符集则不需要在此处设置），示例代码如下。

```
$options = [PDO::MYSQL_ATTR_INIT_COMMAND => 'SET NAMES UTF8'];
$pdo = new PDO($dsn, 'root', '123456', $options);
```

上述代码在实例化 PDO 对象时，把第 4 个参数添加上，就可以完成对数据库字符集的设置。

3. 执行 SQL 语句

PDO 对象中提供了 query()和 exec()方法，用于执行 SQL 语句，具体示例如下。

```
//通过 query()方法执行查询类 SQL，如：SELECT
$sql = 'SELECT * FROM `user`';
var_dump($pdo->query($sql));     //输出结果：object(PDOStatement)#2 (1) {……}
//通过 exec()执行操作类 SQL，如：INSERT、UPDATE、DELETE
$sql = "INSERT INTO `user` (`name`,`password`) VALUES ('小明', '123456')";
var_dump($pdo->exec($sql));     //输出结果：int(1)
```

从上述代码可知，执行 query()方法成功时返回 PDOStatement 类的对象，执行 exec()方法成功则返回受影响的行数。需要注意的是，exec()方法不会对 SELECT 语句返回结果，而使用 query()方法可以获得返回结果。

4. 处理结果集

PDO 中常用获取结果集的方式有 3 种：fetch()、fetchColumn()和 fetchAll()，下面分别介绍这 3 种方式的用法和区别。

（1）fetch()

PDO 中的 fetch()方法可以从结果集中获取下一行数据，其语法格式如下。

```
mixed PDOStatement::fetch ([ int $fetch_style [, int $cursor_orientation = PDO::FETCH_ORI_NEXT [, int $cursor_offset = 0 ]]] )
```

在上述语法中，所有参数都为可选参数，其中$fetch_style 参数用于控制结果集的返回方式，其值必须是 PDO::FETCH_*系列常量中的一个，其可选常量如表 3-11 所示。参数$cursor_orientation 是 PDOStatement 对象的一个滚动游标，可用于获取执行的一行，$cursor_offset 参数表示游标的偏移量。

表 3-11　PDO::FETCH_* 常用常量

常量名	说明
PDO::FETCH_ASSOC	返回一个键为结果集字段名的关联数组
PDO::FETCH_BOTH（默认）	返回一个索引为结果集列名和以 0 开始的列号的数组
PDO::FETCH_LAZY	返回一个包含关联数组、数字索引数组和对象的结果
PDO::FETCH_NUM	返回一个索引以 0 开始的结果集列号的数组
PDO::FETCH_CLASS	返回一个请求类的新实例，映射结果集中的列名到类中对应的属性名
PDO::FETCH_OBJ	返回一个属性名对应结果集列名的匿名对象

值得一提的是，PDOStatement 对象中的 fetchObject()方法是 fetch()方法使用 PDO::FETCH_CLASS 或 PDO::FETCH_OBJ 这两种数据返回方式的一种替代。

（2）fetchColumn()

PDO 中的 fetchColumn()方法用于获取结果集中单独一列，其语法格式如下。

```
string PDOStatement::fetchColumn ([ int $column_number = 0 ] )
```

在上述语法中，可选参数$column_number 用于设置行中列的索引号，该值从 0 开始。如果省略该参数，则获取第 1 列。该方法执行成功则返回单独的一列，失败返回 false。

（3）fetchAll()

若想要获取结果集中所有的行，则可以使用 PDO 提供的 fetchAll()方法，其语法格式如下。

```
array PDOStatement::fetchAll ([ int $fetch_style [, mixed $fetch_argument [, array $ctor_args = array() ]]] )
```

在上述语法中，$fetch_style 参数用于控制结果集中数据的返回方式，默认值为 PDO::FETCH_BOTH；参数$fetch_argument 根据$fetch_style 参数的值的变化而有不同的意义，具体如表 3-12 所示。参数$ctor_args 用于表示当$fetch_style 参数的值为 PDO::FETCH_CLASS 时，自定义类的构造函数的参数。

表 3-12　fetch_argument 参数的意义

fetch_style 参数取值	fetch_argument 参数的意义
PDO::FETCH_COLUMN	返回指定以 0 开始索引的列
PDO::FETCH_CLASS	返回指定类的实例，映射每行的列到类中对应的属性名
PDO::FETCH_FUNC	将每行的列作为参数传递给指定的函数，并返回调用函数后的结果

为了更好地掌握 PDO 处理结果集的方法，接下来通过代码进行演示，具体如下。

```
// ① 循环获取所有关联数组结果
$stmt = $pdo->query('SELECT `name`,`password` FROM `user`');
while($row = $stmt->fetch(PDO::FETCH_ASSOC)){
   echo $row['name'], '---', $row['password'];
}
// ② 获取一列结果
$stmt = $pdo->query('SELECT `name` FROM `user`');
while($name = $stmt->fetchColumn()){
   echo $name;
}
// ③ 获取所有结果
$stmt = $pdo->query('SELECT * FROM `user`');
$data = $stmt->fetchAll(PDO::FETCH_ASSOC);      //以关联数组返回所有结果
print_r($data);
```

在实际项目开发中，可以根据不同的需求，使用不同的方法来处理结果集。

任务二　PDO 预处理机制

PDO 支持预处理机制。关于预处理的原理，在之前使用 MySQLi 扩展时已经讲过，这里就不再赘述。下面开始讲解 PDO 实现预处理机制的一些常用方法。

（1）prepare()方法

PDO 提供了 prepare()方法执行预处理语句，它返回一个 PDOStatement 类对象，其语法格式如下。

```
PDOStatement PDO::prepare ( string $statement [, array $driver_options = array() ] )
```

在上述声明中，参数$statement 表示预处理的 SQL 语句，在 SQL 语句中可以添加占位符，PDO 支持两种占位符，即问号占位符（?）和命名参数占位符（:参数名称）；$driver_options 是可选参数，表示设置一个或多个 PDOStatement 对象的属性值。

（2）bindParam()方法

bindParam()方法可以将变量参数绑定到准备好的查询占位符上，其语法格式如下。

```
bool PDOStatement::bindParam ( mixed $parameter , mixed &$variable [, int $data_type
= PDO::PARAM_STR [, int $length [, mixed $driver_options ]]] )
```

在上述语法中，参数$parameter 用于表示参数标识符；$variable 用于表示参数标识符对应的变量名；可选参数$data_type 用于明确参数类型，其值使用 PDO::PARAM_*常量来表示，如表 3-13 所示；$length 是可选参数，用于表示数据类型的长度。该方法执行成功时返回 true，执行失败则返回 false。

表 3-13 PDO::PARAM_*系列常量

常量名	说明
PDO::PARAM_NULL	代表 SQL 空数据类型
PDO::PARAM_INT	代表 SQL 整数数据类型
PDO::PARAM_STR	代表 SQL 字符串数据类型
PDO::PARAM_LOB	代表 SQL 中大对象数据类型
PDO::PARAM_BOOL	代表一个布尔值数据类型

（3）execute()方法

execute()方法用于执行一条预处理语句，其语法格式如下。

```
bool PDOStatement::execute ([ array $input_parameters ] )
```

在上述声明中，可选参数$input_parameters 表示一个元素个数与预处理语句中占位符数量一样多的数组，用于为预处理语句中的占位符赋值。当占位符为问号占位符（?）时，需为 execute()方法传递一个索引数组参数；当占位符为命名参数占位符（:参数名称）时，需为 execute()方法传递一个关联数组参数。

为了更好地掌握 PDO 预处理机制的使用方法，接下来通过代码进行演示，具体如下。

```
// ① 问号占位符方式
$sql = 'INSERT INTO `user` (`name`,`password`) VALUES (?, ?)';
$stmt = $pdo->prepare($sql);
$stmt->execute(['小明', '123456']);
$stmt->execute(['小红', '123abc']);
// ② 参数占位符方式
$sql = 'INSERT INTO `user` (`name`,`password`) VALUES (:name, :password)';
$stmt = $pdo->prepare($sql);
$stmt->execute(['name'=>'小明', 'password'=>'123456']);
$stmt->execute(['name'=>'小红', 'password'=>'123abc']);
// ③ 参数绑定方式
$sql = 'INSERT INTO `user` (`name`,`password`) VALUES (:name, :password)';
$stmt = $pdo->prepare($sql);
$stmt->bindParam(':name', $name);
$stmt->bindParam(':password', $password);
$name = '小明';
$password = '123456';
$stmt->execute();
$name = '小红';
$password = '123abc';
$stmt->execute();
```

从上述代码可以看出，实现 PDO 扩展的预处理机制非常简单。和 MySQLi 扩展相比，PDO 扩展可以通过 execute()方法直接传入数组，不需要手动指定变量类型，代码更加简洁。

任务三　PDO 错误处理机制

在使用 SQL 语句操作数据库时，难免会出现各种各样的错误，如语法错误、逻辑错误等。为此，PDO 提供了错误处理机制，能够捕获 SQL 语句中的错误，并提供了 3 种方案可以选择，具体如下。

（1）SILENT 模式（默认）

“PDO::ERRMODE_SILENT”为 PDO 默认的错误处理模式。此模式在错误发生时不进行任何操作，只简单地设置错误代码，用户可以通过 PDO 提供的 errorCode()和 errorInfo()这两个方法对语句和数据库对象进行检查。如果错误是由于调用语句对象 PDOStatement 而产生的，那么可以使用这个对象调用这两个方法；如果错误是由于调用数据库对象而产生的，那么可以使用数据库对象调用上述两个方法。

（2）WARNING 模式

在项目的调试或测试期间，如果想要查看发生了什么问题且不中断程序的流程，可以将 PDO 的错误模式设置为“PDO::ERRMODE_WARNING”。当错误发生时，除了设置错误代码外，PDO 还会发出一条 E_WARNING 信息。

（3）EXCEPTION 模式

PDO 中提供的“PDO::ERRMODE_EXCEPTION”错误模式，可以在错误发生时抛出相关异常。它在项目调试当中较为实用，可以快速找到代码中问题的潜在区域，与其他发出警告的错误模式相比，用户可以自定义异常，而且检查每个数据库调用的返回值时，异常模式需要的代码更少。

在了解上述 3 种错误处理模式后，下面通过代码演示如何在程序中进行修改，代码如下。

```
//设置为 SILENT 模式
$pdo->setAttribute(PDO::ATTR_ERRMODE, PDO::ERRMODE_SILENT);
//设置为 WARNING 模式
$pdo->setAttribute(PDO::ATTR_ERRMODE, PDO::ERRMODE_WARNING);
//设置为 EXCEPTION 模式
$pdo->setAttribute(PDO::ATTR_ERRMODE, PDO::ERRMODE_EXCEPTION);
```

在默认的 SILENT 模式中，当通过 prepare()执行 SQL 语句失败，出现错误时不会提示任何信息。

为了更好地理解 3 种错误处理模式，下面通过代码进行演示，具体如下。

```
//设置错误模式（读者可更改此处的模式，感受 3 种模式的区别）
//$pdo->setAttribute(PDO::ATTR_ERRMODE, PDO::ERRMODE_SILENT);
//预处理 SQL 语句
$stmt = $pdo->prepare('SELECT * FROM `test`');
//执行预处理语句（execute()方法返回布尔值，表示执行结果）
if(false === $stmt->execute()){
    echo '错误码：'.$stmt->errorCode().'<br>';    //输出错误码
    print_r($stmt->errorInfo());                 //输出错误信息
```

```
}
echo '<br>执行结束……';
```

上述代码执行后，程序的运行结果如图 3-21 所示。从图中可以看出，默认情况下 PDO 不显示错误信息，需要手动判断 execute()方法的返回值来获知是否执行成功。

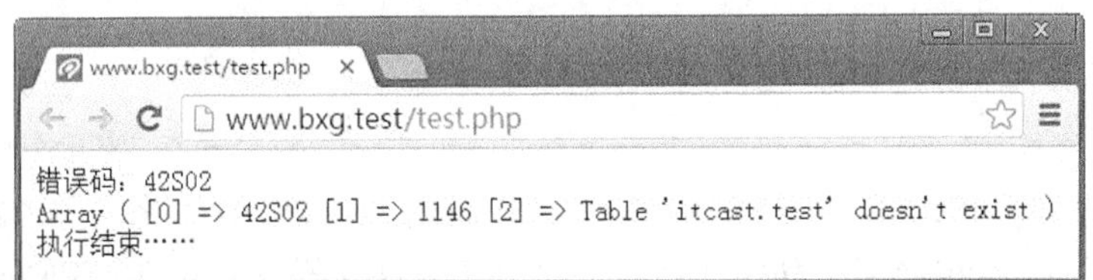

图 3-21　显示错误信息

任务四　PDO 其他操作

PDO 中还提供了许多丰富的方法方便在开发中使用。表 3-14 列举了 PDO 扩展的其他常用操作方法，读者也可以参考 PHP 手册了解更多内容。

表 3-14　PDO 扩展其他常用方法

方法	描述
PDO::beginTransaction()	启动一个事务
PDO::commit()	提交一个事务
PDO::rollback()	回滚一个事务
PDO::lastInsertId()	返回最后插入行的 ID 序列值
PDOStatement::rowCount()	返回受上一个 SQL 语句影响的行数

表 3-14 中，beginTransaction()、commit()和 rollback()用于事务处理；rowCount()方法用于返回上一个对应的 PDOStatement 对象执行 DELETE、INSERT 或 UPDATE 语句受影响的行数。

为了更好地掌握这些方法的使用，下面通过一个代码示例进行讲解。

```
$pdo->setAttribute(PDO::ATTR_ERRMODE, PDO::ERRMODE_EXCEPTION);
//① 开启一个事务
$pdo->beginTransaction();
try{
    //执行插入操作
    $stmt = $pdo->prepare('INSERT INTO `user`(`name`,`password`) VALUES (?,?)');
    $stmt->execute(['小明', '123456']);
    $stmt->execute(['小红', '123abc']);
    //② 获取最后插入的 ID
    $id = $pdo->lastInsertId();
    //执行删除操作
    $stmt = $pdo->prepare('DELETE FROM `user` WHERE `id`>6');
    $stmt->execute();
    //③ 获取受影响的行数
    $count = $stmt->rowCount();
```

```
16 }catch(PDOException $e){
17     //④ 执行失败，事务回滚
18     $pdo->rollback();
19     exit($e->getMessage());
20 }
21 //⑤ 提交事务
22 $pdo->commit();
```

上述代码演示了 PDO 的事务处理，第 3 行代码用于开启一个事务；第 22 行代码用于提交一个事务；第 18 行代码用于执行失败时，进行事务回滚操作；第 10 代码返回最后插入的 ID 号；第 15 行代码返回执行删除操作后受影响的行数。

模块五　MVC 开发模式

MVC 是 Xerox PRAC（施乐帕克研究中心）在 20 世纪 80 年代为编程语言 Smalltalk – 80 发明的一种软件设计模式，至今已被广泛使用。随着互联网的发展，对于 Web 应用的功能需求越来越复杂，MVC 在 Web 开发领域也备受欢迎。接下来，本模块将针对 MVC 开发模式进行详细讲解。

通过本模块的学习，读者对于知识的掌握程度要达到如下目标。

- 理解 MVC 的概念，可以描述 MVC 思想和工作流程
- 掌握模型、视图、控制器的创建，理解自动加载与请求分发机制
- 掌握 MVC 框架的典型实现，能够运用 MVC 框架进行项目开发

任务一　认识 MVC

MVC 是目前广泛流行的一种软件开发模式。利用 MVC 可以将程序中的功能实现、数据处理和界面显示相分离，从而在开发复杂的应用程序时，开发者可以专注于其中的某个方面，进而提高开发效率和项目质量。

MVC 这个名字是由 Model、View、Controller 这 3 个单词的首字母组成的，它表示将软件系统分成 3 个核心部件：模型（Model）、视图（View）、控制器（Controller），分别用于处理各自的任务。

在用 MVC 进行的 Web 应用开发中，模型是指处理数据的部分，视图是指显示在浏览器中的网页，控制器是指处理用户交互的程序。例如，提交表单时，由控制器负责读取用户提交的数据，然后向模型发送数据，再通过视图将处理结果显示给用户。MVC 的工作流程如图 3-22 所示。

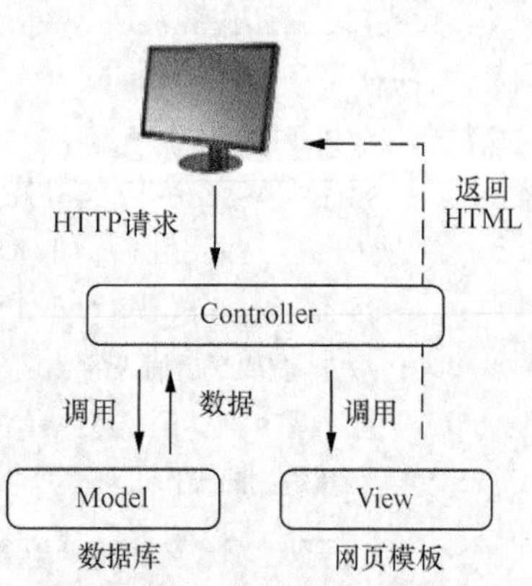

图 3-22　MVC 的工作流程

从图 3-22 中可以看出，浏览器向服务器端的控制器发送了 HTTP 请求，控制器就会调用模型来取得数据，然后调用视图，将数据分配到网页模板中，再将最终结果的 HTML 网页返回给浏览器。

MVC 是优秀的设计思想，使开发团队能够更好地分工协作，显著提高了工作效率。但是对于小型项目，如果严格遵循 MVC，会增加结构的复杂性，

增加工作量，降低运行的效率，因此 MVC 不适用于小型项目。MVC 提倡模型和视图分离，这样也会给调试程序带来一定的困难，每个构件在使用之前都需要经过彻底的测试。尽管 MVC 有一些缺点，但其带来的好处远远多于这些缺点。对于大型 Web 应用程序，使用 MVC 开发模式可以发挥出巨大的优势。

任务二 MVC 典型实现

MVC 是应用在实际项目中的开发模式。为了更好地学习这种模式，本节将结合博学谷云课堂项目的实际开发，讲解 MVC 项目的典型实现。

1. 数据库操作类

在面对复杂问题时，面向对象编程可以更好地描述现实中的业务逻辑，所以 MVC 应用也是通过面向对象方式实现的。接下来，为项目创建一个数据库操作类 MySQLPDO.class.php，具体代码如下。

```
<?php
//基于 PDO 扩展的 MySQL 数据库操作类
class MySQLPDO {
    protected static $db = null;         //保存 PDO 实例
    public function __construct(){
        self::$db || self::_connect();  //实例化 PDO 对象
    }
    private function __clone() {}       //阻止克隆
    //连接目标服务器（只在构造方法中调用一次）
    private static function _connect(){
        $config = $GLOBALS['dbConfig']; //通过全局变量获取数据库配置信息
        //准备 PDO 的 DSN 连接信息
        $dsn = "{$config['db']}:host={$config['host']};port={$config['port']};
        dbname={$config['dbname']};charset={$config['charset']}";
        try{  //连接数据库
            self::$db = new PDO($dsn, $config['user'], $config['pass']);
        }catch (PDOException $e){
            exit('数据库连接失败：'.$e->getMessage());
        }
    }
    /**
     * 通过预处理方式执行 SQL
     * @param string $sql 执行的 SQL 语句模板
     * @param array $data 数据部分
     * @return object PDOStatement
     */
    public function query($sql, $data=[]){
        //通过预处理方式执行 SQL
        $stmt = self::$db->prepare($sql);
```

```
30          //批量执行
31          is_array(current($data)) || $data = [$data];  //自动转换为二维数组
32          foreach($data as $v){
33              if(false === $stmt->execute($v)){
34                  exit('数据库操作失败: '.implode('-', $stmt->errorInfo()));
35              }
36          }
37          return $stmt;
38      }
39      //执行 SQL，返回受影响的行数
40      public function exec($sql, $data=[]){
41          return $this->query($sql, $data)->rowCount();
42      }
43      //取得所有结果
44      public function fetchAll($sql, $data=[]){
45          return $this->query($sql, $data)->fetchAll(PDO::FETCH_ASSOC);
46      }
47      //取得一行结果
48      public function fetchRow($sql, $data=[]){
49          return $this->query($sql, $data)->fetch(PDO::FETCH_ASSOC);
50      }
51      //取得一列结果
52      public function fetchColumn($sql, $data=[]){
53          return $this->query($sql, $data)->fetchColumn();
54      }
55      //最后插入的 ID
56      public function lastInsertId(){
57          return self::$db->lastInsertId();
58      }
59  }
```

上述代码是一个基于 PDO 扩展的 MySQL 数据库操作类，类中封装了 PHP 访问 MySQL 数据库的一些基本操作。第 27~38 行代码实现了以 PDO 预处理的方式执行 SQL 语句，并且支持批量操作。

为了测试数据库操作类是否正确执行，接下来创建 index.php 进行测试，具体代码如下。

```
<?php
//载入数据库操作类
require './MySQLPDO.class.php';
//准备数据库连接信息
$dbConfig = [
    'db' => 'mysql',            //数据库类型
    'host' => 'localhost',      //服务器地址
```

```
    'port' => '3306',           //端口
    'user' => 'root',           //用户名
    'pass' => '123456',         //密码
    'charset' => 'utf8',        //字符集
    'dbname' => 'itcast_bxg'  //默认数据库
];
//实例化数据库操作类
$db = new MySQLPDO();
//执行 SQL 语句并显示执行结果
echo '<pre>';
var_dump($db->fetchAll('SHOW TABLES'));
echo '</pre>';
```

在浏览器中访问 index.php，运行结果如图 3-23 所示。从图中可以看出，数据库操作类成功执行 SQL 语句，返回了关联数组形式的查询结果。

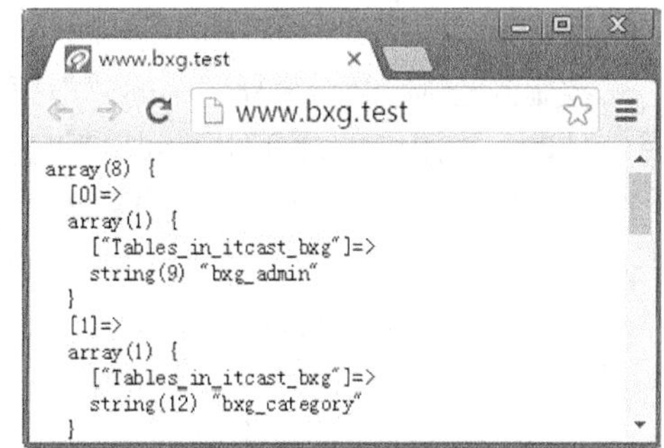

图 3-23　数据库查询结果

2. 模型

模型是处理数据的，而数据是存储在数据库中的。在项目中，所有对数据库的操作都是由模型类来完成的。MVC 中的模型，其实就是为项目中的每个表建立一个模型。

接下来以项目中的栏目表为例，创建栏目表模型类文件 CategoryModel.class.php，具体代码如下。

```
<?php
//栏目表的模型类
class CategoryModel extends MySQLPDO {
    //获取所有的栏目数据
    public function getData(){
        return $this->fetchAll('SELECT * FROM bxg_category');
    }
    //添加一个栏目，返回添加后的 ID
    public function addData($name, $pid){
        $data = ['name'=>$name, 'pid'=>$pid];
        $this->query('INSERT INTO bxg_category (name,pid) VALUES(:name,:pid)', $data);
        return $this->lastInsertId();
    }
}
```

上述代码创建了栏目模型，并实现了栏目查询与栏目添加两个方法。由于模型类继承了数据库操作类，因此模型类可以直接调用数据库操作类中的方法执行 SQL 语句。

接下来编写 index.php 测试模型类是否正确执行，具体代码如下。

```
<?php
//载入数据库操作类、模型类
```

```
require './MySQLPDO.class.php';
require './CategoryModel.class.php';
//准备数据库连接信息
//……
//实例化模型类
$Category = new CategoryModel();
//添加一个栏目，显示添加后的结果
$Category->addData('phone','0');
echo '<pre>';
var_dump($Category->getData());
echo '</pre>';
```

在浏览器中访问 index.php，运行结果如图 3-24 所示。从图中可以看出，模型类成功完成了数据库操作。

3. 控制器

控制器是 MVC 应用程序中的“指挥官”，它接收用户的请求，并决定需要调用哪些模型进行处理，再用相应的视图显示从模型返回的数据，最后通过浏览器呈现给用户。

如果用面向对象的方式实现控制器，就需要先理解模块的概念。一个成熟的项目是由多个模块组成的，每个模块又是一系列相关功能的集合。以栏目管理模块为例，功能划分如图 3-25 所示。

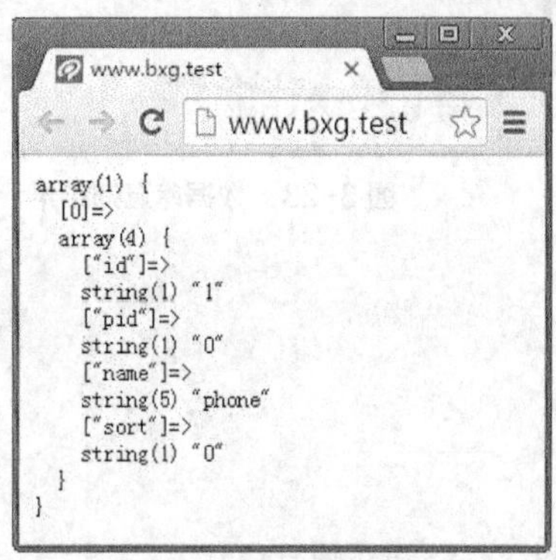

图 3-24　测试模型类

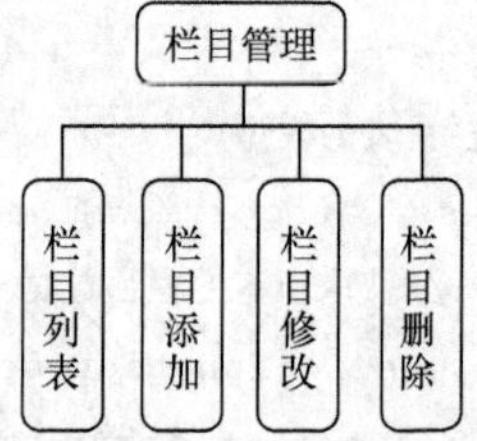

图 3-25　栏目管理模块

正如模型是根据数据表创建的一样，控制器则是根据模块创建的，即每个模块对应一个控制器类，模块中的功能都在控制器类中完成。因此，控制器类中定义的方法，就是模块中的功能。

接下来为栏目模块创建控制器类 CategoryController.class.php，具体代码如下。

```
<?php
//栏目控制器
class CategoryController {
    //栏目列表
    public function indexAction(){
        $Category = new CategoryModel();          //实例化栏目模型
        $data = $Category->getData();             //查询栏目数据
        require './index.html';                   //载入视图
```

```
    }
    //栏目添加
    public function addAction(){}
    //栏目修改
    public function editAction(){}
    //栏目删除
    public function delAction(){}
}
```

上述代码在栏目控制器中定义了栏目列表、栏目添加、栏目修改和栏目删除 4 种方法，命名时使用“Action”后缀。其中栏目列表从数据库中获取了栏目数据，然后载入视图模板文件进行页面显示。

4. 视图

视图是 MVC 中用于显示的网页。通常开发者编写的视图是一个 HTML 模板，在模板中输出来自数据库中的数据。接下来编写栏目列表的视图模板 index.html，其关键代码如下。

```
<table>
    <tr><th>ID</th><th>栏目名</th></tr>
    <?php foreach($data as $v): ?>
        <tr><td><?=$v['id']?></td><td><?=$v['name']?></td></tr>
    <?php endforeach; ?>
</table>
```

上述代码实现了将数据库查询出的栏目列表数据输出到网页的<table>表格中。此外，由于栏目控制器使用“require”加载了此视图文件，因此在视图中可以直接使用控制器中的变量$data。

5. 前端控制器

前端控制器是指项目的入口文件 index.php。使用 MVC 模式开发的是一种单一入口的应用程序，即只有一个 index.php 提供用户访问。传统的 Web 程序是多入口的，即通过访问不同的 PHP 文件来完成用户请求。例如，管理栏目时访问 category.php，管理课程时访问 course.php。

前端控制器又称请求分发器（Dispather），通过 URL 参数判断用户请求了哪个功能，然后完成相关控制器的加载、实例化、方法调用等操作。接下来通过一个图例来演示请求分发的流程，如图 3-26 所示。

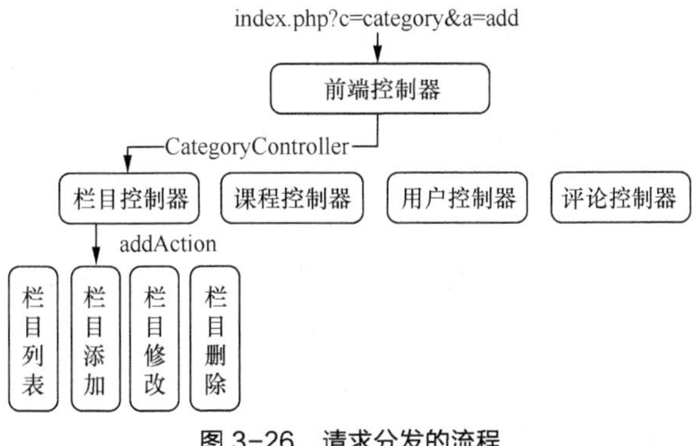

图 3-26 请求分发的流程

在图 3-26 中，前端控制器 index.php 接收到两个 GET 参数：c 和 a，c 代表 Controller（控制器），a 代表 Action（操作），所以“c=category&a=add”表示 Category 控制器中的 addAction 方法。

接下来编写 index.php 实现前端控制器，具体代码如下。

```
<?php
//载入数据库操作类、模型类，准备数据库连接信息
//……
//获取控制器、操作名称
$c = isset($_GET['c']) ? ucwords($_GET['c']) : '';
$a = isset($_GET['a']) ? $_GET['a'] : '';
//为名称添加后缀
$c_name = $c.'Controller';
$a_name = $a.'Action';
//请求分发
require "./{$c_name}.class.php";   //载入控制器文件
$Controller = new $c_name();        //实例化控制器
$Controller->$a_name();             //调用方法
```

上述代码通过 GET 参数实现了前端控制器的请求分发。为了测试程序是否正确运行，下面通过浏览器访问“index.php?c=category&a=index”，运行结果如图 3-27 所示。从图中可以看出，浏览器访问到 Category 控制器中的 indexAction 方法，并在视图模板中成功地输出了查询结果。

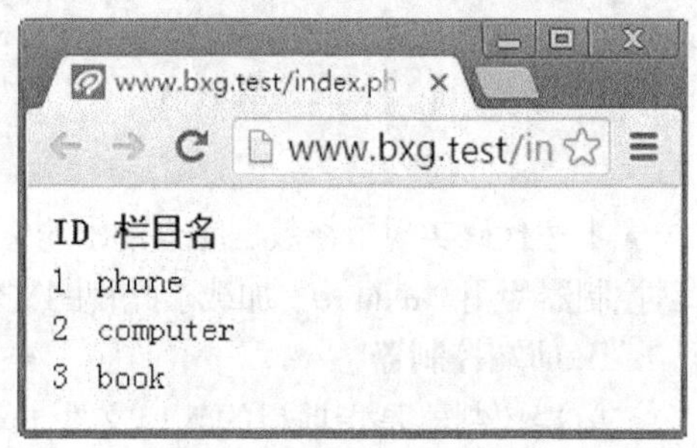

图 3-27　前端控制器运行结果

至此，MVC 开发模式的典型实现已经完成。通过 MVC 开发模式，实现了模型、视图、控制器三者的分离，增强了代码的可维护性，有利于团队开发时的分工协作。

任务三　MVC 框架

框架在软件系统中是一个代码骨架，其作用是通过设计一个所有项目通用的底层代码，来提高项目的开发效率。以盖房子来说，框架相当于已经盖好的房子，但是内部没有装修，当需要开一个水果店时，可以把这个房子装修成水果店，而不需要重新盖一个房子。

通过 MVC 开发模式，可以将整个项目分成应用（Application）与框架（Framework）两部分，在应用中处理与当前站点相关的业务逻辑，在框架中封装所有项目的底层代码。本节将针对 MVC 框架进行详细讲解。

1. 项目结构

前面创建的模型、控制器、视图文件都保存到了一个目录中，在实际项目中显然不能这样做，而是需要一个合理的目录结构来管理这些文件。接下来演示一种常见的 MVC 目录划分方式，如图 3-28 所示。

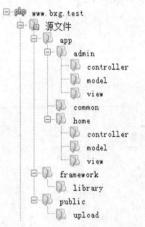

```
www.bxg.test
  源文件
    app
      admin
        controller
        model
        view
      common
      home
        controller
        model
        view
    framework
      library
    public
      upload
```

图 3-28　MVC 的目录划分

在图 3-28 中，项目主要划分成 app 和 framework 两个目录，app 表示应用，用于存放与当前站点业务逻辑相关的文件，framework 表示框架，存放项目的底层文件。app 下的 admin 和 home 目录代表网站的平台，其中 admin 表示后台，为管理员提供管理功能，home 表示前台，为用户提供服务。前台和后台下都有 controller、model 和 view 目录，用于存放与之相关的代码文件。

接下来，将前面创建的数据库操作类、模型类、控制器类、视图文件、入口文件以图 3-28 所示的目录结构进行分配，分配后的结果如表 3-15 所示。

表 3-15　MVC 框架项目结构

文件路径	文件描述
index.php	入口文件
app\common	应用公共文件目录
app\home\controller	前台控制器目录
app\home\model	前台模型目录
app\home\view	前台视图目录
app\home\controller\CategoryController.class.php	前台栏目控制器类
app\home\model\CategoryModel.class.php	前台模型类
app\home\view\category\index.html	前台栏目控制器下的视图文件
app\admin\controller	后台控制器目录
app\admin\model	后台模型目录
app\admin\view	后台视图目录
framework\library	框架类库目录
framework\library\MySQLPDO.class.php	数据库操作类
public	公开文件目录（保存 css、images、js 文件）
public\upload	上传文件保存目录

2. 框架基础类

在项目的初始化阶段，需要完成设置常量、载入类库、请求分发等操作。这些都是项目中的底层代码，可以封装一个框架基础类来完成这些任务。下面通过一个图例来演示框架基础类的工作流程，如图 3-29 所示。从图中可看出，框架基础类封装了设置常量、载入类库和请求分发的工作，而入口文件只需要调用框架基础类即可完成任务。

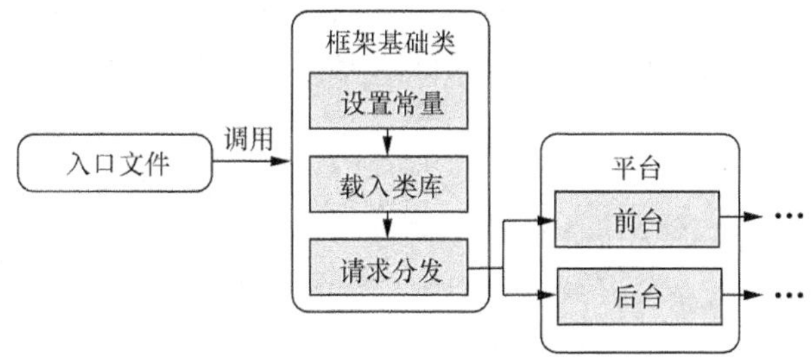

图 3-29　框架基础类工作流程

接下来开始编写框架基础类，在 framework 目录中创建文件 Framework.class.php，编写代码如下。

```
<?php
//框架基础类
class Framework{
    //启动项目
    public static function run(){
        self::_init();              //初始化
        self::_registerAutoLoad(); //注册自动加载
        self::_extend();            //扩展功能
        self::_dispatch();          //请求分发
    }
    //初始化
    private static function _init(){
        //设置常量供项目内使用
        define('DS', DIRECTORY_SEPARATOR);                            //路径分隔符
        define('ROOT', getcwd().DS);                                  //项目根目录
        define('APP_PATH', ROOT.'app'.DS);                            //应用目录
        define('FRAMEWORK_PATH', ROOT.'framework'.DS);                //框架目录
        define('LIBRARY_PATH', FRAMEWORK_PATH.'library'.DS);          //类库目录
        define('COMMON_PATH', APP_PATH.'common'.DS);                  //公共目录
        //获取 p、c、a 参数
        list($p,$c,$a) = self::_getParams();
        define('PLATFORM', strtolower($p));
        define('CONTROLLER', strtolower($c));
        define('ACTION', strtolower($a));
        //拼接平台、控制器、模型、视图路径
        define('PLATFORM_PATH', APP_PATH.PLATFORM.DS);                //平台目录
        define('CONTROLLER_PATH', PLATFORM_PATH.'controller'.DS);     //控制器目录
        define('MODEL_PATH', PLATFORM_PATH.'model'.DS);               //模型目录
        define('VIEW_PATH', PLATFORM_PATH.'view'.DS);                 //视图目录
        //视图路径
        define('COMMON_VIEW', VIEW_PATH.'common'.DS);
        define('CONTROLLER_VIEW', VIEW_PATH.CONTROLLER.DS);
        define('ACTION_VIEW', CONTROLLER_VIEW.ACTION.'.html');
    }
    //注册自动加载
    private static function _registerAutoLoad(){
        spl_autoload_register(function($class_name){
            $class_name = ucwords($class_name);
            if(strpos($class_name, 'Controller')){
```

```
                $target = CONTROLLER_PATH."$class_name.class.php";
            }elseif(strpos($class_name, 'Model')){
                $target = MODEL_PATH."$class_name.class.php";
            }else{
                $target = LIBRARY_PATH."$class_name.class.php";
            }
            require $target;
        });
    }
    //扩展功能（该方法以后实现）
    private static function _extend(){}
    //请求分发
    private static function _dispatch(){
        $c = CONTROLLER.'Controller';
        $a = ACTION.'Action';
        //实现请求分发
        $Controller = new $c();      //实例化控制器
        $Controller->$a();           //调用操作
    }
    //获取请求参数
    private static function _getParams(){
        //获取 URL 参数
        $p = isset($_POST['p']) ? $_POST['p'] : 'home');
        $c = isset($_POST['p']) ? $_POST['p'] : 'index');
        $a = isset($_POST['p']) ? $_POST['p'] : 'index');
        return [$p, $c, $a];
    }
}
```

上述代码在类中封装了设置常量、载入类库、请求分发三大功能，并提供了一个 run()方法执行调用。自动加载使用了 spl_autoload_register()函数，该函数可以传递一个回调函数作为参数。请求分发实现了从 GET 参数中获取平台、控制器、方法 3 个请求参数，并支持默认参数。在加载类文件时，程序会先根据类名后缀在 app 目录中进行加载，如果没有匹配的后缀，则加载框架类库目录中的类文件。

在框架基础类完成常量设置后，当需要在控制器中载入视图时，可以直接通过常量 ACTION_VIEW 找到相应的视图文件。修改文件 app\controller\CategoryController.class.php，代码如下。

```
<?php
class CategoryController {
    public function indexAction(){
        //……
        require ACTION_VIEW;          //载入视图
```

```
6       }
7   }
```

在上述代码中，第 7 行代码将载入视图的代码直接写为“require ACTION_VIEW”，即可自动载入位于 app\home\view\category\index.html 的视图文件。

在实现框架基础类后，下面在项目入口文件 index.php 中调用框架基础类，代码如下。

```
<?php
define('APP_DEBUG', true);                          //项目调试开关
require './framework/Framework.class.php';          //载入框架基础类
Framework::run();                                   //运行项目
```

经过上述修改后，MVC 框架已经搭建完成。项目中的 framework 目录可以用于开发任何一个 PHP 项目，由此增强了代码的可复用性。

3. 函数与配置文件

在项目开发时，有许多常用的功能可以通过函数来完成，因此可以在 MVC 框架中编写一个函数库，用于保存项目中的常用函数。在前面开发的“项目二”中，已经编写了项目常用函数库 function.php，将该文件直接复制到本项目的 framework 目录中即可。

将函数库文件复制完成后，接下来修改 framework\Framework.class.php 文件，在初始化的方法中载入函数库，具体代码如下。

```
private static function _init(){
    //……
    //载入函数库
    require FRAMEWORK_PATH.'function.php';
}
```

通过上述代码载入函数库以后，在项目开发时就可以使用 function.php 中定义的函数。

接下来创建项目的配置文件 app\common\config.php，用于保存数据库连接信息，具体代码如下。

```
<?php
return [
    'DB_CONFIG' => [
        'db'   => 'mysql',            //数据库类型
        'host' => '127.0.0.1',        //服务器地址
        'port' => '3306',             //端口
        'user' => 'root',             //用户名
        'pass' => '123456',           //密码
        'charset' => 'utf8',          //字符集
        'dbname' => 'itcast_bxg',     //默认数据库
    ],
    'DB_PREFIX' => 'bxg_'             //数据库表前缀
];
```

经过上述修改后，可以在项目中通过“C('DB_CONIG')”来获取数据库配置信息。接下

来修改数据库操作类 MySQLPDO.class.php，实现从配置文件中读取配置信息，具体代码如下。

```
1  <?php
2  class MySQLPDO {
3      private static function _connect(){
4          //获取项目的数据库配置信息
5          $config = C('DB_CONFIG');
6          //准备 PDO 的 DSN 连接信息，连接数据库
7          //……
8      }
9  }
```

在上述代码中，第 4 行代码将从全局变量获取设置的方式改为通过 C()函数来获取。

4. 基础控制器类

在项目中，由于每一个模块都是一个控制器，多个控制器之间必然会有一些公共的代码，因此可以创建一个基础的控制器类，将公共的基础代码抽取出来。接下来在框架类库目录 framework\library 中创建基础控制器类 Controller.class.php 文件，编写代码如下。

```
<?php
class Controller{
    private $_data = [];             //模板变量
    private $_tips = '';              //提示信息
    //方法不存在时报错退出
    public function __call($name, $args){
        E('您访问的操作不存在！');
    }
    //重定向
    protected function redirect($url){
        header("Location:$url");
        exit;
    }
    //取出模板变量
    public function __get($name){
        return isset($this->_data[$name]) ? $this->_data[$name] : null;
    }
    //赋值模板变量
    public function __set($name, $value){
        $this->_data[$name] = $value;
    }
    //显示视图
    protected function display(){
        extract($this->_data);        //将数组转换为变量
        $this->_data = [];            //释放模板变量
        require ACTION_VIEW;          //载入视图
```

```
            exit;                            //停止脚本
        }
        //提示信息
        protected function tips($flag=false, $tips=''){
            $this->_tips = $tips ? ($flag ?  "<div>$tips</div>" :
             "<div class=\"error\">$tips</div>") : '';
        }
    }
```

在上述代码中，__call()方法用于当调用控制器对象中无法访问或不存在的方法时，提示用户“您访问的操作不存在”；__get()、__set()方法用于类外部访问成员属性时，自动访问内部的$_data 成员属性；display()方法用于载入视图并停止脚本，在载入前会通过 extract()函数将$this->_data 数组转换为变量，用于在视图中使用；tips()方法用于提示信息，第 1 个参数$flag 表示该信息是执行成功时返回的信息还是执行失败时返回的信息，第 2 个参数$tips 是信息的内容。

在创建基础控制器类之后，各功能模块的控制器类都需要继承基础控制器类，示例代码如下。

```
<?php
//栏目控制器，继承基础控制器
class CategoryController extends Controller {
    //……
}
```

5. 基础模型类

在项目中，每个数据表都对应一个模型，多个模型之间会有一些公共代码，可以通过基础模型类抽取这些公共代码。接下来在框架类库目录 framework\library 中创建模型基础类 Model.class.php 文件，编写代码如下。

```
<?php
//基础模型类，继承数据库操作类
class Model extends MySQLPDO {
    //对 LIKE 条件进行转义
    public static function escapeLike($like){
        return strtr($like, ['%'=>'\%', '_'=>'\_', '\\'=>'\\\\']);
    }
    //处理 SQL 语句中的 Limit 部分
    public static function getLimit($page, $size){
        return ($page-1) * $size . ',' . $size;
    }
}
```

在创建基础模型类之后，各数据表的模型类都需要继承基础模型类，示例代码如下。

```
<?php
//栏目表的模型类，继承基础模型类
class CategoryModel extends Model {
```

```
    //……
}
```

当栏目模型类继承基础模型类之后，就可以使用基础模型类中定义的方法了。

任务四 强化模型类

在开发项目时，通常会有大量的数据库操作。为了避免重复的代码书写，可以将一些常见的功能代码抽取出来，提高开发效率。接下来，本任务将在模型类中封装一些常用的数据操作方法。

1. 自动添加表前缀

在为项目数据库中的数据表命名时，使用表前缀是一个好习惯。但是在 PHP 程序开发时，由于需要编写大量的 SQL 语句，在修改表前缀时，会带来麻烦。因此，可以通过模型类来实现自动添加表前缀。接下来在基础模型类 framework\library\Model.class.php 中编写 query()函数实现这个功能，具体如下。

```
public function query($sql, $data=[]){
    //SQL 语句模板语法替换（用于自动添加表前缀）
    $prefix = C('DB_PREFIX');
    $sql = preg_replace_callback('/__([A-Z0-9_-]+)__/sU',
    function($match) use($prefix){
        return '`'.$prefix.strtolower($match[1]).'`';
    }, $sql);
    //调用父类（MySQLPDO）执行 SQL
    return parent::query($sql, $data);
}
```

上述代码实现了为 SQL 语句自动添加表前缀。在 query()方法中进行 SQL 语句模板语法替换时，使用了基于回调函数的正则表达式替换函数，表示将正则表达式“/__([A-Z0-9_-]+)__/sU”的匹配结果按照回调函数的返回值进行替换，该正则表达式用于匹配以“__”开始和结束，中间只有一个或多个位于“A～Z、0～9、下划线”范围内的内容。

下面通过代码演示如何实现自动替换表名，具体如下。

```
//模型用法：
$Model = new Model();
$Model->query('SELECT * FROM __CATEGORY__');
//生成 SQL 语句如下：
//SELECT * FROM `bxg_category`;
```

从上述代码可以看出，在开发项目时，表前缀会在模型的 query()方法中自动添加，无需手动编写。经过这样的处理后，当项目需要修改前缀时，只需要在配置文件中修改一次即可，无需改动其他代码。

2. 自动化查询

在实际开发中，对于 SELECT 查询语句的使用非常频繁，因此可以将查询功能进行封装，实现自动生成查询 SQL 语句。在生成 SQL 之前，需要先获知具体操作的表名，因此可以通过模型类的构造方法来传递表名。接下来修改模型类，实现表名的接收，具体代码如下。

```
<?php
class Model extends MySQLPDO{
    protected $table = '';  //保存本模型操作的数据表名
    //通过构造方法接收表名
    public function __construct($table=false){
        parent::__construct();
        $this->table = $table ? C('DB_PREFIX').$table : '';
    }
    //其他方法……
}
```

在获取表名后，接下来在模型类中编写用于查询数据的方法，具体代码如下。

```
//查找数据
public function select($fields, $data, $mode='fetchAll'){
    $fields = str_replace(',', '`,`', $fields);
    $where = implode(' AND ', self::_fieldsMap(array_keys($data)));
    return $this->$mode("SELECT `$fields` FROM `$this->table` WHERE $where", $data);
}
//根据条件检查记录是否存在
public function exists($data){
    $fields = implode(' AND ', self::_fieldsMap(self::_getFields($data)));
    return (bool)$this->fetchColumn("SELECT 1 FROM `$this->table` WHERE $fields", $data);
}
//将字段数组转换为 SQL 形式
private static function _fieldsMap($fields){
    return array_map(function($v){ return "`$v`=:$v"; }, $fields);
}
```

在上述代码中，select()方法用于根据$data 传递的查询条件，查询$fields 字段，以$mode 方法进行结果集处理；exists()方法用于根据$data 查询条件，判断查询记录是否存在。

下面通过代码演示如何使用 select()和 exists()方法，具体如下。

```
//模型用法：
$Category = new Model('category');
$Category->select('name,pid', ['id'=>1], 'fetchRow');
$Category->exists(['id'=>1]);
//生成 SQL 语句如下：
//SELECT `name`,`pid` FROM `bxg_category` WHERE `id`=1;
//SELECT 1 FROM `bxg_category` WHERE `id`=1;
```

从上述代码可以看出，通过强化后的模型类可以快捷地进行数据查询。

3. 自动化数据操作

在项目中，对于数据的添加、修改和删除也是经常会用到的操作。因此接下来在模型类中实现自动化数据库操作的方法，具体如下。

```
//添加数据（支持批量添加）成功返回最后插入的 ID，失败返回 false
public function add($data){
    $fields = self::_getFields($data); //获取所有字段
    $sql = "INSERT INTO `$this->table` (`".implode('`,`', $fields).'`)
    VALUES (:'.implode(',:', $fields).')';
    return $this->query($sql, $data) ? $this->lastInsertId() : false;
}
//修改数据（支持批量修改）
public function save($data, $where='id'){
    //获取所有 WHERE 字段
    $where = explode(',', $where);
    //获取所有操作字段
    $fields = array_diff(self::_getFields($data), $where);
    $fields = implode(',', self::_fieldsMap($fields));
    $where = implode(' AND ', self::_fieldsMap($where));
    return $this->exec("UPDATE `$this->table` SET $fields WHERE $where", $data);
}
//修改单个字段
public function change($field, $old, $new){
    return $this->exec("UPDATE `$this->table` SET `$field`=:new
    WHERE `$field`=:old", ['new'=>$new, 'old'=>$old]);
}
//删除记录（支持批量删除）
public function delete($data){
    $fields = implode(' AND ', self::_fieldsMap(self::_getFields($data)));
    return $this->exec("DELETE FROM `$this->table` WHERE $fields", $data);
}
//自动从一维或二维数组中获取字段
private static function _getFields($data){
    $row = current($data);
    return array_keys(is_array($row) ? $row : $data);
}
```

上述代码实现封装了数据库的添加、修改和删除操作，其中 add()、save()、delete()方法支持批量操作。在实现批量操作时，为参数$data 传递二维数组即可。save()方法的第 2 个参数表示 WHERE 中的字段，当指定后，$data 数组中的相应元素将作为 WHERE 中的字段。change()方法用于修改单个字段，参数$field 表示待修改的字段，$old 表示该字段修改前的值，$new 表示修改后的值。

下面通过代码演示自动化数据操作方法的使用，具体如下。

```
//实例化模型
$Category = new Model('category');
//自动插入一条栏目数据
```

```
$Category->add(['name'=>'Java', 'pid'=>0]);
//自动插入多条栏目数据
$Category->add([
    ['name'=>'Android', 'pid'=>0],
    ['name'=>'MySQL', 'pid'=>0]
]);
//自动修改 id 为 1 的栏目的名称
$Category->save(['id'=>1, 'name'=>'HTML'], 'id');
//将 sort 字段所有值为 2 的记录改为 0
$Category->change('sort', 2, 0);
//删除 id 为 2 的栏目
$Category->delete(['id'=>2]);
```

4. 自动实例化模型

在控制器中实例化模型时，当多个方法用到同一个表的模型时，就会出现重复的实例化操作。为了解决这个问题，可以编写函数来将实例化的模型通过静态变量进行保存，同时还可以判断自定义的模型类是否存在。接下来在 framework\function.php 函数库中编写函数，实现模型的实例化，具体代码如下。

```
//实例化特定表的模型
function D($name){
    static $Model = [];
    $name = strtolower($name);
    if(!isset($Model[$name])){
        $class_name = ucwords($name).'Model';
        $Model[$name] = is_file(MODEL_PATH."$class_name.class.php") ?
        new $class_name($name) : new Model($name);
    }
    return $Model[$name];
}
//实例化空模型
function M(){
    static $Model = null;
    $Model || $Model = new Model();
    return $Model;
}
```

上述代码定义了两种实例化模型的函数，其中 D()函数用于实例化特定表的模型，M()函数用于实例化基础模型。在调用函数时，可以传递数据表的名称作为参数，从而让模型类获知待操作的表名称。

在完成模型实例化的函数后，下面通过示例代码进行演示，具体如下。

```
//先实例化后调用
$Category = D('category');
$Category->select('name', ['id'=>1]);
```

```
//实例化后直接调用
D('category')->select('name', ['id'=>1]);
//实例化基础模型
M()->query('SELECT * FROM __CATEGORY__');
```

从上述代码可以看出，D()函数和 M()函数简化了模型实例化的代码，并且当函数多次调用时，同一个表的模型只需要实例化一次。

模块六　后台功能实现

在完成 MVC 模式的基础框架搭建后，下面利用此框架来完成博学谷云课堂的后台开发。后台的主要功能包括管理员登录、栏目管理、课程管理、视频配置和习题配置。无论是对栏目、课程、视频还是习题的管理，本质上都是对数据的增、删、改、查操作，其开发思路都是相同的。

通过本模块的学习，读者将达到如下目标。

- 掌握项目后台的业务逻辑关系，熟悉 MVC 框架的常用操作
- 熟悉面向对象网站开发思想，学会根据需求扩展 MVC 框架的功能
- 掌握项目主要功能的开发思路，能够灵活运用多维数组、SQL 语句

任务一　管理员登录

1. 显示登录页面

管理员登录是后台的第 1 个功能，也是后台的入口。在项目的后台控制器目录中创建后台管理员控制器文件 app\admin\controller\LoginController.class.php，编写代码如下。

```
<?php
class LoginController extends Controller{
    //用户登录
    public function indexAction(){
        $this->display();
    }
}
```

接下来实现管理员登录页面的模板文件。创建文件 app\admin\view\login\index.html，编写代码如下。

```
1  <div class="tips"><?=$this->_tips?></div>
2  <form method="post" action="/?p=admin&c=login">
3      用户名：<input type="text" name="name">
4      密　码：<input type="password" name="password">
5      验证码：<input type="text" name="captcha">
6      <img src="/?p=admin&c=login&a=captcha">
7      <input type="submit" value="登录">
8  </form>
```

在上述代码中，第 1 行的“<?=$this->_tips?>”用于输出提示信息，如果没有提示信息则

输出空字符串；第 2 ~ 8 行代码是一个用户登录的表单，表单将提交给 admin 平台、login 控制器、index 方法；第 6 行中的<img>用于输出验证码图片，请求的地址是 login 控制器中的 captcha 方法，下一步将实现这个方法。

2. 验证码和 Session 管理

验证码的生成和显示，在项目二中已经讲过。此处将项目二中的验证码函数改造为验证码类，将普通函数转换为静态方法，然后保存为 framework\library\Captcha.class.php 文件。在为框架添加了验证码类以后，在 login 控制器中编写 captchaAction( )方法实现验证码的生成，具体代码如下。

```
1  //生成验证码
2  public function captchaAction(){
3      //生成验证码
4      $code = Captcha::create();
5      //输出验证码
6      Captcha::show($code);
7      //将验证码保存到 Session 中
8      session('captcha', $code, 'save');
9  }
```

在上述代码中，第 8 行代码用于将验证码保存到 Session 中，这里用到了 session()函数。session()函数用于统一管理项目中 Session 的读、写操作，可以自动添加 Session 前缀。下面在 framework\function.php 中编写该函数，具体代码如下。

```
1  function session($name, $value='', $type='get'){
2      $prefix = C('SESSION_PREFIX');
3      isset($_SESSION[$prefix]) || $_SESSION[$prefix] = [];
4      switch($type){
5          case 'get':      //读取（默认）
6          return isset($_SESSION[$prefix][$name]) ? $_SESSION[$prefix][$name] : '';
7          case 'isset':    //判断是否存在
8              return isset($_SESSION[$prefix][$name]);
9          case 'save':     //修改
10             $_SESSION[$prefix][$name] = $value;
11         break;
12         case 'unset':    //删除
13             unset($_SESSION[$prefix][$name]);
14         break;
15     }
16 }
```

在上述代码中，第 2 行代码的 C()函数用于在配置文件中读取 Session 前缀。第 4 ~ 15 行代码用于根据参数$type 进行不同的操作。

接下来在配置文件 common\config.php 中添加关于 Session 的配置，新增代码如下。

```
1  <?php
2  return [
3      //……
4      //Session 相关的配置
5      'PHPSESSID_HTTPONLY' => true,    //保存在 Cookie 中的 PHPSESSID 是否使用 HttpOnly
6      'SESSION_PREFIX' => 'bxg',       //Session 前缀
7  ];
```

在上述配置中，第 5 行代码用于配置是否在项目中开启 HttpOnly，第 6 行代码用于配置 Session 前缀。在添加配置项以后，还需要实现具体的功能。接下来修改 framework\Framework.class.php 框架中的_extend()扩展功能方法，具体代码如下。

```
1  private static function _extend(){
2      //设置 HttpOnly
3      C('PHPSESSID_HTTPONLY') && ini_set('session.cookie_httponly', 1);
4      //启动 session
5      isset($_SESSION) || session_start();
6      //生成 CSRF 令牌
7      define('TOKEN', token_get());
8      //检测 POST 提交
9      define('IS_POST', $_SERVER['REQUEST_METHOD']=='POST');
10 }
```

在上述代码中，第 5 行代码调用了 function.php 中定义的 token_get()函数生成 CSRF 令牌，后面就可以通过访问常量“TOKEN”来获取令牌。关于 CSRF 令牌的作用在项目二的开发中已经讲过，这里就不再赘述。

在生成令牌后，还需要验证令牌，下面在 framework\library\Controller.class.php 基础控制器的构造方法中实现自动验证令牌，具体代码如下。

```
public function __construct(){
    //自动进行令牌验证
    if((IS_POST || isset($_GET['exec'])) && !token_check()){
        E('操作失败：令牌错误，清除 Cookie 后重试。');
    }
}
```

从上述代码可以看出，当程序接收到 POST 表单，或者 GET 传递了“exec”参数时，就会自动进行令牌验证。如果验证失败，则调用 E()函数停止脚本执行。

在完成了令牌之后，接下来需要修改登录表单，在表单提交的 URL 地址中添加 token 参数，具体代码如下。

```
<form method="post" action="/?p=admin&c=login&token=<?=TOKEN?>">
    <!-- 表单内容 -->
</form>
```

经过上述修改以后，项目就可以自动完成 CSRF 令牌验证。另外，为了避免项目中频繁的令牌验证影响代码演示，后面的开发步骤中并没有加上令牌验证功能。同时为了确保项目

的严谨性，在本书的配套源代码中已经全部加上了令牌验证。

3. 接收登录表单

在完成后台管理员登录的表单后，接下来继续编写 admin\controller\LoginController.class.php 代码，在 indexAction()方法中实现登录表单的接收，具体代码如下。

```
1   public function indexAction(){
2       if(IS_POST){
3           //接收变量
4           $name = I('name', 'post', 'html');
5           $password = I('password', 'post', 'string');
6           $captcha = I('captcha', 'post', 'string');
7           //判断验证码
8           if(!$this->_checkCaptcha($captcha)){
9               $this->tips(false, '验证码输入有误');
10              $this->display(); //显示信息并退出
11          }
12          try{ //实现用户登录
13              $userinfo = D('admin')->login($name, $password);
14          }catch(Exception $e){
15              $this->tips(false, $e->getMessage());
16              $this->display(); //显示信息并退出
17          }
18          //登录成功，保存到 Session
19          session('admin', $userinfo, 'save');
20          $this->redirect('/?p=admin');  //跳转
21      }
22      $this->display();
23  }
24  //检查验证码
25  private function _checkCaptcha($code){
26      $captcha = session('captcha');
27      if(!empty($captcha)){
28           session('captcha', '', 'unset');  //清除验证码，防止重复验证
29           return strtoupper($captcha) == strtoupper($code); //不区分大小写
30      }
31      return false;
32  }
```

从上述代码可以看出，第 8 行代码调用了本控制器中的私有方法_checkCaptcha()用于验证验证码，第 13 行代码调用了 admin 模型中的 login()方法实现用户登录。如果登录失败，login()方法会抛出异常，程序显示提示信息并退出；如果登录成功，将登录信息保存到 Session 中，然后跳转到后台首页。

4. 实现管理员登录

在后台中编写 Admin 模型，实现 login()方法用于用户登录。创建 app\admin\model\

AdminModel.class.php 文件，具体代码如下。

```
<?php
class AdminModel extends Model{
    public function login($name, $password){
        //根据用户名查询数据
        $result = $this->select('id,name,password,salt', ['name'=>$name]);
        if(!$result){
            throw new Exception('登录失败，用户名或密码错误');
        }
        //根据用户名判断密码
        elseif($result['password'] !== password($password, $result['salt'])){
            throw new Exception('登录失败，用户名或密码错误');
        }
        //返回用户名和 ID
        return ['name'=>$result['name'], 'id'=>$result['id']];
    }
}
```

上述代码根据参数$name 和$password 到数据库中查询用户信息，如果用户名和密码正确，则返回用户信息数组，数组中包括用户名和 ID；如果用户名或密码错误，则抛出异常。

接下来，在数据库中添加管理员信息，具体 SQL 语句如下。

```
INSERT INTO `bxg_admin` VALUES
(1, 'admin', MD5(CONCAT(MD5('123456'), 'itCAst')), 'itCAst');
```

从上述代码可以看出，添加的管理员用户名为“admin”，密码为“123456”，并且在存储密码时已经进行了 MD5 运算，防止因明文存储带来安全隐患。

通过浏览器访问用户登录页面，程序的运行结果如图 3-30 所示。

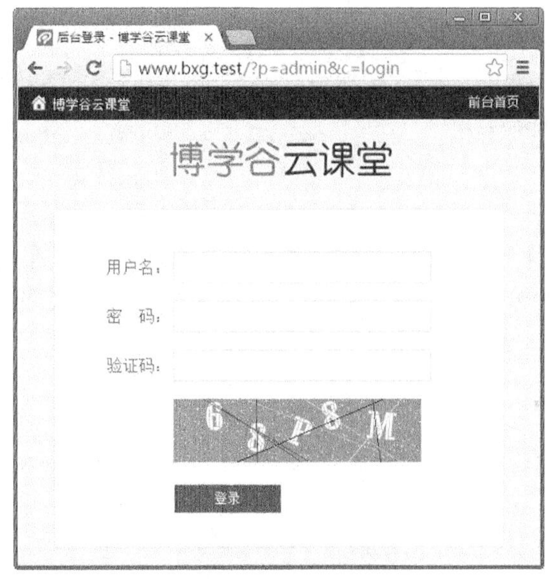

图 3-30 管理员登录页面

5. 判断登录状态

网站后台只有管理员可以访问，那么后台的每个功能都需要检查管理员是否已经登录。为此，接下来在后台中创建一个公共控制器 app\admin\controller\CommonController.class.php，通过构造方法来自动检查管理员登录信息，具体代码如下。

```
<?php
//后台公共控制器
class CommonController extends Controller{
    public function __construct(){
        parent::__construct();      //先调用父类构造方法（否则父类构造方法不执行）
        $this->_checkLogin();       //检查管理员是否登录
    }
    private function _checkLogin(){
        //判断 session 中是否有管理员信息
        if(session('admin', '', 'isset')){
            $this->user = session('admin');
        }else{
            $this->redirect('/?p=admin&c=login');
        }
    }
}
```

在上述代码中，私有方法_checkLogin()用于检查管理员是否登录，如果登录则从 Session 取出用户信息赋值给成员属性$user，否则跳转到登录页面并停止程序继续执行。

6. 显示后台首页

本项目的后台页面模板也是“品”字形的页面布局。接下来编写后台首页控制器文件 app\admin\controller\IndexController.class.php，具体代码如下。

```
1  <?php
2  class IndexController extends CommonController{
3      public function indexAction(){
4          $this->display();
5      }
6  }
```

从上述代码可以看出，后台首页控制器必须在管理员登录后才能访问，因此继承了 CommonController 后台公共控制器。第 4 行代码调用了视图文件 app\admin\view\index\index.html，编写该文件，具体代码如下。

```
<!-- 顶部链接 -->
<a href="#">您好，<?=$user['name']?></a>
<a href="/" target="_blank">前台首页</a>
<a href="/?p=admin&c=login&a=logout">退出</a>
<!-- 左侧菜单 -->
<a target="panel" href="/?p=admin&c=index&a=home">主页</a>
```

```
7   <a target="panel" href="/?p=admin&c=course&a=edit">发布课程</a>
8   <a target="panel" href="/?p=admin&c=course">课程管理</a>
9   <a target="panel" href="/?p=admin&c=category">栏目管理</a>
10  <a target="panel" href="/?p=admin&c=comment">评论管理</a>
11  <a target="panel" href="/?p=admin&c=user">用户管理</a>
12  <!-- 内容区域 -->
13  <iframe src="/?p=admin&c=index&a=home" name="panel"></iframe>
```

从上述代码可以看出，后台的主要功能有：主页、发布课程、课程管理、栏目管理、评论管理和用户管理。第 2 行代码显示了当前登录的用户名，第 4 行代码用于实现用户退出。其中，评论管理功能和用户管理功能因篇幅有限在本书中不进行讲解，相信读者在掌握课程和栏目管理功能以后，可以独立完成这两个功能的开发。在本书的配套源代码中已经实现了所有功能。

后台主页访问的是 index 控制器中的 homeAction()方法，主要用于显示欢迎信息和服务器基本信息，这部分代码的实现较为简单。读者可以参考本书配套源码了解这部分内容，这里就不再进行详细讲解。

在浏览器中访问后台首页，程序的运行结果如图 3-31 所示。

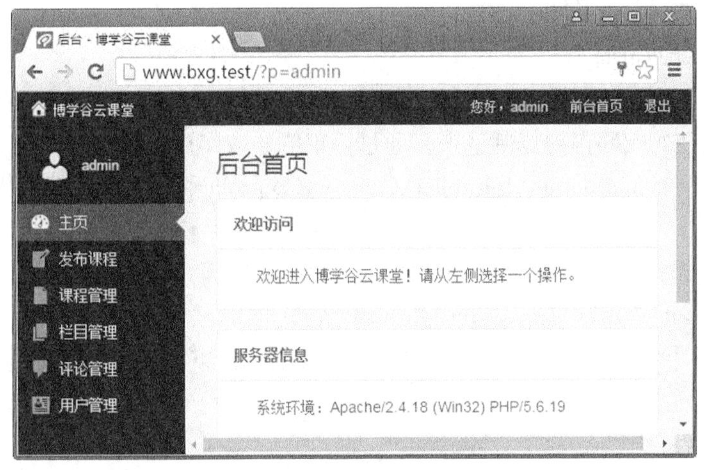

图 3-31　后台首页

7. 实现管理员退出

在实现登录员登录功能后，继续开发管理员退出功能。在 login 控制器中编写 logoutAction()方法，将 Session 中的 admin 信息删除即可，具体代码如下。

```
1  //退出登录
2  public function logoutAction(){
3      session('admin', '', 'unset');
4      $this->redirect('/?p=admin&c=login&tips=logout');
5  }
```

在上述代码中，第 4 行代码在完成退出后，跳转到了后台用户登录页面，并传递了参数“tips=logout”，表示退出成功。

在 login 控制器 indexAction()方法中判断是否收到该参数，收到时输出提示信息，具体代码如下。

```
if('logout'==I('tips', 'get', 'string')){
    $this->tips(true, '您已经成功退出。');
}
```

在浏览器中测试管理员退出功能，成功退出后的运行结果如图 3-32 所示。

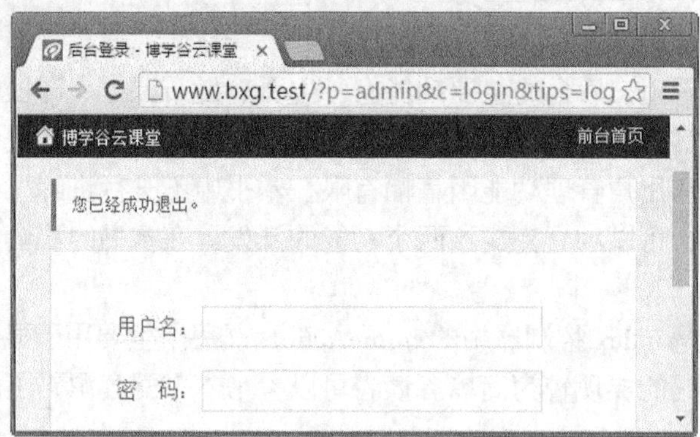

图 3-32　管理员退出

任务二　栏目管理

1. 显示栏目管理页面

在本项目中，栏目管理功能和项目二类似，也是实现二级栏目的管理。在开发时可以将项目二中栏目管理的代码直接复制过来，通过简单的修改即可在框架中使用。

创建栏目控制器 app\admin\controller\CategoryController.class.php，编写代码如下。

```
<?php
//后台栏日控制器
class CategoryController extends CommonController{
    public function indexAction(){
        if(IS_POST){
            $this->_saveData();      //修改栏目
            $this->_addData();       //添加栏目
            $this->tips(true, '保存成功。');
        }
        //从数据库取出数据
        $this->data = D('category')->getList('pid');
        $this->display();
    }
}
```

创建栏目模型 app\admin\model\CategoryModel.class.php，实现 getList()方法，具体代码如下。

```
<?php
class CategoryModel extends Model{
    public function getList($mode='all'){
        static $result = [];         //缓存查询结果
```

```
        if(empty($result)){
            $result = ['id'=>[], 'pid'=>[[]]];
            $data = $this->fetchAll('SELECT `id`,`name`,`pid`,`sort` FROM
            __CATEGORY__ ORDER BY `pid` ASC, `sort` ASC');
            foreach($data as $v){
                $result['id'][$v['id']] = $v;                    //基于 ID 索引
                $result['pid'][$v['pid']][$v['id']] = $v;     //基于 PID 索引
            }
        }
        return isset($result[$mode]) ? $result[$mode] : $result;
    }
}
```

在获取到栏目数据后，输出到视图中。因篇幅有限，这里不再演示栏目管理页面的视图代码，读者可以基于项目二的栏目管理页面进行制作，也可以参考本书的配套源代码。

2. 栏目添加与修改

在项目二中，栏目的添加与修改是通过 MySQLi 扩展进行数据库操作的，而在本项目中已经通过模型类封装了 PDO 扩展的常用操作，可以直接调用 save()、add()方法实现数据的修改和添加。在栏目控制器中实现表单的接收和处理，具体代码如下。

```
private function _saveData(){
    $result = [];
    foreach(I('save', 'post', 'array') as $k=>$v){
        $result[] = [
            'name' => I('name', $v, 'html'),
            'sort' => I('sort', $v, 'int'),
            'id' => I(null, null, 'id', $k)
        ];
    }
    empty($result) || D('category')->save($result, 'id');
}
private function _addData(){
    $result = [];
    foreach(I('add', 'post', 'array') as $v){
        $result[] = [
            'pid' => I('pid', $v, 'id'),
            'name' => I('name', $v, 'html'),
            'sort' => I('sort', $v, 'int')
        ];
    }
    empty($result) || D('category')->add($result);
}
```

从上述代码可以看出，通过模型类的 save()、add()方法可以轻松实现数据的修改和添加。

接下来，通过浏览器访问栏目管理功能进行测试，程序的运行结果如图 3-33 所示。

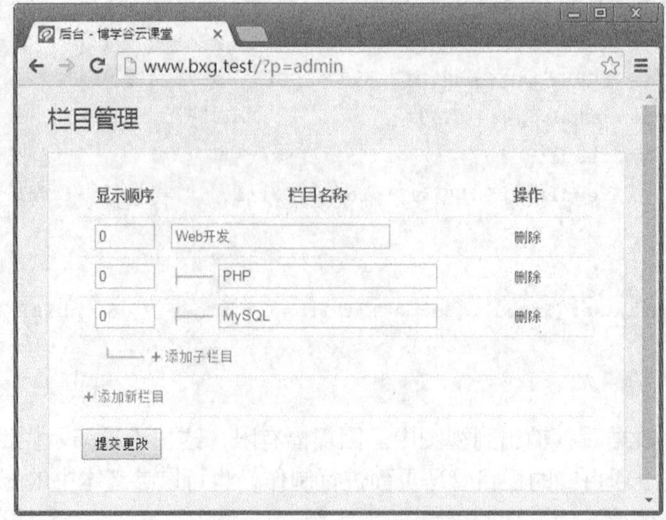

图 3-33　栏目管理

3. 栏目删除

栏目删除是栏目管理的最后一个功能，在实现时通过 GET 参数传递待删除的栏目 ID 即可。在栏目管理的视图页面中，为列表中的“删除”添加超链接，具体代码如下。

```
<a href="/?p=admin&c=category&exec=del&id=<?=$v['id']?>&token=<?=TOKEN?>">删除</a>
```

从上述代码可以看出，在实现删除功能时，传递了 GET 参数“exec”，此时如果项目开启了令牌验证，就会自动验证 GET 参数中的“token”是否正确，从而防止 CSRF 攻击。

接下来，在栏目控制器的 indexAction()方法中判断是否收到删除栏目的请求，如果收到则执行删除操作，具体代码如下。

```
if('del' == I('exec', 'get', 'string')){
    $this->_deleteData();
}
```

上述代码通过调用本控制器中的_deleteData()方法实现删除栏目，该方法的具体代码如下。

```
private function _deleteData(){
    $id = I('id', 'get', 'id');
    if(D('category')->exists(['pid'=>$id])){
        $this->tips(false, '该栏目下有子级栏目，不能删除。');
    }else{
        D('category')->delete(['id'=>$id]);
        D('course')->change('category_id', $id, 0);
        $this->tips(true, '删除成功。');
    }
}
```

从上述代码可以看出，通过模型的 exists()、delete()和 change()方法，可以快速完成数据库操作。

任务三　课程管理

1. 显示课程列表

本项目的课程列表功能和项目二中的文章列表功能类似，都是根据条件查询文章列表，支持筛选、排序、搜索等功能。创建课程控制器文件 app\admin\controller\CourseController.class.php，编写代码如下。

```
<?php
//后台课程控制器
class CourseController extends CommonController{
    public function indexAction(){
        //获取列表参数
        $this->category_id = I('category_id', 'get', 'id'); //栏目 ID
        $this->page = I('page', 'get', 'page');              //页码（限制最小值为 1）
        $this->size = I('size', 'get', 'page', 3);           //每页显示条数（默认 3）
        $this->search = I('search', 'get', 'html');          //搜索关键字
        $this->order = I('order', 'get', 'string');          //排序条件
        $this->order_arr = ['time-desc' =>'时间降序',          //预设排序字段
        'time-asc'=>'时间升序', 'show-desc'=>'发布状态'];
        //获取课程数据
        $this->data = D('course')->getList($this->category_id, $this->order,
        $this->search, $this->page, $this->size);
        //获取栏目数据
        $this->category = D('category')->getList('pid');
        $this->display();
    }
}
```

编写课程模型实现查询课程列表。创建文件 app\admin\model\CourseModel.class.php，编写代码如下。

```
<?php
//后台课程模型
class CourseModel extends Model{
   public function getList($cid, $order, $search, $page, $size){
      //拼接 ORDER 条件
      $order_arr = ['time-asc' => 'a.`id` ASC', 'time-desc' => 'a.`id` DESC',
      'show-desc' => 'a.`show` DESC'];
      $sql_order = ' ORDER BY ';
      $sql_order .= isset($order_arr[$order]) ? $order_arr[$order] : ' `id` DESC ';
      //拼接 WHERE 条件
      $sql_where = ' WHERE 1=1 ';
      $sql_where .= $cid ? ' AND a.`category_id` IN ('.
      D('category')->getSubById($cid).') "' : '';
```

```
        $sql_where .= ' AND a.`title` LIKE :search ';
        $sql_search = '%'.self::escapeLike($search).'%';
        //拼接 LIMIT 条件
        $sql_limit = ' LIMIT '.$this->getLimit($page, $size);
        return [
            //获取记录总数
            'total' => $this->fetchColumn('SELECT COUNT(*) FROM __COURSE__ AS a'.
                $sql_where, ['search'=>$sql_search]),
            //查询列表
             'data' => $this->fetchAll('SELECT a.`id`,a.`category_id`,a.`title`,
                a.`show`,a.`time`,c.`name` AS category_name FROM __COURSE__ AS a
                LEFT JOIN __CATEGORY__ AS c ON a.`category_id`=c.`id`'.
                 "$sql_where $sql_order $sql_limit", ['search'=>$sql_search])
        ];
    }
}
```

上述代码实现了文章列表的分页查询，该方法的返回值是一个数组，数组元素“total”保存了符合条件的总记录数，“data”保存了查询到的文章列表。

接下来在栏目模型中编写 getSubById()方法实现根据栏目 ID 查找子栏目列表，代码如下。

```
public function getSubById($id){
    $data = $this->getList('pid');
    $sub = isset($data[$id]) ? array_keys($data[$id]) : [];
    array_unshift($sub, $id); //将$id 放入数组开头
    return implode(',', $sub);
}
```

上述代码执行后，返回了以逗号分隔的栏目 ID 字符串，其中通过参数传入的栏目 ID 位于字符串的开头，后面跟着的是该栏目的子栏目 ID。

在完成数据的获取后，编写视图页面实现数据的输出。创建文件 app\admin\view\course\index.html，编写代码如下。

```
<!-- 列表功能区 -->
<!-- 栏目筛选 -->
<select name="category_id">
    <option value="0">所有栏目</option>
    <!-- 顶级栏目 -->
    <?php foreach($category[0] as $v): ?>
    <option value="<?=$v['id']?>" <?=($v['id']==$category_id)?'selected':''?> >
    <?=$v['name']?></option>
    <!-- 子栏目 -->
    <?php if(isset($category[$v['id']])): foreach($category[$v['id']] as $vv): ?>
        <option value="<?=$vv['id']?>" <?=($vv['id']==$category_id)?
        'selected':''?> >— <?=$vv['name']?></option>
    <?php endforeach; endif; ?>
```

```
14        <?php endforeach; ?>
15    </select><input type="button" value="筛选">
16    <!-- 排序 -->
17    <select name="order">
18        <?php foreach($order_arr as $k=>$v): ?>
19        <option value="<?=$k?>" <?=($k==$order)?'selected':''?> ><?=$v?></option>
20        <?php endforeach; ?>
21    </select><input type="button" value="排序">
22    <!-- 搜索 -->
23    <input type="text" name="search" value="<?=$search?>" placeholder="输入关键字">
24    <input type="button" value="搜索文章">
25    <!-- 信息提示 -->
26    <div class="tips"><?=$this->_tips?></div>
27    <!-- 课程列表 -->
28    <?php if($course['data']): ?>
29    <?php foreach($course['data'] as $v): ?>
30        状态：<?=($v['show']=='yes') ? '已发布' : '未发布'?>
31        课程标题：<?=$v['title']?>
32        所属栏目：<?=$v['category_name'] ? $v['category_name'] : '无'?>
33        创建时间：<?=$v['time']?>
34        操作：<a href="/?p=admin&c=course&a=edit&id=<?=$v['id']?>">编辑</a>
35             <a href="#">删除</a>
36    <?php endforeach; ?>
37    <?=Page::html($course['total'], $page, $size, 8)?>
38    <?php endif; ?>
```

在上述代码中，第 2～24 行实现的是列表的功能区，用于实现筛选、排序、搜索等操作；第 26 行代码用于输出信息提示；第 28～38 行代码用于输出文章列表和分页导航。在输出分页导航时使用了 Page 类，读者可在本书配套源代码中的 framework\library 目录中查看该类的具体内容。

接下来通过浏览器测试课程列表功能，由于课程添加功能还没有开发，此时可以先在数据库中通过 SQL 语句手动添加测试数据。程序的运行结果如图 3-34 所示。

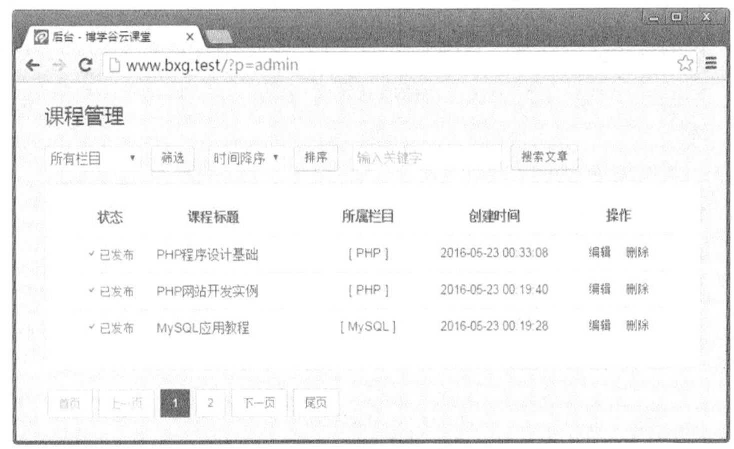

图 3-34　课程列表

2. 课程添加与修改

本项目的课程添加与修改功能，与项目二的文章添加与修改功能类似。只要掌握了项目二中对于文章相关操作，就可以在这里实现课程的相关操作。在课程控制器中创建 editAction()方法，具体代码如下。

```
public function editAction(){
    $this->id = I('id', 'get', 'id');
    $Course = D('course');
    if(IS_POST){
        $data = [
            'title' => I('title','post','html'),                    //标题
            'category_id' => I('category_id','post','id'),          //栏目 ID
            'price' => I('price','post','float'),                   //价格
            'show' => I('save','post','bool') ? 'no' : 'yes',       //是否发布
            'content' => I('content','post','string')               //内容
        ];
        //富文本过滤
        $data['content'] = HTMLPurifier($data['content']);
        //查出原来的封面图
        $data['thumb'] = $Course->select('thumb', ['id'=>$this->id], 'fetchColumn');
        try{    //处理上传封面
            $data['thumb'] = $this->_uploadThumb($data['thumb']);
        }catch(Exception $e){
            $this->tips(false, $e->getMessage());
            $this->data = $data; //赋值到模板
            $this->display();
        }
        if($this->id){
            //修改数据
            $data['id'] = $this->id;
            $Course->save($data);
            $this->tips(true, '修改成功。<a href="/?p=admin&c=course">返回列表</a>');
            $this->data = $data; //赋值到模板
        }else{
            //添加数据
            $data['time'] = date('Y-m-d H:i:s');
            $add_id = $Course->add($data);
            $this->tips(true, '添加成功。<a href="/?p=admin&c=course&a=edit&id='.
            $add_id.'">立即修改</a><a href="/?p=admin&c=course">返回列表</a>');
        }
    }
    $this->data = $Course->getById($this->id);
```

```
38     $this->category = D('category')->getList('pid');
39     $this->display();
40 }
```

在上述代码中，第 13 行通过调用 HTMLPurifier()对来自表单的 content 字段进行了富文本过滤，该函数是在 function.php 中定义的函数，函数内通过调用开源类库 HTMLPurifier 实现了富文本过滤。读者也可以访问 HTMLPurifier 的官方网站 http://htmlpurifier.org 下载类库。HTMLPurifier()函数的具体代码如下。

```
//富文本过滤
function HTMLPurifier($html){
    static $Purifier = null;
    if(!$Purifier){
        require LIBRARY_PATH.'htmlpurifier'.DS.'HTMLPurifier.standalone.php';
        $Purifier = new HTMLPurifier();
    }
    return $Purifier->purify($html);
}
```

上述代码实现了从 framework\library 目录中载入 HTMLPurifier 类，然后实例化该类，调用 purify()方法实现富文本过滤。

在课程控制器的 editAction()方法中，对于上传的封面图是通过本控制器中的“_upload-Thumb()”方法进行处理的，该方法还会调用图像处理类生成图片的缩略图。这部分代码的具体实现和项目二中对于文章封面的处理基本一致，读者可参考本书的配套源代码，这里就不再重复讲解。

接下来编写课程编辑页面的视图文件 app\admin\view\course\edit.html，该视图可以同时用于课程添加和课程修改，具体代码如下。

```
<!-- 功能切换导航 -->
<?php require COMMON_VIEW.'course_edit_tab.html'; ?>
<!-- 提示信息 -->
<div class="tips"><?=$this->_tips?></div>
<!-- 课程编辑表单 -->
<form method="post" action="/?p=admin&c=course&a=edit&id=<?=$id?>"
enctype="multipart/form-data">
    标题：<input type="text" name="title" value="<?=$data['title']?>">
    栏目：<!-- 输出栏目下拉菜单 -->
    价格：<input type="text" name="price" value="<?=$data['price']?>">
    封面图片：<input type="file" name="thumb">（超过 280*156 图片将被缩小）
    <?php if($data['thumb']): ?>
        <img src="/public/upload/<?=$data['thumb']?>" alt="封面图">
    <?php endif;?>
    课程介绍：<textarea name="content"><?=$data['content']?></textarea>
    <input type="submit" value="立即发布">
```

```
17      <input type="submit" value="保存草稿" name="save">
18  </form>
```

在上述代码中，第 2 行代码载入了公共视图目录中的 course_edit_tab.html 文件，该文件是一个功能切换的链接导航，用于在课程编辑、配置视频、配置习题 3 个功能之间快捷切换。

创建文件 app\admin\view\course\edit.html 编写功能切换链接导航，代码如下。

```
<div class="tab">
    <a href="/?p=admin&c=course&a=edit&id=<?=$id?>"
    class="<?=('course'==CONTROLLER) ? 'curr' : ''?>">课程信息</a>
    <a href="/?p=admin&c=video&a=edit&id=<?=$id?>"
    class="<?=('video'==CONTROLLER) ? 'curr' : ''?>">配置视频</a>
    <a href="/?p=admin&c=question&a=edit&id=<?=$id?>"
    class="<?=('question'==CONTROLLER) ? 'curr' : ''?>">配置习题</a>
</div>
```

在完成上述导航后，该文件可以在课程信息编辑、视频配置、习题配置 3 个视图页面中载入。

接下来通过浏览器访问课程编辑页面，运行结果如图 3-35 所示。

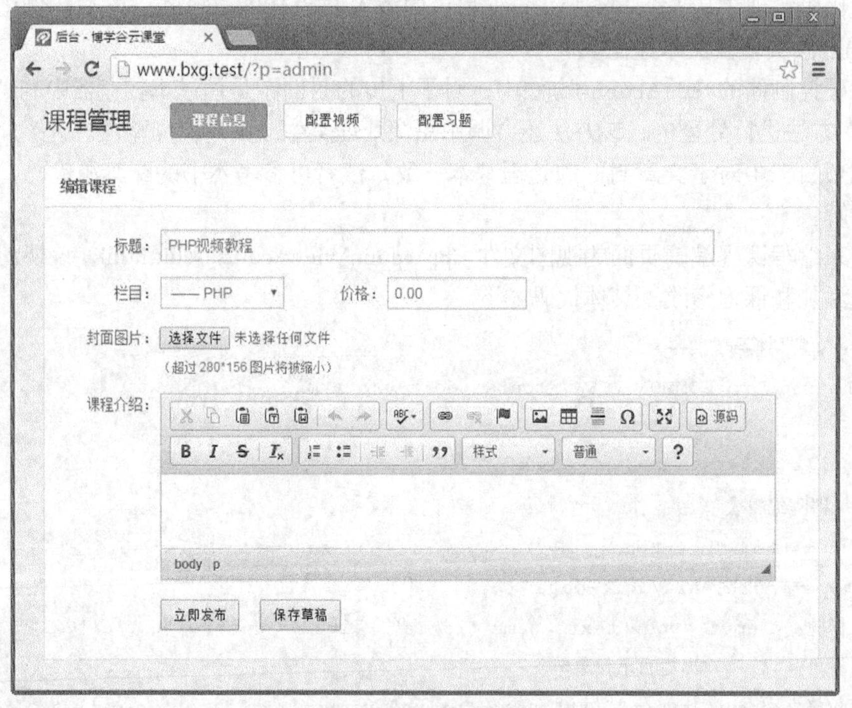

图 3-35　课程编辑

3. 课程删除

在完成课程列表、课程添加、课程修改功能后，接下来开发课程删除功能。修改课程列表视图页面，在每个课程的一行中添加删除超链接，通过单击超链接实现删除操作，具体代码如下。

```
<a href="/?p=admin&c=course&exec=del&id=<?=$v['id']?>&token=<?=TOKEN">删除</a>
```

然后在课程控制器 indexAction()方法中接收 GET 参数 exec，调用控制器中的_deleteData()方法实现删除，代码如下。

```
//课程列表
public function indexAction(){
    //执行删除操作
    if('del' == I('exec', 'get', 'string')){
        $this->_deleteData();
    }
    //……
}
//删除课程
private function _deleteData(){
    $id = I('id', 'get', 'id');
    //先删除封面图
    $thumb = D('course')->select('thumb', ['id'=>$id], 'fetchColumn');
    del_file("./public/upload/$thumb");
    //删除课程
    D('course')->delete(['id'=>$id]);
    $this->tips(true, '删除成功。');
}
```

上述代码实现了根据 GET 参数 ID 执行课程删除操作，在删除前先取出课程原来的封面图，先删除图片文件再删除数据库中的记录。

需要注意的是，与课程相关的表还有视频表、习题表、评论表及订单表。如果课程删除，那么这些关联表中的记录就没有存在的必要。因此，可以在删除课程表的同时删除关联表中的相关记录。

在 MySQL 中，通过外键约束可以实现关联表记录的自动删除，下面通过 SQL 语句为关联表设置外键约束，具体如下。

```
# 视频表 外键约束
ALTER TABLE `bxg_video` ADD FOREIGN KEY(`course_id`)
REFERENCES `bxg_course`(`id`) ON DELETE CASCADE;
# 习题表 外键约束
ALTER TABLE `bxg_question` ADD FOREIGN KEY(`course_id`)
REFERENCES `bxg_course`(`id`) ON DELETE CASCADE;
# 评论表 外键约束
ALTER TABLE `bxg_comment` ADD FOREIGN KEY(`course_id`)
REFERENCES `bxg_course`(`id`) ON DELETE CASCADE;
# 订单表 外键约束
ALTER TABLE `bxg_order` ADD FOREIGN KEY(`course_id`)
REFERENCES `bxg_course`(`id`) ON DELETE CASCADE;
```

执行上述 SQL 语句后，为相关数据表添加数据，然后删除课程表中的记录，测试关联表中的记录是否会自动删除。

任务四 配置视频

1. 显示视频列表

在编辑课程时，可以为课程配置视频，一个课程可以配置多个视频。编写视频控制器文件 app\admin\controller\VideoController.class.php，查询出课程中原有的视频，显示在配置视频的页面中，并且在页面中可以进行添加、修改、删除等操作，具体代码如下。

```
<?php
class VideoController extends CommonController{
    //配置视频
    public function editAction(){
        if(!$this->id = I('id', 'get', 'id')){
            $this->tips(false, '请先保存课程信息！');
            $this->display();
        }
        $this->data = D('video')->select('id,sort,title,url,trial',
           ['course_id'=>$this->id]);
        $this->display();
    }
}
```

编写视频列表的视图文件 app\admin\view\video\edit.html，将视频列表数组输出到 HTML 表单中，具体代码如下。

```
<!-- 功能切换导航 -->
<?php require COMMON_VIEW.'course_edit_tab.html'; ?>
<!-- 提示信息 -->
<div class="tips"><?=$this->_tips?></div>
<?php if(isset($data)): ?>
<!-- 视频配置表单 -->
<form method="post" action="/?p=admin&c=video&a=edit&id=<?=$id?>">
    <?php foreach($data as $v): ?>
    删除：<input type="checkbox" name="del[]" value="<?=$v['id']?>">
    试看：<input type="checkbox" name="save[<?=$v['id']?>][trial]" value="yes"
         <?=$v['trial']=='yes'?'checked':''?>>
    排序：<input type="text" name="save[<?=$v['id']?>][sort]"
         value="<?=$v['sort']?>">
    视频名称：<input type="text" name="save[<?=$v['id']?>][title]"
            value="<?=$v['title']?>">
    视频地址：<input type="text" name="save[<?=$v['id']?>][url]"
             value="<?=$v['url']?>">
    <?php endforeach; ?>
    <span class="jq-add">添加视频</span>
```

```
20        <input type="submit" value="保存修改">
21    </form>
22    <?php endif; ?>
```

在上述代码中，第 7~21 行是配置视频的表单，其中“删除”是一个复选框，如果勾选删除并提交表单，就说明将此视频删除；“排序”是指该视频的显示顺序，和栏目列表中的排序字段功能一致；“视频名称”是显示在播放列表中的名称；“视频地址”是该视频对应的 URL 地址。

在视频配置的页面中有一个“添加视频”的<span>元素，当单击“添加视频”时可以通过 jQuery 向页面中添加一个新视频的编辑区，具体代码如下。

```
<script>
    var add_id = 0; //新增 ID 计数
    $(".jq-add").click(function(){
        $(this).before('<span class="jq-cancel">删除</span>\
        试看：<input type="checkbox" name="add['+ add_id +'][trial]" value="yes">\
        排序：<input type="text" name="add['+ add_id +'][sort]">\
        视频名称：<input type="text" name="add['+ add_id +'][title]">\
        视频地址：<input type="text" name="add['+ add_id +'][url]">');
        ++add_id;
    });
</script>
```

接下来在浏览器中访问视频配置页面，程序的运行结果如图 3-36 所示。

图 3-36　视频配置

2. 视频添加与修改

当用户在视频配置的页面中提交表单后，就会提交到视频控制器中的 editAction()方法。接下来在该方法中接收表单，实现视频的添加与修改，具体代码如下。

```
if(IS_POST){
    $this->_deleteData($this->id);         //删除视频（在后面步骤中实现）
```

```
    $this->_saveData($this->id);          //修改视频
    $this->_addData($this->id);           //添加视频
    $this->tips(true, '保存完成。');
}
```

从上述代码可以看出，对于视频的添加与修改操作，和栏目的添加及修改操作类似，都是通过调用控制器下的_saveData()和_addData()两个方法分别完成。继续实现这两个方法，具体代码如下。

```
//修改视频
private function _saveData($course_id){
    $result = [];
    foreach(I('save', 'post', 'array') as $k=>$v){
        $result[] = [
            'trial' => I('trial', $v, 'bool') ? 'yes' : 'no',
            'title' => I('title', $v, 'html'),
            'sort' => I('sort', $v, 'int'),
            'url' => I('url', $v, 'html'),
            'id' => I(null, null, 'id', $k),
            'course_id' => $course_id
        ];
    }
    empty($result) || D('video')->save($result, 'id,course_id');
}
//添加视频
private function _addData($course_id){
    $result = [];
    foreach(I('add', 'post', 'array') as $v){
        $result[] = [
            'trial' => I('trial', $v, 'bool') ? 'yes' : 'no',
            'title' => I('title', $v, 'html'),
            'sort' => I('sort', $v, 'int'),
            'url' => I('url', $v, 'html'),
            'course_id' => $course_id
        ];
    }
    empty($result) || D('video')->add($result);
}
```

3. 视频删除

在视频配置的视图页面中，“删除”的复选框的 name 属性值是 del 数组。当勾选删除时，del 数组中就会保存这个需要删除的视频的 ID，代码如下。

```
删除：<input type="checkbox" name="del[]" value="<?=$v['id']?>">
```

因此，在通过视频控制器中的_deleteData()方法实现视频删除时，可以从这个数组中取出需要删除的视频的 ID，然后进行删除操作。考虑到程序的严谨性，对于删除操作应添加一个 WHERE 条件限制删除的必须是当前编辑的课程下的视频，具体代码如下。

```
private function _deleteData($course_id){
    $result = [];
    foreach(I('del', 'post', 'array') as $v){
        $result[] = [
            'id' => I(null, null, 'id', $v),
            'course_id' => $course_id
        ];
    }
    empty($result) || D('video')->delete($result);
}
```

需要注意的是，由于删除操作和添加、修改操作都是同时进行的，如果一个课程需要删除，就不需要进行修改。因此，在视图页面中可以通过 jQuery 实现当勾选视频的“删除”复选框时，将其他用于编辑该视频信息的文本框、复选框禁用，这样在提交表单时就不会提交这些信息，如图 3-37 所示。

图 3-37　视频删除

任务五　配置习题

1. 添加测试数据

在项目一中已经开发过对于判断题、单选题、多选题、填空题的在线考试功能，在开发时直接通过数组保存习题数据。在学习 MySQL 数据库之后，可以通过数据库来保存习题信息。接下来将为习题表中添加测试数据，同时演示如何在数据库中保存各种题型。

创建文件 app\admin\controller\QuestionController.class.php，编写代码如下。

```
<?php
class QuestionController extends CommonController{
    //添加习题数据（本方法仅供测试使用）
    public function addtestAction(){
        $data = [
            //判断题
            ['course_id'=>1, 'type'=>'binary', 'content'=>'1 加 1 等于 2（　）。',
```

```
8                'option'=>'', 'answer'=>'T'],  //T 表示对，F 表示错
9               //单选题
10              ['course_id'=>1, 'type'=>'single', 'content'=>'1 加 1 等于（  ）。',
11               'option'=>serialize(['A'=>'1', 'B'=>'2', 'C'=>'3', 'D'=>'4']),
12               'answer'=>'B'],
13              //多选题
14              ['course_id'=>1, 'type'=>'multiple', 'content'=>'1 加 1 不等于（  ）。',
15               'option'=>serialize(['A'=>'1', 'B'=>'2', 'C'=>'3', 'D'=>'4']),
16               'answer'=>serialize(['A', 'C', 'D'])],
17               //填空题
18               ['course_id'=>1, 'type'=>'fill', 'content'=>'1 加 1 等于____。',
19               'option'=>'', 'answer'=>'2'],
20          ];
21          D('question')->add($data);
22          E('添加完成。');
23      }
24  }
```

在上述代码中，第 11 行代码和第 15、16 行代码调用了 serialize()函数，该函数可以将变量、数组或对象序列化为字符串。由于数组是 PHP 中的数据类型，为了在数据库中保存 PHP 中的数组，可以通过序列化来实现。已经序列化的字符串可以通过 unserialize()函数反序列化为原来的数据类型，后面将会用到这个函数。

接下来在浏览器中访问 http://www.bxg.test/?p=admin&c=question&a=addtest，在页面打开并输出“添加完成”后，到数据库中查询习题表，查询结果如图 3-38 所示。

```
命令提示符 - mysql
*************************** 7. row ***************************
       id: 7
course_id: 1
     type: single
  content: 1加1等于（ ）。
   option: a:4:{s:1:"A";s:1:"1";s:1:"B";s:1:"2";s:1:"C";s:1:"3";
s:1:"D";s:1:"4";}
   answer: B
*************************** 8. row ***************************
       id: 8
course_id: 1
     type: multiple
  content: 1加1不等于（ ）。
   option: a:4:{s:1:"A";s:1:"1";s:1:"B";s:1:"2";s:1:"C";s:1:"3";
s:1:"D";s:1:"4";}
   answer: a:3:{i:0;s:1:"A";i:1;s:1:"C";i:2;s:1:"D";}
*************************** 9. row ***************************
       id: 9
```

图 3-38　查看数据库保存的习题

2. 显示习题列表

接下来开发配置习题的页面，在页面中显示习题列表，同时可以进行习题的添加、删除、修改等操作。在习题控制器中编写 editAction()方法，具体代码如下。

```
public function editAction(){
    $this->id = I('id', 'get', 'id');
    if(!$this->id){
```

```
4           $this->tips(false, '请先保存课程信息！');
5           $this->display();
6       }
7       $this->data = D('question')->getbyCourseId($this->id);
8       $this->display();
9   }
```

在上述代码中，第 7 行代码调用了习题模型中的 getbyCourseId 方法获取习题列表信息，接下来编写习题模型并实现该方法。创建文件 app\admin\model\QuestionModel.class.php，编写代码如下。

```
<?php
class QuestionModel extends Model{
    public function getbyCourseId($course_id){
        $data = $this->select('id,type,content,option,answer',
        ['course_id'=>$course_id]);
        $result = ['binary'=>[], 'single'=>[], 'multiple'=>[], 'fill'=>[]];
        foreach($data as $k=>$v){
            switch($v['type']){
                case 'single':
                    $v['option'] = unserialize($v['option']);
                break;
                case 'multiple':
                    $v['answer'] = unserialize($v['answer']);
                    $v['option'] = unserialize($v['option']);
                break;
            }
            $result[$v['type']][$v['id']] = $v;
        }
        return $result;
    }
}
```

在上述代码中，$result 数组是按照题型分开保存的习题数组。对于单选题和多选题，使用了 unserialize()函数将数据库中保存的字符串反序列化为数组。

接下来编写视图页面实现 4 种题型习题的输出。这部分代码和项目一中输出试题的代码类似，如果已经掌握了项目一中的试题输出功能的开发，在这里就可以按照同样的思路实现。因篇幅有限，这里仅演示判断题的输出。创建习题配置页面的视图文件 app\admin\view\question\edit.html，编写代码如下。

```
<!-- 判断题 -->
<div class="q-wrap-binary">
    <!-- 输出已有的题目 -->
    <?php foreach($data['binary'] as $k=>$v): ?>
```

```
5           <input type="checkbox" name="del[]" value="<?=$k?>">删除
6           <textarea name="save[<?=$k?>][content]"><?=$v['content']?></textarea>
7           <input type="radio" name="save[<?=$k?>][answer]" value="T"
8           <?=$v['answer']=='T'?'checked':''?>> 对
9           <input type="radio" name="save[<?=$k?>][answer]" value="F"
10          <?=$v['answer']=='F'?'checked':''?>> 错
11          <input type="hidden" name="save[<?=$k?>][type]" value="binary">
12      <?php endforeach; ?>
13  </div>
14  <span class="jq-add" data-type="binary"添加判断题</span>
15  <!-- 新增习题的模板 -->
16  <div class="q-hide">
17      <!-- 判断题 -->
18      <div class="q-type-binary">
19          <a href="#" class="q-cancel">取消</a>
20          <textarea name="add[_ID_][content]" placeholder="输入题干"></textarea>
21          <input type="radio" name="add[_ID_][answer]" value="T" >对
22          <input type="radio" name="add[_ID_][answer]" value="F" >错
23          <input type="hidden" name="add[_ID_][type]" value="binary">
24      </div>
25      <!-- 其他题型 -->
26  </div>
```

在上述代码中，第 1~13 行代码用于输出已经保存的习题，将习题输出到表单中从而可以进行编辑；第 15~26 行代码在页面中创建了一个新增习题的模板，将该模板区域用于实现 JavaScript 的添加习题功能，默认情况下在页面中使用了 CSS 样式进行隐藏，当需要添加习题时，将会从模板中复制 HTML 内容然后追加到表单中。

接下来使用 jQuery 实现当单击页面中的添加习题时，在表单中增加编辑区域，具体代码如下。

```
<script>
    //添加新题
    $(".jq-add").click(function(){
        var type = $(this).attr("data-type");
        questionAdd(type);
    });
    //向页面中添加习题
    var questionIdCount = 0; //新增习题 ID 计数
    function questionAdd(type){
        var target = $(".q-wrap-"+type);
        var source = $(".q-hide .q-type-"+type).clone();
        //替换 ID
        source.html(source.html().replace(/_ID_/g, questionIdCount++));
```

```
        //追加到页面中
        target.append(source);
    }
</script>
```

在完成上述操作后，接下来通过浏览器访问配置习题的页面，程序运行结果如图 3-39 所示。

图 3-39 配置习题

3. 习题添加与修改

在配置习题的页面提交表单后，就可以接收表单完成习题的添加、修改等操作。在习题控制器的 editAction()方法中接收表单，具体代码如下。

```
if(IS_POST){
    $this->_deleteData($this->id);        //删除（在后面步骤中实现）
    $this->_addData($this->id);           //添加
    $this->_saveData($this->id);          //修改
    $this->tips(true, '保存成功。');
}
```

接下来继续在习题控制器中实现_addData()和_saveData()两个方法，具体代码如下。

```
//添加习题
private function _addData($course_id){
    $result = [];
    foreach(I('add', 'post', 'array') as $v){
        $result[] = $this->_formatData($v, $course_id);
    }
    empty($result) || D('question')->add($result);
}
//修改习题
private function _saveData($course_id){
```

```
11     $result = [];
12     foreach(I('save', 'post', 'array') as $k=>$v){
13         $result[] = array_merge($this->_formatData($v, $course_id),
14          ['id'=>I(null, null, 'id', $k)]);
15     }
16     empty($result) || D('question')->save($result, 'id,course_id');
17 }
```

在上述代码中，第 5 行和第 13 行代码调用了_formatData()方法，该方法用于格式化习题数组。因为表单中提交的结果并不能直接保存到数据库中，所以需要对每种题型进行表单验证、HTML 转义、序列化等操作。继续编写_formatData()方法，具体代码如下。

```
1  private function _formatData($data, $course_id){
2      $result = [
3          'type' => I('type', $data, 'string'),
4          'content' => I('content', $data, 'html'),
5          'answer' => I('answer', $data, ''),
6          'option' => I('option', $data, ''),
7          'course_id' => $course_id
8      ];
9      switch($result['type']){
10         case 'binary':          //判断题
11             if(!in_array($result['answer'], ['T','F'])){
12                 $result['answer'] = '';
13             }
14             $result['option'] = '';
15         break;
16         //其他题型……
17     }
18     return $result;
19 }
```

上述代码在格式化习题数组时，只演示了判断题的格式化，其他题型可参考本书配套源代码。在格式化判断题时，对习题的题干进行了 HTML 转义，限制了判断题答案只能为 T 和 F。判断题和选择题不同，不需要保存选项，因此在第 14 行代码中将 option 字段赋值为空字符串。

4. 习题删除

在完成习题的添加与修改功能后，最后实现习题删除功能。开发习题删除功能的思路和视频删除功能类似，在每个习题中添加一个删除复选框，以 del 数组的形式提交，代码如下。

```
<input type="checkbox" name="del[]" value="<?=$k?>">删除
```

在习题控制器的 editAction()方法中在接收到表单后会调用_deleteData()方法执行删除习题的操作，该方法的具体代码如下。

```
private function _deleteData($course_id){
    $result = [];
```

```
    foreach(I('del', 'post', 'array') as $v){
        $result[] = [
            'id' => I(null, null, 'id', $v),
            'course_id' => $course_id
        ];
    }
    empty($result) || D('question')->delete($result);
}
```

从上述代码可以看出，在执行删除试题操作时，在 WHERE 条件中加入了课程 ID 的判断，从而提高了系统的严谨性。

至此，博学谷云课堂项目的后台的主要功能模块已经开发完成。

模块七　前台功能实现

本项目的前台提供给用户在线学习。用户通过注册可以成为网站会员，然后购买课程进行在线学习。在开发前台功能时，为了提升更好的用户体验，会结合 JavaScript 实现许多交互效果，如视频的播放和切换、习题的在线测试和阅卷。

通过本模块的学习，读者将达到如下目标。

- 掌握前台首页和课程列表功能的开发，能够完成各种数据的查询。
- 掌握用户中心的开发，学会用户注册、登录、课程购买功能的实现。
- 掌握项目开发中的表单验证，学会加强程序的严谨性。
- 掌握课程展示功能的开发，学会加强程序的交互性和提升用户体验。

任务一　前台首页

1. 页面布局

通常在开发网站前台时，为了页面风格统一，页面的头部、导航、底部都是相同的，只改变中间内容。因此本项目将会使用页面布局的方式进行开发，使每个页面都优先加载整体布局的视图文件，然后在布局视图中有变化的地方载入特定的视图文件。

编辑框架中的基础控制器类，在类中实现页面布局功能，具体代码如下。

```
<?php
class Controller{
    //……
    private $_layout = false;        //布局开关
    //显示视图
    protected function display(){
        extract($this->_data);       //释放模板变量
        $this->_data = [];           //释放成员属性
        require $this->_layout ? $this->_layout : ACTION_VIEW; //载入视图
        exit; //停止脚本
    }
    //指定视图布局文件
```

```
13     protected function layout($layout){
14         $this->_layout = $layout;
15     }
16     //……
17 }
```

在上述代码中，第 9 行代码在载入视图前，先判断成员属性$_layout，如果该变量中保存了布局视图文件的路径，则载入布局视图文件，否则载入当前操作下的视图。

接下来编写前台公共控制器，在控制器中实现布局视图文件的指定、检查用户登录及获取导航栏数据 3 个功能，具体代码如下。

```
1  <?php
2  //前台公共控制器
3  class CommonController extends Controller{
4      public function __construct(){
5          parent::__construct();
6          $this->layout(COMMON_VIEW.'layout.html');    //启用布局
7          $this->_checkLogin();                        //检查登录
8          $this->_nav();                               //获取导航栏数据
9      }
10     private function _nav(){
11         $this->nav = D('category')->getByPid(0);
12     }
13     private function _checkLogin(){
14         //判断 session 中是否有用户名信息
15         define('IS_LOGIN', session('user', '', 'isset'));
16         //如果登录，则取出 Session
17         if(IS_LOGIN){
18             $this->user = session('user');
19         }
20     }
21 }
```

上述代码中，第 6 行代码调用控制器的 layout()方法启用了布局视图，参数表示布局文件的保存目录；第 11 行代码调用了栏目模型中的 getByPid()方法获取栏目数据。接下来编写前台的栏目模型，具体代码如下。

```
<?php
class CategoryModel extends Model{
    public function getList($mode='all'){
        //代码与后台栏目模型相同
    }
    public function getSubById($id){
        //代码与后台栏目模型相同
```

```
    }
    public function getByPid($pid){
        $data = $this->getList('pid');
        return isset($data[$pid]) ? $data[$pid] : [];
    }
}
```

在上述代码中，getList()方法与 getSubById()方法与后台栏目模型相同，这里不再进行代码演示。getByPid()方法用于查询指定栏目 ID 的子栏目。

接下来创建前台页面布局视图文件 app\home\view\common\layout.html，具体代码如下。

```
<!doctype html>
<html>
<head>
    <meta charset="utf-8">
    <title><?=$title?> - 博学谷云课堂</title>
</head>
<body>
    <!-- 顶部 -->
    <div class="top">
        欢迎来到博学谷云课堂!
        <?php if(isset($user)): ?>
            <?=$user['name']?> <a href="/?c=user">进入个人中心</a>
            <a href="/?c=user&a=logout">安全退出</a>
        <?php else: ?>
            <a href="/?c=user&a=login">立即登录</a>
            <a href="/?c=user&a=register">注册新用户</a>
        <?php endif; ?>
    </div>
    <!-- 导航栏 -->
    <div class="nav">
        <a href="/">首页</a>
        <?php foreach($nav as $v): ?>
            <a href="/?a=list&id=<?=$v['id']?>"><?=$v['name']?></a>
        <?php endforeach; ?>
    </div>
    <!-- 内容区域 -->
    <div class="main"><?php require ACTION_VIEW; ?></div>
    <!-- 页脚 -->
    <div class="footer">PHP 博学谷云课堂 本系统仅供参考和学习</div>
</body>
</html>
```

从上述代码可以看出，前台页面布局主要包括顶部、导航栏、内容区域和页脚 4 个部分，其中内容区域部分载入了当前操作下的视图。第 22~24 行代码通过 foreach 循环输出了公共控制器中获取到的导航栏数组$nav，完成导航栏的显示。

2. 实现前台首页

在完成页面布局后，接下来开发前台首页功能。创建 app\home\controller\IndexController.class.php 前台首页控制器文件，该控制器需要继承前台公共控制器，具体代码如下。

```
1  <?php
2  class IndexController extends CommonController{
3      public function indexAction(){
4          $this->title = '首页';
5          //取出前 4 个新增视频
6          $data = [['id' => 0, 'name' => '近期新增课程',
7                  'data' => D('course')->getNewList(4)]];
8          //获取前 4 个顶级栏目中的 4 个新增课程
9          $category = array_slice(D('category')->getByPid(0), 0, 4);
10         foreach($category as $v){
11             $cids = D('category')->getSubById($v['id']);
12             $data[] = [
13                 'id' => $v['id'],
14                 'name' => $v['name'],
15                 'data' => D('course')->getByCategoryIds($cids, 4)
16             ];
17         }
18         $this->data = $data;
19         $this->display();
20     }
21 }
```

在上述代码中，第 4 行代码用于设置页面的标题；第 5 ~ 17 行代码用于查询近期新增课程和前 4 个顶级栏目中的新增课程；第 18 行代码将查询结果赋值给成员变量，用于在视图中输出。

接下来编写课程模型 app\home\model\CourseModel.class.php，实现控制器中调用的 getNewList()方法和 getByCategoryIds()方法，具体代码如下。

```
<?php
class CourseModel extends Model{
    //获取最新课程
    public function getNewList($limit=false){
        $sql_limit = $limit ? " LIMIT $limit " : '';
        return $this->fetchAll("SELECT `id`,`title`,`price`,`thumb`,`buy` FROM
         __COURSE__ WHERE `show`='yes' ORDER BY `id` DESC $sql_limit");
    }
    //获取指定栏目下的课程
    public function getByCategoryIds($cids, $limit=false){
```

```
        $sql_limit = $limit ? " LIMIT $limit " : '';
        return $this->fetchAll("SELECT `id`,`title`,`price`,`thumb`,`buy` FROM
        __COURSE__ WHERE `category_id` IN ($cids) AND `show`='yes' $sql_limit");
    }
}
```

在完成数据的获取后，编写前台首页的视图文件 app\home\view\index\index.html，在视图中输出$data 数组，具体代码如下。

```
<?php foreach($data as $category): if($category['data']): ?>
    <!-- 栏目名称 -->
    <?=$category['name']?><a href="/?a=list&id=<?=$category['id']?>">查看更多</a>
    <?php foreach($category['data'] as $v): ?>
        <!-- 课程封面图 -->
        <img src="<?=$v['thumb']?"/public/upload/{$v['thumb']}":
        '/public/home/image/course.png'?>" alt="<?=$v['title']?>">
        <!-- 课程标题 价格 购买人数 -->
        <a href="/?c=course&id=<?=$v['id']?>" target="_blank"><?=$v ['title']?></a>
        价格：¥<?=$v['price']?>  <?=$v['buy']?>人已购买
    <?php endforeach ?>
<?php endif; endforeach; ?>
```

接下来在浏览器中访问前台首页功能，程序的运行结果如图 3-40 所示。

图 3-40　前台首页

任务二　课程列表

当用户在导航栏单击一个栏目时，就会显示该栏目下的课程列表。接下来开发课程列表功能。前台的课程列表的开发思路和后台类似。在 app\home\controller\IndexController.class.php 文件中编写 listAction()实现课程列表的输出，具体代码如下。

```
1   public function listAction(){
2       $this->id = I('id', 'get', 'id');
3       $this->cid = I('cid', 'get', $this->cid);
4       //获取顶级栏目下的子栏目、设置标题
5       $this->category = D('category')->getByPid($this->id);
6       $this->title = D('category')->getNameById($this->cid);
7       //获取课程列表
8       $this->page = I('page', 'get', 'page');
9       $this->size = 12;
10      $this->sort = I('sort', 'get', 'string');
11      $this->course = D('course')->getList($this->cid, $this->sort,
12      $this->page, $this->size);
13      $this->display();
14  }
```

在上述代码中，第 6 行代码调用 getNameById()方法用于根据栏目 ID 获取栏目名称。在栏目模型中实现该方法，具体代码如下。

```
public function getNameById($id){
    $data = $this->getList('id');
    return isset($data[$id]) ? $data[$id]['name'] : '全部栏目';
}
```

接下来在课程模型中实现获取课程列表的 getList()方法，在方法中实现栏目筛选、分页、排序功能，具体代码如下。

```
public function getList($cid, $order, $page, $size){
    //拼接 ORDER 条件
    $order_arr = [
        'price-asc' => '`price` ASC',
        'price-desc' => '`price` DESC',
        'buy-desc' => '`buy` DESC'
    ];
    $sql_order = ' ORDER BY ';
    $sql_order .= isset($order_arr[$order]) ? $order_arr[$order] : '`id` DESC';
    //拼接 WHERE 条件
    $cids = D('category')->getSubById($cid);
    $sql_where = " WHERE `category_id` IN ($cids) AND `show`='yes'";
    //拼接 LIMIT 条件
    $sql_limit = ' LIMIT '.$this->getLimit($page, $size);
    return [
        'total' => $this->fetchColumn("SELECT COUNT(*) FROM __COURSE__ $sql_where"),
        'data' => $this->fetchAll("SELECT `id`,`title`,`price`,`thumb`, `buy` FROM
            __COURSE__ $sql_where $sql_order $sql_limit")
```

```
    ];
}
```

在完成课程列表页面的数据获取后，接下来编写视图文件 app\home\view\course\index.html，将课程列表输出到页面中，具体代码如下。

```
<!-- 列表切换 -->
子栏目：<a href="/?a=list&id=<?=$id?>">全部</a>
    <?php foreach($category as $v): ?>
        <a href="/?a=list&id=<?=$id?>&cid=<?=$v['id']?>"><?=$v['name']?></a>
    <?php endforeach; ?>
排  序：<a href="/?a=list&id=<?=$id?>">默认</a>
    <a href="/?a=list&id=<?=$id?>&sort=price-desc">价格高</a>
    <a href="/?a=list&id=<?=$id?>&sort=price-asc">价格低</a>
    <a href="/?a=list&id=<?=$id?>&sort=buy-desc">销量</a>
<!-- 课程列表 -->
<?php foreach($course['data'] as $v): ?>
    <!-- 课程封面图 -->
    <img src="<?=$v['thumb']?"/public/upload/{$v['thumb']}":
    '/public/home/image/course.png'?>" alt="<?=$v['title']?>"></a>
    <!-- 课程标题 价格 购买人数 -->
    <a href="/?c=course&id=<?=$v['id']?>" target="_blank"><?=$v['title']?></a>
    价格：¥<?=$v['price']?>  <?=$v['buy']?>人已购买
<?php endforeach ?>
<!-- 分页导航 -->
<?=Page::html($course['total'], $page, $size, 8)?>
```

至此，前台的课程列表功能已经开发完成。通过浏览器访问进行测试，运行结果如图 3-41 所示。

图 3-41　课程列表页

任务三　会员中心

1. 检查用户登录

前台会员中心只有已经登录的用户可以访问，因此在会员控制器中应该先检查用户是否已经登录。编写 app\home\controller\UserController.class.php 文件，具体代码如下。

```
1   <?php
2   class UserController extends CommonController{
3       //没有登录的情况下只允许访问：注册、登录、验证码 三个方法
4       public function __construct() {
5           parent::__construct();
6           if(!IS_LOGIN && !in_array(ACTION, ['register','login','captcha'])){
7               $this->redirect('/?c=user&a=login');
8           }
9       }
10  }
```

在上述代码中，第 6 行代码用于判断当前操作是否属于 register（注册）、login（登录）或 captcha（验证码）中的一种，若不符合判断条件则必须先登录才能访问。

2. 实现用户注册

用户注册是网站开发中常见的功能，其开发思路就是将用户输入的用户名、密码等信息保存到数据库会员表中。在会员控制器中编写 registerAction()方法实现用户注册，具体代码如下。

```
public function registerAction(){
    $this->title = '用户注册';
    if(IS_POST){
        $input = [];
        try{
            $this->_input('captcha');
            $input['name'] = $this->_input('name');
            $input['password'] = $this->_input('password');
            $input['email'] = $this->_input('email');
            if(D('user')->exists(['name'=>$input['name']])){
                throw new Exception('注册失败，用户名已经存在。');
            }
        }catch(Exception $e){
            $this->tips(false, $e->getMessage());
            $this->display();
        }
        $input['salt'] = salt();
        $input['password'] = password($input['password'], $input['salt']);
        if($id = D('user')->add($input)){
            //注册成功，保存到 Session
            session('user', ['id'=>$id, 'name'=>$input['name']], 'save');
```

```
19             $this->redirect('/'); //跳转到首页
20         }
21         $this->tips(false, '注册失败，无法添加到数据库。');
22     }
23     $this->display();
24 }
25 //生成验证码
26 public function captchaAction(){
27     $code = Captcha::create();              //生成验证码
28     Captcha::show($code);                   //输出验证码
29     session('captcha', $code, 'save');  //将验证码保存到 Session 中
30 }
```

在上述代码中，第 7～9 行代码在接收表单时，调用了控制器中的_input()方法，用于接收表单中指定字段并进行验证；第 14～15 行代码调用的 salt()、password()函数是 function.php 中定义的密码相关函数，用于实现密码的安全存储。

接下来编写用户注册的视图文件 app\home\view\user\register.html，具体代码如下。

```
欢迎您注册云课堂
<div class="tips"><?=$this->_tips?></div>
<form method="post" action="/?c=user&a=register">
    用户名：<input type="text" name="name" placeholder="用户名由 2-15 个字符组成！">
    密　码：<input type="password" name="password" placeholder="请输入 6 位以上的密码">
    确认密码：<input type="password" placeholder="请再次输入密码，进行确认">
    邮　箱：<input type="text" name="email" placeholder="请输入有效的邮箱地址">
    验证码：<input type="text" name="captcha" placeholder="请输入验证码">
            <img src="/?c=user&a=captcha">
    <input type="checkbox" required>我已阅读并同意</label><a href="#">网站服务条款</a>
    <input type="submit" value="确认注册">
    已经有账号？<a href="/?c=user&a=login">立即登录</a>
</form>
```

在上述代码中，对于密码两次输入的判断、验证码图片的单击刷新这些功能，可以通过 JavaScript 来实现，这里不再进行代码演示。表单中<input>元素的 placeholder 属性用于提示每个字段的格式要求。

在完成用户注册的表单后，在会员控制器中编写_input()方法实现接收表单并进行验证，具体代码如下。

```
//接收表单并进行验证
private function _input($name){
    switch($name){
        case 'captcha': //验证码
            $value = I('captcha', 'post', 'string');
            if(!$this->_checkCaptcha($value)){
                throw new Exception('登录失败，验证码输入有误');
            } break;
```

```
        case 'name': //用户名
            $value = I('name', 'post', 'html');
            if(!preg_match('/^[\w\x{4e00}-\x{9fa5}]{2,15}$/u',$value)){
                throw new Exception('用户名不合法（2~15位，汉字、英文、数字、下划线）');
            } break;
        case 'password': //密码
            $value = I('password', 'post', 'string');
            if(!preg_match('/^\w{6,20}$/',$value)){
                throw new Exception('密码不合法（6-20位，英文、数字、下划线）。');
            } break;
        case 'email': //邮箱地址
            $value = I('email', 'post', 'html');
            if(($value=="" || isset($value[30])) || !preg_match(
            '/^\w+([-+.]\w+)*@\w+([-.]\w+)*\.\w+([-.]\w+)*$/',$value)){
                throw new Exception('邮箱格式不正确（1-30个字符）。');
            } break;
    }
    return $value;
}
//检查验证码
private function _checkCaptcha($code){
    $captcha = session('captcha');
    if(!empty($captcha)){
        session('captcha', '', 'unset');  //清除验证码，防止重复验证
        return strtoupper($captcha) == strtoupper($code); //不区分大小写
    }
    return false;
}
```

上述代码通过正则表达式验证了用户名、密码、邮箱地址的格式。当验证不通过时，会抛出异常，并提示异常信息。

接下来在浏览器中访问用户注册页面进行测试，程序的运行结果如图 3-42 所示。

3. 实现用户登录与退出

在完成用户注册后，继续开发用户登录与退出功能。在会员控制器中编写 loginAction() 方法，具体代码如下。

```
//用户登录
public function loginAction(){
    $this->title = '用户登录';
    if(IS_POST){
        try{
            $this->_input('captcha');
            $name = $this->_input('name');
            $password = $this->_input('password');
```

```
            $userinfo = D('user')->login($name, $password);
        }catch(Exception $e){
            $this->tips(false, $e->getMessage());
            $this->display();
        }
        session('user', $userinfo, 'save'); //登录成功，保存到 Session
        $this->redirect('/'); //跳转到首页
    }
    $this->display();
}
//用户退出
public function logoutAction(){
    session('user', '', 'unset');          //清除 Session
    $this->redirect('/');                  //返回首页
}
```

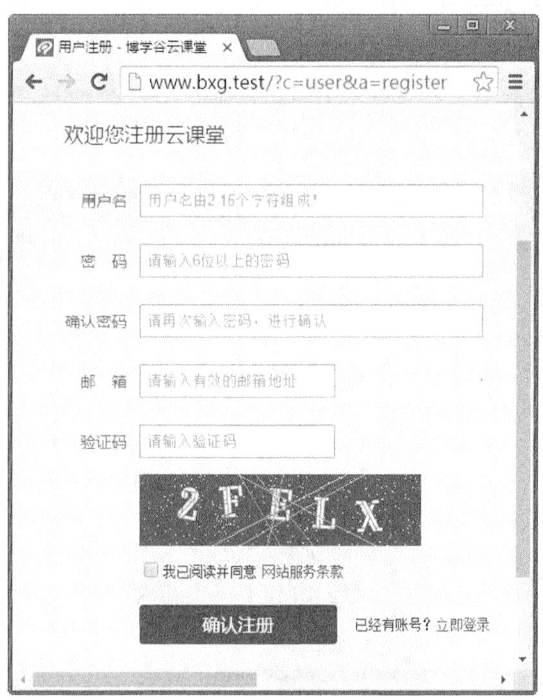

图 3-42 用户注册页面

创建用户登录的视图页面 app\home\view\user\login.html，具体代码如下。

```
欢迎您登录云课堂
<div class="tips"><?=$this->_tips?></div>
<form method="post" action="/?c=user&a=login">
    用户名：<input type="text" name="name" placeholder="请输入用户名">
    密　码：<input type="password" name="password" placeholder="请输入密码">
    验证码：<input type="text" name="captcha" placeholder="请输入验证码">
```

```
            <img src="/?c=user&a=captcha">
        <input type="submit" value="立即登录">
        <span>没有账号? <a href="/?c=user&a=register">立即注册</a></span>
 </form>
```

再创建会员模型，实现用户登录的 login()方法，具体代码如下。

```
<?php
class UserModel extends Model{
    public function login($name, $password){
        $result = $this->select('id,name,password,salt', ['name'=>$name]);
        if(!$result){
            throw new Exception('登录失败，用户名或密码错误');
        }elseif($result['password'] !== password($password, $result['salt'])){
            throw new Exception('登录失败，用户名或密码错误');
        }
        return ['name'=>$result['name'], 'id'=>$result['id']];
    }
}
```

接下来在浏览器中访问用户登录页面，程序的运行结果如图 3-43 所示。

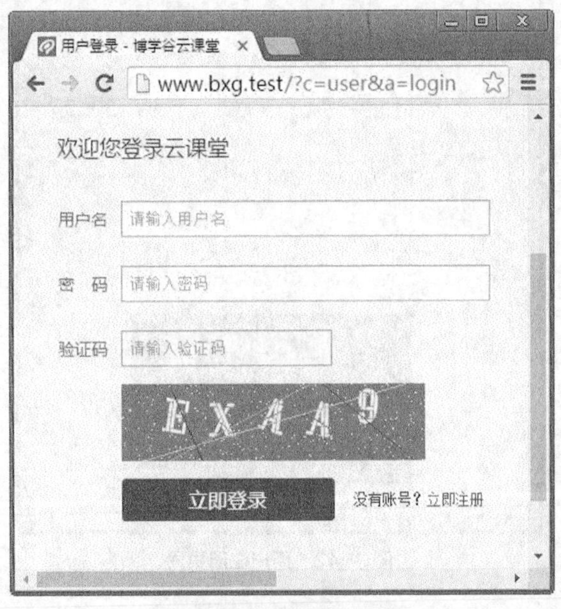

图 3-43　用户登录页面

4. 会员中心

在用户登录成功后，就可以访问会员中心了。用户在会员中心中可以编辑个人资料、修改头像、显示账户余额、在线充值、查看购买课程。关于查看余额、在线充值、查看购买课程的功能将会在后面进行讲解，其他功能较为简单不再进行讲解。下面来实现会员中心的页面展示。

在会员控制器中编写 indexAction()方法，具体代码如下。

```
public function indexAction(){
    $this->title = '用户中心';
    $this->display();
}
```

编写会员中心的视图文件 app\home\view\user\index.html，输出功能导航菜单，具体代码如下。

```
<?=$user['name']?>
<img src="/public/home/image/noavatar.gif" alt="用户头像">
<a href="#" class="m-pro-user-b">个人资料设置</a>
<a href="/?c=user" class="<?=ACTION=='index'?'curr':''?>">我的课程</a>
<a href="/?c=user&a=money" class="<?=ACTION=='money'?'curr':''?>">我的余额</a>
```

值得一提的是，会员中心的菜单也是一个公共的视图模块，可以将这部分内容单独保存到一个视图文件中，然后在会员中心的每个功能中载入菜单视图。

任务四　课程展示

1. 展示课程信息

当用户在首页或列表页面单击一个课程进行查看时，就可以查看这个课程的基本信息。下面开始开发展示课程信息的功能。创建课程控制器 app\home\controller\CourseController.class.php，编写代码如下。

```
1  <?php
2  class CourseController extends CommonController{
3      public function indexAction(){
4          $this->id = I('id', 'get', 'id');
5          $this->data = D('course')->select('id,category_id,title,price,thumb,
6          buy,time,content', ['id'=>$this->id,'show'=>'yes'], 'fetchRow');
7          if(!$this->data){
8              E('课程不存在！');
9          }
10         $this->isBuy = D('order')->exists(['user_id'=>$this->user['id'],
11         'course_id'=>$this->id]);
12         //$this->isBuy = true;     //表示用户已购买此课程（仅用于测试）
13         $this->title = $this->data['title'];
14         $this->display();
15     }
16 }
```

在上述代码中，第 10 行代码查询的 isBuy 表示当前用户是否已经购买此课程，值为“true”或“false”。由于课程购买功能还没有开发，为了方便测试，可以手动修改此处代码，如第 12 行所示。

编写展示课程信息的视图页面 app\home\view\course\index.html，具体代码如下。

```
<!-- 课程基本信息 -->
    课程标题：<h1><?=$data['title']?></h1>
```

```
3      统计信息：共 0 个视频，0 道题，<?=$data['buy']?>人在学
4      课程简介：<!-- 在后面步骤中实现 -->
5      价格：¥<?=$data['price']?>
6      <a href="/?c=user&a=buy&id=<?=$id?>" target="_blank">购买完整课程</a>
7  <!-- 课程模块切换-->
8  <div class="m-tab">
9      <span class="curr" data-type="info">课程介绍</span>
10     <span data-type="video">视频目录</span>
11     <span data-type="question">配套习题</span>
12     <span data-type="comment">课程评论</span>
13 </div>
14 <div>
15     <!-- 课程介绍模块 -->
16     <div class="m-info"><?=$data['content']?></div>
17     <!-- 课程视频模块-->
18     <div class="m-video"></div>
19     <!-- 配套习题模块-->
20     <div class="m-question"></div>
21     <!-- 课程评论模块-->
22     <div class="m-comment"></div>
23 </div>
24 <script>
25     //使用 jQuery 实现多标签页切换（淡入效果）
26     $(".m-tab span").click(function(){
27         var type = $(this).attr("data-type");
28         $(".m-"+type).fadeIn(200).siblings().hide();
29     });
30 </script>
```

在上述代码中，第 8～30 行代码实现了在一个页面中的课程模块切换，用户可以通过标签页切换的方式访问课程介绍、视频、习题、评论 4 个模块。其中，在页面打开时，只有课程介绍模块显示，其他模块可以通过标签页切换的方式进行演示。

2. 截取内容简介

为了在查看课程信息时简洁明了地看到课程的内容信息，可以从课程的内容简介截取前 100 个字进行课程内容的简介。接下来将介绍如何从一个包含中文、英文、HTML 标签等内容的字符串中截取出指定字符宽度的文本。

首先需要在 PHP 中开启 mbstring 扩展，该扩展用于处理多字节字符集。在该扩展中有许多字符串处理的函数，这里将用到 mb_strimwidth()函数。该函数的第 1 个参数表示传入的字符串，第 2 个参数表示开始截取的位置，第 3 个参数表示要截取的宽度。在计算位置时，中文和全角字符占 2 个字符宽度，半角字符占 1 个字符宽度。通过该函数可以很方便地截取出指定宽度的字符串。

然后在课程控制器的 indexAction()方法中对查询到的课程介绍进行截取，具体代码如下。

```
$this->description = mb_strimwidth(strip_tags($this->data['content']), 0, 100);
```

上述代码先通过 strip_tags()函数去除字符串中的 HTML 标记，然后通过 mb_strimwidth()函数按照字符宽度截取了前 100 个位置内的字符。

需要注意的是，在使用 mbstring 扩展中的函数时，需要指定字符集。在 framework\framework.class.php 中的_extends()扩展功能方法中将 mbstring 扩展内置字符集指定为 UTF-8，具体代码如下。

```
private static function _extend(){
    //……
    //配置 mbstring 扩展内置字符集
    mb_internal_encoding('UTF-8');
    //……
}
```

接下来通过浏览器访问课程信息页面，程序的运行结果如图 3-44 所示。

图 3-44　课程信息页面

3. 视频播放

用户在查看课程时，可以播放该课程下的视频。对于允许试看的视频，无需购买即可播放，而不允许试看的视频，必须在购买后才可以观看。在课程控制器的 indexAction()方法中查询视频数据，代码如下。

```
$this->video = D('video')->select('id,sort,title,url,trial',
['course_id'=>$this->id]);
```

在获取到视频数据后，在课程展示的页面中输出视频信息，具体代码如下。

```
<!-- 视频播放器 -->
<video id="jq_video" poster="/public/home/image/video_bg.png" controls></video>
<!-- 修改统计信息 -->
统计信息：共<?=count($video)?>个视频，0 道题，<?=$data['buy']?>人在学
```

```
5  <!-- 课程视频模块 -->
6  <div class="m-video"><ul>
7      <?php foreach($video as $k=>$v): ?>
8          <li data-url="<?=$v['trial']=='yes' ? $v['url'] : ($isBuy?$v['url']:'')?>">
9              <p>第<?=++$k?>节 - <?=$v['title']?></p>
10              <p><?=$v['trial']=='yes' ? '免费试看' : '付费视频'?></p>
11         </li>
12     <?php endforeach; ?>
13 </ul></div>
```

在上述代码中，第 2 行代码使用了 HTML5 的视频播放标签，第 4 行代码输出了课程的统计信息，第 6～13 行代码输出了视频列表。其中，第 8 行代码在输出视频的 URL 地址时先判断视频是否允许试看，如果不允许，再判断用户是否已经购买课程，只有购买课程后才可以播放非免费试看视频。

当用户单击视频列表中的视频时，可以控制 video 标签播放指定 URL 地址的视频，该功能通过 jQuery 即可实现，具体代码如下。

```
<script>
    $(".m-video li").click(function(){
        var url = $(this).attr("data-url");
        if(url !== ""){
            $("#jq_video").prop("src", url);     //修改当前播放的视频
            $(this).addClass("curr").siblings().removeClass("curr");
        }
    });
</script>
```

接下来在浏览器中测试视频列表和视频播放功能，运行结果如图 3-45 所示。

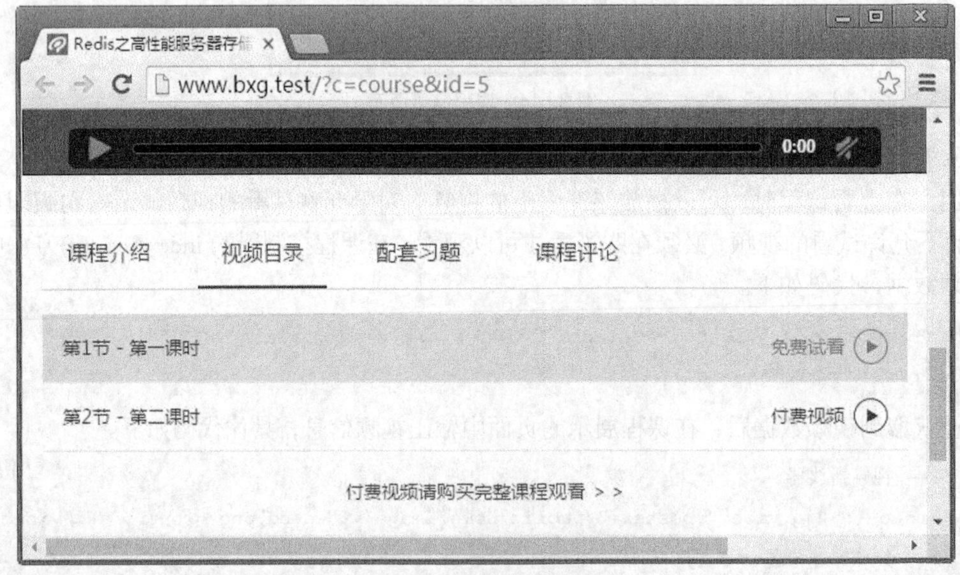

图 3-45　测试视频功能

4. 习题测试

在用户通过视频进行学习时，为了测试学习的效果，可以进行在线习题测试。习题测试是本项目中的一个收费功能，只有已经购买课程的用户才可以访问习题。假设用户已经购买课程，接下来在课程控制器的 indexAction()方法中将课程的习题数据查询出来，具体代码如下。

```
$this->question = D('question')->getByCourseId($this->id);
```

继续编写 app\home\model\QuestionModel.class.php 习题模型，具体代码如下。

```
<?php
class QuestionModel extends Model{
    public function getbyCourseId($course_id){
        $data = $this->select('id,type,content,option,answer',
                ['course_id'=>$course_id]);
        $result = ['binary'=>[], 'single'=>[], 'multiple'=>[], 'fill'=>[],
                'total'=>count($data)];
        foreach($data as $v){
            switch($v['type']){
                case 'single':
                    $v['option'] = unserialize($v['option']);
                break;
                case 'multiple':
                    $v['answer'] = unserialize($v['answer']);
                    $v['option'] = unserialize($v['option']);
                break;
            }
            $result[$v['type']][] = $v;
        }
        return $result;
    }
}
```

上述代码与后台获取习题信息的代码类似，但是在$result 结果数组中增加了一个“total”元素，用于统计该课程下试题的总数量。

在课程展示页面 app\home\view\course\index.html 中输出习题内容，具体代码如下。

```
<!-- 修改习题的统计信息 -->
共<?=count($video)?>个视频 <?=$question['total']?>道题 <?=$data['buy']?>人在学
<!-- 如果购买课程，输出习题内容 -->
<?php if($isBuy): ?>
    <!-- 判断题 -->
    <?php if(!empty($question['binary'])): ?>
    <div class="jq-q-binary">
        <?php foreach($question['binary'] as $k=>$v): ?>
```

```
9           <div class="m-question-each">
10              <!-- 题干 -->
11              <?=$k+1?>. <?=$v['content']?>
12              <div class="m-question-option">
13                  <input type="radio" value="T" name="binary[<?=$k?>]">对
14                  <input type="radio" value="F" name="binary[<?=$k?>]">错
15              </div>
16              <input type="hidden" value="<?=$v['answer']?>">
17              <div class="m-question-answer"></div>
18          </div>
19          <?php endforeach; ?>
20      </div>
21      <?php endif; ?>
22      <!--其他题型 -->
23      <div class="m-question-act"><button>提交</button></div>
24  <?php else: ?>
25      请先<a href="/?c=user&a=buy&id=<?=$id?>" target="_blank">购买课程</a>，然后访问。
26  <?php endif; ?>
```

在上述代码中，第 16 行代码在输出习题时将答案也输出在了<input>隐藏域中。由于本系统的习题功能只是一个简单的自我测试，并不是一种考试，因此可以将答案直接输出到浏览器端，方便程序处理。

当用户单击“提交”按钮后，可以使用 jQuery 来自动阅卷，判断用户的答案是否正确，如果回答错误则显示正确答案，具体代码如下。

```
<script>
    $(".m-question-act button").click(function(){
        //判断题
        $(".jq-q-binary .m-question-each").each(function(){
            var input = $(this).find("input[type=radio]:checked").val();
            var answer = $(this).find("input[type=hidden]").val();
            $(this).find(".m-question-answer").html(showAnswer(input===answer,
            answer==='T' ? '对' : '错'));
        });
        //其他题型……
    });
    function showAnswer(flag, answer){
        return flag ? '<span>回答正确</span>' :
        '<span class="error">回答错误，答案是：'+ answer +'</span>';
    }
</script>
```

接下来在浏览器中访问习题测试页面，程序的运行结果如图 3-46 所示。

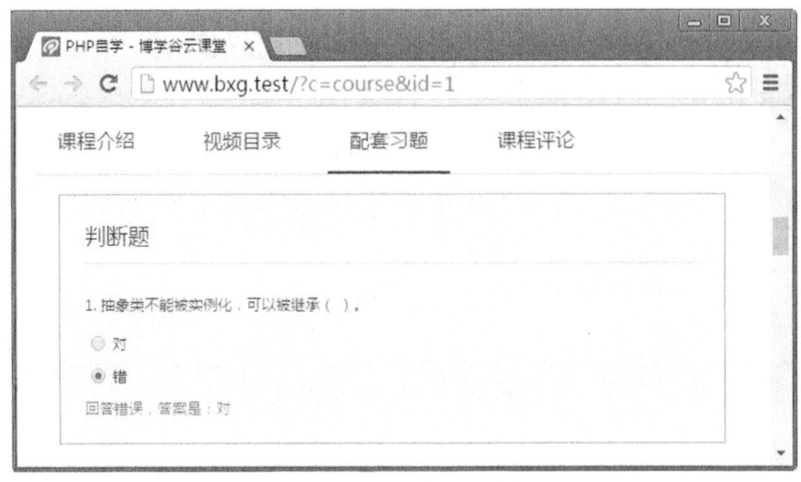

图 3-46 测试习题功能

任务五 课程购买

1. 用户充值

在用户进行课程购买前需要先充值。开发一个真实的充值系统需要调用网络银行、支付宝等机构提供的接口。有兴趣的读者可以查阅相关的开发文档和资料进行学习，这里只做一个模拟用户充值的功能。

在会员控制器中编写 moneyAction()方法实现查看账户余额和充值功能，具体代码如下。

```
public function moneyAction(){
    $this->title = '我的余额';
    if(IS_POST){
        $money = I('money', 'post', 'id');
        M()->exec('UPDATE __USER__ SET `amount`=`amount`+:money WHERE
        `id`=:id', ['id'=>$this->user['id'], 'money'=>$money]);
        $this->tips(true, "成功充值：{$money}元");
    }
    $this->amount = D('user')->select('amount', ['id'=>$this->user['id']],
    'fetchColumn');
    $this->display();
}
```

编写 app\home\view\user\money.html 视图文件，具体代码如下。

```
<h1>在线充值</h1>
<div class="tips"><?=$this->tips?></div>
<form method="post" action="/?c=user&a=money">
    <ul><li>您的余额：<span>¥<?=$amount?></span></li>
    <li>充值金额：<input type="text" name="money" required></li></ul>
    <input type="submit" value="立即充值">
</form>
```

在浏览器中访问用户充值功能，程序的运行结果如图 3-47 所示。

图 3-47　用户充值功能

2. 课程购买

当用户在课程展示页面单击课程购买链接时，就会访问到会员控制器下的 buyAction()方法，该方法会先提示用户是否确认进行购买，并提示用户当前的余额。编写 buyAction()方法，具体代码如下。

```
public function buyAction(){
    $this->title = '确认购买';
    $this->_userCommon();
    $this->id = I('id', 'get', 'id');
    //查询课程信息
    $this->course = D('course')->select('price,title', ['id'=>$this->id,
     'show'=>'yes'], 'fetchRow');
    if(!$this->course){
        E('您购买的课程不存在！');
    }
    //查询用户余额
    $this->amount = D('user')->select('amount', ['id'=>$this->user['id']],
    'fetchColumn');
    //查询是否已经购买过
    $this->isBuy = D('order')->exists(['user_id'=>$this->user['id'],
    'course_id'=>$this->id]);
    //处理提交表单（在后面步骤中实现）
    if(IS_POST){}
    $this->display();
}
```

接下来编写 app\home\view\user\buy.html 视图页面，具体代码如下。

```
<h1>确认购买</h1>
<div class="tips"><?=$this->tips?></div>
<form method="post" action="/?c=user&a=buy&id=<?=$id?>">
     您购买的课程：<?=$course['title']?>
     课程价格：¥<?=$course['price']?>
```

```
        您的余额：¥<?=$amount?>
        <?php if($isBuy): ?>
            您已经购买了该课程。
        <?php elseif($amount < $course['price']): ?>
            您的余额不足，无法购买。
            <a href="/?c=user&a=money" target="_blank">立即充值</a>
        <?php else: ?>
            <input type="submit" name="buy" value="确认购买">
        <?php endif; ?>
</form>
```

当用户提交表单确认购买时，在buyAction()中接收表单并生成订单，具体代码如下。

```
if(IS_POST){
    //判断是否已买
    if($this->isBuy){
        $this->tips(false, '您已经购买过该课程。');
        $this->display();
    }
    //判断余额
    if($this->amount < $this->course['price']){
        $this->tips(false, '您的余额不足。');
        $this->display();
    }
    //执行购买
    M()->startTrans(); //开启事务处理
    //扣除用户的余额
    if(!D('user')->cost($this->user['id'], $this->course['price'], $this->amount)){
        M()->rollBack();   //事务处理-回滚
        $this->tips(false, '修改用户信息失败。');
        $this->display();
    }
    //保存到购买表中
    if(!D('order')->add(['user_id'=>$this->user['id'], 'course_id'=>$this->id])){
        M()->rollBack();   //事务处理-回滚
        $this->tips(false, '添加订单信息失败。');
        $this->display();
    }
    //增加购买人数
    if(!D('course')->query("UPDATE __COURSE__ SET `buy`=`buy`+1 WHERE`id`=:id
    AND `show`='yes'", ['id'=>$this->id])){
        M()->rollBack();   //事务处理-回滚
        $this->tips(false, '修改课程信息失败。');
```

```
        $this->display();
    }
    M()->commit();   //事务处理-提交
    $this->redirect('/?c=user'); //购买成功，跳转到我的课程
}
```

在上述代码中，由于生成订单涉及多个表的操作，因此使用了事务处理。当多个表的操作中有一个执行失败时，事务处理就会回滚，只有所有的操作都正确执行，才会提交事务。

在数据库操作类 framework\library\MySQLPDO.class.php 中添加事务处理的方法，具体代码如下。

```
//事务处理-启动
public function startTrans(){
    return self::$db->beginTransaction();
}
//事务处理-提交
public function commit(){
    return self::$db->commit();
}
//事务处理-回滚
public function rollBack(){
    return self::$db->rollBack();
}
```

最后在会员模型中编写 cost()方法实现扣除用户的账户余额，具体代码如下。

```
public function cost($id, $price, $amount){
    return $this->query('UPDATE __USER__ SET `amount`=`amount`-:price
    WHERE `id`=:id AND `amount`=:amount', ['price'=>$price, 'id'=>$id,
    'amount'=>$amount]);
}
```

在完成课程购买功能后，在浏览器中访问课程购买页面，程序的运行结果如图 3-48 所示。

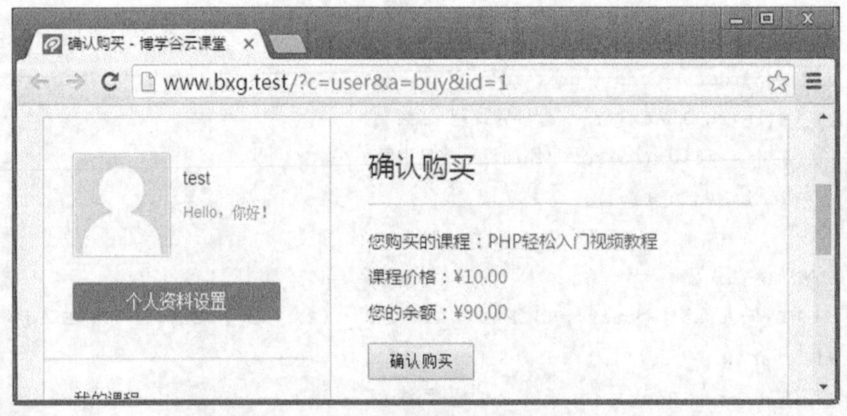

图 3-48　课程购买功能

3. 查看已购买课程

当用户购买课程后，在会员中心可以查看已经购买的课程。接下来在会员控制器的indexAction()方法中实现查看已购买课程的功能，具体代码如下。

```
public function indexAction(){
    $this->title = '用户中心';
    $this->page = I('page', 'get', 'page');
    $this->size = 3;
    $this->course = D('order')->getList($this->user['id'], $this->page, $this->size);
    $this->display();
}
```

创建订单模型 app\home\model\OrderModel.class.php 文件，具体代码如下。

```
<?php
class OrderModel extends Model{
    public function getList($user_id, $page, $size){
        //获取 LIMIT 条件
        $sql_limit = ' LIMIT '.$this->getLimit($page, $size);
        return [
            //获取总记录数
            'total' => $this->fetchColumn("SELECT COUNT(*) FROM __ORDER__ AS o
              LEFT JOIN __COURSE__ AS co ON o.`course_id`=co.`id` WHERE o.`user_id`=
              :user_id AND co.`show`='yes'", ['user_id'=>$user_id]),
            //查询用户已购买课程列表
            'data' => $this->fetchAll("SELECT c.`name` AS `cname`,co.`title`,
                o.`time`,co.`id` FROM __ORDER__ AS o LEFT JOIN __COURSE__ AS co
                ON o.`course_id`=co.`id` LEFT JOIN __CATEGORY__ AS c
                ON co.`category_id`=c.`id` WHERE o.`user_id`=:user_id
                ORDER BY o.`id` DESC $sql_limit", ['user_id'=>$user_id])
        ];
    }
}
```

在会员中心页面 app\home\view\user\index.html 文件中输出已购买课程列表，具体代码如下。

```
<h1>我的课程</h1>
<?php if($course['data']): ?>
    <?php foreach($course['data'] as $v): ?>
        栏目：<?=$v['cname']?:'无'?>
        课程名称：<?=$v['title']?>
        购买时间：<?=$v['time']?>
        进入课堂：<a href="/?c=course&id=<?=$v['id']?>" target="_blank">立即进入</a>
    <?php endforeach; ?>
```

```
    <?=Page::html($course['total'], $page, $size, 8)?>
<?php else: ?>
    您还没有购买任何课程！
<?php endif; ?>
```

接下来在浏览器中访问会员中心，查看已经购买的课程，运行结果如图 3-49 所示。

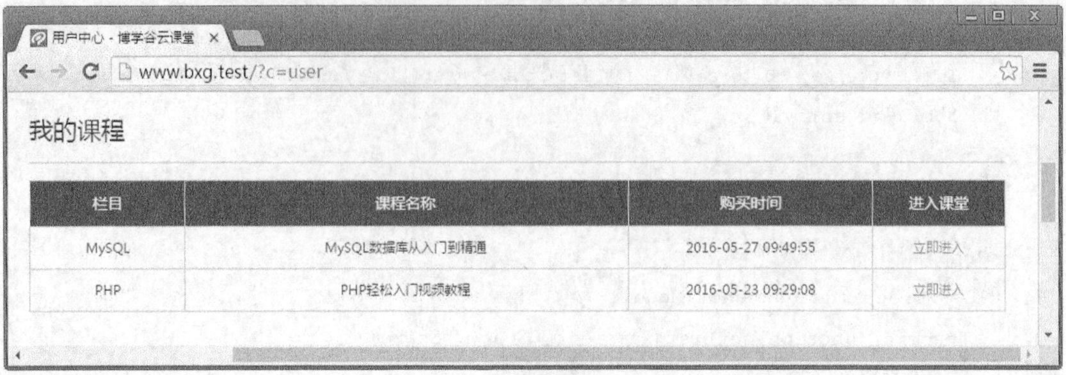

图 3-49　查看已购买课程

扩展提高　Ajax 无刷新评论

Ajax 是目前在 Web 应用开发中被广泛应用的一种异步交互技术，它解决了传统 Web 应用只有刷新页面才能与服务器交互的问题。Ajax 技术增强了网站的用户体验，并且具有占用宽带小、运行速度快、减少用户等待时间等优点。接下来将简单讲解 Ajax 的原理，然后在博学谷云课堂项目中实现无刷新评论的功能。

（1）Ajax 原理

Ajax 是 Asynchronous JavaScript And XML 的缩写，即异步 JavaScript 和 XML 技术。它并不是一门新的语言或技术，它是由 JavaScript、XML、DOM、CSS、XHTML 等多种已有技术组合而成的一种浏览器端技术，用来实现与服务器进行异步交互的功能。

在普通网页的链接式请求中，每当用户在页面中触发一个 HTTP 请求，即便只有少量数据发生变化，网页中所有的表格、图片等都没有改变，也依然必须从服务器重新加载整个网页。

而相较于普通网页的“处理—等待—处理—等待”的特点，Ajax 技术可以“按需获取数据”，只发送和接收少量必不可少的数据，网页中没有改变的数据不再进行重新加载，最大程度地减少了冗余请求和响应，减轻对服务器的负担，节省了带宽，增强了用户的体验。

在浏览器端，可以通过 JavaScript 代码来向服务器发送 Ajax 请求，下面通过一张流程图进行展示，如图 3-50 所示。从中可以看出，通过创建的 Ajax 对象，就可以向服务器发送请求，并接收返回信息。

在实际应用中，可以利用 JavaScript 为网页中的按钮添加单击事件，当单击按钮时，利用 Ajax 对象与服务器进行数据交互，将服务器返回的结果通过 DOM 操作改变网页中的局部内容，这就实现了在不刷新网页的前提下与服务器进行交互。

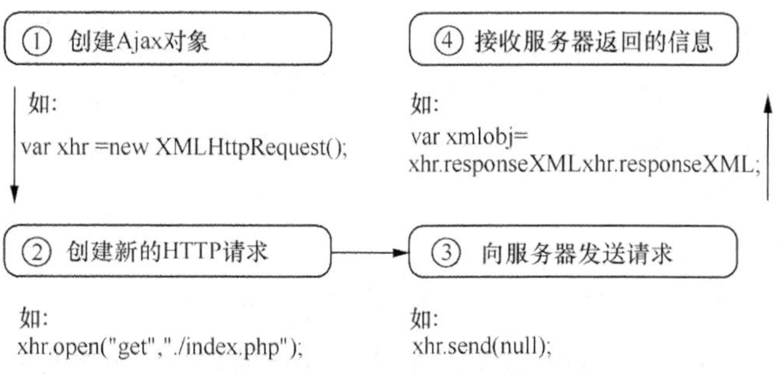

图 3-50 Ajax 请求基本流程

（2）jQuery 快速实现 Ajax

传统的 Ajax 是通过 XMLHttpRequest 实现的，不仅代码复杂，浏览器兼容问题也比较多。jQuery 对 Ajax 操作进行了封装，使用 jQuery 可以极大地简化 Ajax 程序的开发过程。下面通过表 3-16 列举 jQuery 中常用的 Ajax 操作方法。

表 3-16 jQuery 操作 Ajax 的常用方法

方法	描述
$.get()	通过 GET 方式向服务器发送请求，并载入数据
$.post()	通过 POST 方式向服务器发送请求，并载入数据
$.ajax()	$.ajax(url,[settings])是通用方法，通过该方法的 setting 参数，可以实现与$.get()、$.post()、$.getJSON()和$.getScript()方法相同的功能
$.ajaxSetup()	可以预先设置全局 Ajax 请求的参数，实现全局共享
$.getJSON()	通过 GET 方式向服务器发送请求，返回 JSON 数据

值得一提的是，传统的 Ajax 开发是通过 XML（可扩展标记语言）进行不同平台之间的数据传递的。而随着技术的发展，JSON（JavaScript 对象表示法）数据格式在 Web 开发领域更受欢迎。下面通过代码演示如何利用 jQuery 提供的 Ajax 方法实现与 PHP 的数据交互，并使用 JSON 作为数据交换格式，具体如下。

① 在 test.html 中编写代码。

```
<meta charset="utf-8">
<script src="./jquery.min.js"></script>
<script>
    //准备待发送的数据
    var data = {"name":"Xiao Ming", "age":30};
    //发送 POST 方式请求，将 data 发送给 test.php
    $.post("./test.php", data, function(msg){
        alert(msg.name + "---" + msg.age);          //输出服务器返回的结果
    }, "json");
</script>
```

在上述代码中，$.post()方法在调用时传递了 4 个参数，第 1 个参数表示发送的目标 URL

地址或路径；第 2 个参数表示发送的数据内容；第 3 个参数是请求成功后执行的回调函数，参数 msg 表示服务器返回的结果；第 4 个参数表示与服务器交互使用的数据格式，当指定为 JSON 时，就表示将服务器返回的数据当作 JSON 格式来处理，此时回调函数的参数 msg 就是 JSON 字符串转换成的对象。

② 在 test.php 中编写代码。

```
<?php
echo json_encode($_POST);      //将数组转换为 JSON 并输出
```

在上述代码中，json_encode()函数用于将数组转换为 JSON 格式的字符串。

接下来通过浏览器访问 test.html，当 Ajax 执行成功时，会弹出“Xiao Ming---30”的提示信息。如果打开浏览器的开发者工具并刷新页面，就可以看到浏览器发送的请求，如图 3-51 所示。

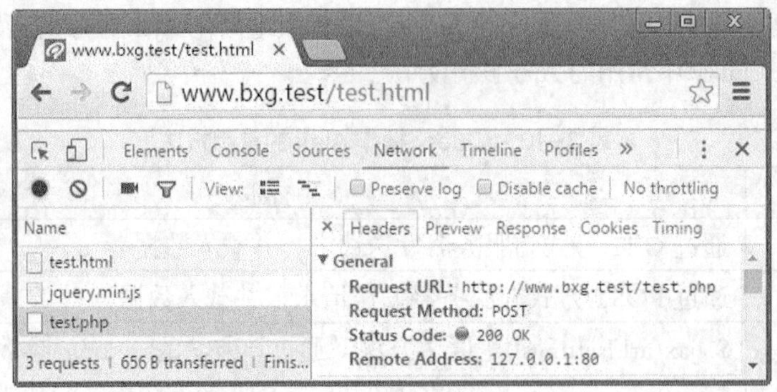

图 3-51　查看 Ajax 请求

另外，在使用 Ajax 时还需要注意，在浏览器中有一个基本的安全规则——同源策略，防止恶意网站访问用户在其他网站的内容，因此 Ajax 本身无法进行跨域请求。当需要实现跨域请求时，可以使用 JSONP，该方式与 XMLHttpRequest 对象无关，可以实现基于 GET 方式和 JSON 格式的异步交互。读者可通过其他资料了解这方面的内容。

（3）实现 Ajax 加载评论

在项目前台课程控制器的 indexAction()方法中获取评论数据，具体代码如下。

```
$this->comment = D('comment')->getList($this->id, 1, 3);
```

创建评论模型 app\home\model\CommentModel.class.php 文件，实现 getList()方法，具体如下。

```
<?php
class CommentModel extends Model{
    public function getList($course_id, $page=null, $size=3, $list_id=null){
        $sql_where = is_null($list_id) ? '' : " AND c.`id`<$list_id";
        $sql_limit = 'LIMIT '.(is_null($page) ? $size : $this->getLimit($page, $size));
        return $this->fetchAll('SELECT c.`id`,c.`content`,c.`time`,c.`reply`,
        u.`name` AS `user_name` FROM __COMMENT__ AS c LEFT JOIN __USER__ AS u
        ON c.`user_id`=u.`id` WHERE c.`course_id`=:course_id '.$sql_where.
        ' ORDER BY c.`id` DESC '.$sql_limit, ['course_id'=>$course_id]);
```

```
    }
}
```

上述代码实现了根据课程 ID 查找课程中的评论。第 2 个参数用于分页查询，第 3 个参数指定每页显示的评论条数，第 4 个参数用于查询指定 ID 之前的评论。

接下来在课程展示的视图页面中输出评论内容，并实现发表评论的表单，具体代码如下。

```
<div class="m-comment">
<?php if(IS_LOGIN): ?>
    <div class="m-comment-send">
        <textarea placeholder="欢迎发表评论！"></textarea>
        <input type="button" value="发表评论" class="jq-comment-submit"
        data-url="/?c=comment&a=ajaxpost&id=<?=$data['id']?>">
    </div>
    <?php foreach($comment as $v): ?>
        <dl data-id="<?=$v['id']?>"><dt><img src="/public/home/image/noavatar.gif">
        </dt><dd><span><b><?=$v['user_name']?></b><i>发表于 <?=$v['time']?></i>
        </span><p><?=$v['content']?></p></dd></dl>
    <?php endforeach; ?>
    <div class="m-comment-more"><span data-url="/?c=comment&a=ajaxlist&id=
    <?=$data['id']?>">加载更多</span></div>
<?php else: ?>
    请<a href="/?c=user&a=login" target="_blank">登录</a>后发表评论，
    或<a href="/?c=user&a=register" target="_blank">立即注册</a>新用户。
<?php endif; ?>
</div>
<script>
    var commentPage = 1;
    $(".m-comment-more span").click(function(){
        thisObj = $(this);
        var url = thisObj.attr("data-url");
        var list_id = $(".m-comment dl:last").attr("data-id");
        $.getJSON(url +"&list_id="+ list_id,  function(msg){
            addMoreComment(msg.data);
            if(msg.end){
                thisObj.text(msg.info);
            }
        });
    });
    function addMoreComment(data){
        var newComments = [];
        $.each(data, function(name, value){
            newComments.push(createComment(value));
        });
```

```
38          $(".m-comment-more").before(newComments);
39          $(".m-comment dl").show();
40      }
41      function createComment(data){
42          var newComment = $('<dl><dt><img src="/public/home/image/noavatar.gif">\
43          </dt><dd><span><b></b><i></i></span><p></p></dd></dl>');
44          newComment.find("dd span b").text(data.user_name);
45          newComment.find("dd span i").text("发表于 "+ data.time);
46          newComment.find("dd p").text(data.content);
47          newComment.attr("data-id", data.id).hide();
48          return newComment;
49      }
50  </script>
```

在上述代码中，第 21 行的变量 commentPage 用于保存请求页码，每次请求后页码会加 1；第 22 行代码为网页中的“加载更多”元素添加了单击事件，当单击时将会发送 Ajax 请求向服务器请求评论；第 32～48 行代码的函数用于向页面中动态添加评论。

接下来创建评论控制器 app\home\controller\CommentController.class.php，实现根据页码和课程 ID 获取评论，具体代码如下。

```
1   <?php
2   class CommentController extends CommonController{
3       public function __construct() {
4           parent::__construct();
5           if(!IS_LOGIN){
6               $this->ajaxReturn(['ok'=>false, 'data'=>'请先登录。']);
7           }
8       }
9       //Ajax 载入指定页
10      public function ajaxlistAction(){
11          $course_id = I('id', 'get', 'id');
12          $list_id = I('list_id', 'get', 'id');
13          $size = 3;
14          $comment = D('comment')->getList($course_id, null, $size, $list_id);
15          if(!$comment || count($comment) < $size){
16              $this->ajaxReturn(['end'=>true, 'data'=>$comment,
17              'info'=>'没有更多内容了']);
18          }
19          $this->ajaxReturn(['end'=>false, 'data'=>$comment]);
20      }
21  }
```

上述第 3～8 行代码通过构造方法检查用户是否登录，如果没有登录则直接返回“请先登录”。在返回信息时，调用了控制器中的 ajaxReturn()方法，该方法用于以 JSON 形式返回数据。

在基础控制器 framework\library\Controller.class.php 文件中实现 ajaxReturn()方法，具体代码如下。

```
protected function ajaxReturn($arr){
    echo json_encode($arr);
    exit;
}
```

接下来在数据库中插入数据，然后使用浏览器访问课程展示页面的评论区进行测试，运行结果如图 3-52 所示。

图 3-52　A a　加载评论

（4）实现 Ajax 发表评论

在课程展示视图页面继续编写 JavaScript 代码，实现 Ajax 发表评论，具体代码如下。

```
<script>
    //发表评论
    $(".jq-comment-submit").click(function(){
        var comment = $(".m-comment-send textarea").val();
        var url = $(this).attr("data-url");
        $.post(url, {"content":comment}, function(msg){
            if(msg.ok){
                addNewComment(msg.data);
            }else{
                alert(msg.data);
            }
        }, "json");
    });
```

```
14      function addNewComment(data){
15          var newComment = createComment(data);
16          $(".m-comment-send").after(newComment);
17          newComment.slideDown();
18      }
19  </script>
```

在上述代码中，第 4 行代码用于获取用户在文本域中输入的留言内容，第 5 行代码用于获取发送的目标 URL 地址。当留言发表成功后，会通过第 8 行代码调用的 addNewComment() 方法将新发表的评论追加到网页的评论列表中。

在留言控制器中编写 ajaxpostAction()方法，实现接收用户发表的留言，将留言保存到数据库中，并返回执行结果，具体代码如下。

```
//Ajax 发表评论
public function ajaxpostAction(){
    $data = [
        'course_id' => I('id', 'get', 'id'),
        'content' => I('content', 'post', 'html'),
        'time' => date('Y-m-d H:i:s'),
        'user_id' => $this->user['id']
    ];
    if(strlen($data['content']) < 1){
        $this->ajaxReturn(['ok'=>false, 'data'=>'评论内容不能为空。']);
    }
    if(!$result = D('comment')->add($data)){
        $this->ajaxReturn(['ok'=>false, 'data'=>'留言失败，无法保存到数据库。']);
    }
    $data['id'] = $result;
    $data['user_name'] = $this->user['name'];
    $this->ajaxReturn(['ok'=>true, 'data'=>$data]);
}
```

通过上述代码的编写，即可完成 Ajax 留言发表功能。

课后练习　评论管理

在本项目中，当用户发表评论后，可能需要管理员进行答复。在设计数据库时，评论表中有一个 reply 字段，用于保存管理员回复的内容。请动手在项目的后台中完成评论管理功能，管理员可以对评论进行回复和删除操作。当管理员回复评论后，在前台中显示评论时，需要将管理员的回复内容也显示出来。